你的形象价值百万

NIDEXINGXIANGJIAZHIBAIWAN

郭龙江　编著

吉林文史出版社
JILIN WENSHI CHUBANSHE

图书在版编目（CIP）数据

你的形象价值百万 / 郭龙江编著 . — 长春：吉林
文史出版社，2019.6（2023.4 重印）
　ISBN 978-7-5472-6199-6

　Ⅰ . ①你… Ⅱ . ①郭… Ⅲ . ①人生哲学—通俗读物
Ⅳ . ①B821-49

中国版本图书馆 CIP 数据核字（2019）第 102041 号

你的形象价值百万

编　　著：郭龙江
责任编辑：程明
封面设计：点滴空间
出版发行：吉林文史出版社有限责任公司
电　　话：0431-81629369　　邮编　130118
地　　址：长春市福祉大路出版集团 A 座
网　　址：www.jlws.com.cn
印　　刷：北京一鑫印务有限责任公司
开　　本：165mm×235mm 1/16
印　　张：20
印　　次：2019 年 6 月第 1 版　　2023 年 4 月第 2 次印刷
书　　号：ISBN 978-7-5472-6199-6
定　　价：68.00 元

前　言

　　人生在世，无非是做三件事：说话、办事和做人。一个人要想在社会上吃得开，需掌握立身处世的三大技巧：会说话、会办事、会做人。具备了这三者，别人就容易接纳你、尊重你、帮助你。从三者关系的角度来看，会说话是会办事的前提，会说话的人，办事能力就会相应提高，在这个社会上求人办事就会游刃有余，做人也能更容易成功。会办事是会做人的必要条件，只有善于办事，你才能更容易得到别人的认可。笔者认为，会做人首先要学会说话和办事，成功总是垂青善于说话和巧于办事的人，因为人离不开说话和办事，这是会做人的基本功和必修课。掌握了说话、办事、做人这三大技巧，也就掌握了成功的金钥匙，必将在人生的道路上无往而不胜。说话，即口头的语言交际，不但是人类有别于其他动物的主要标志之一，而且是人类数十万年来得以繁衍生息、生存发展的一种重要手段。在人类发展已经步入新世纪的今天，科技与信息革命所掀起的新浪潮正汹涌澎湃，巨浪滔天。说话不仅成了人们日常生活的一个重要组成部分，更是人们事业成败的一个举足轻重的先决条件。在现代社会里，人之所以离不开说话，犹如鱼离不开水。我国著名散文家朱自清说："人生不外言动，除了动就只有言，所谓人情世故，一半是在说话里。"

　　俗话说："一句话让人跳，一句话让人笑。"说话能力体现着一个人的内涵、素质。一个说话讲究艺术的人说出的话，常常是说理切、举事赅、择辞精、喻世明；轻重有度、褒贬有节、进退有余地、游刃有空间；可陶冶他人之情操，也可为济世之良药；可以体现个人的雄才大略，更能提高个人的社会地位。因而，一个人能否把握说话的艺术，对其人生的成败是非常重要的。

　　说话能力，不是天生的，而是通过不断练习培养出来的。本书上篇通过具体生动的案例，深入浅出地阐述了练就卓越口才的途径、必知的各种说话技巧、禁忌和分寸，包括怎样把话说到别人心窝里、怎样拒绝而不得罪别人、怎样得体赞美别人、怎样打动别人、怎样说好难说的话、怎样运用幽默，以及在谈判、恋爱、交友、推销中的说话方法和技巧，帮助读者轻松掌握各个领域的说话艺术，提高自己的说话能力，在错综复杂的人际关系网络中应对自如。

俗话说："一个篱笆三个桩，一个好汉三个帮。"不论你是能人还是庸人，聪明人还是愚笨人，管理者还是打工者，只有当你得到别人的帮助并帮助别人的时候，才能生存。正是由于人与人之间这种相求相助，我们的社会才充满了温馨友爱，各项事业才得以兴旺发达。然而，当你为了生计而四处奔波已经很劳累的时候，偏偏又遇上件为难事，这时候你需要察言观色，寻求别人帮助等。

人不是万能的，有些人的知识、能力、财富都是有限的，尤其在当今社会，竞争日趋激烈，每个人都承受着生活所带来的巨大压力，都强烈地渴望事业的成功与辉煌，生活的幸福与美满。有些人认为，"能干的不如会干的"。这种时候寻求别人帮助的作用就日益凸显出来了。有人四处碰壁，一无所获，终生默默无闻；相反，有的人却如鱼得水，一帆风顺。

事实证明，每一个与成功失之交臂的人，并非缺乏成功的智慧和勇气，而是在办事上没有找到正确的方法，不能从容地办事。而那些成就了一番事业的人，他们也未必都是天生的强者，只是他们善于掌握与各色人等办事的艺术，能够做到办什么样的事用什么样的方法，不给别人挑毛病的机会。所以我们经常可以看见周围有一些人，他们人际交往游刃有余。这一切源于他们善于交际。这样反而比一般人活得更轻松。

会做人也是一个人生存立世之本，是说好话、办好事的基础和前提。说到底，做人的问题就是要处理好自己和他人、自己和社会的关系。就是因为每一个关系都涉及自己，所以学会做人就要从自身开始。做人是一门精深的学问，人生的成与败在于做人的得与失。本书下篇对人们行走社会必须具备的做人智慧进行了全面的归纳和总结，从中得出做事先做人、低调做人、做人的方与圆、糊涂之道、中庸、诚信、忍让等做人方法，让人们在如何做人上有章可循，而不至于迷惘无绪。

通晓做人的哲学，会让你在为人处世的过程中，讲究方法，讲究策略，讲究变通之道，从而建立良好的人际关系，灵活机智地应对人情世故，在复杂变幻的社会环境中，把握做人的准则，衡量处世的分寸，在人生舞台上走好每一步，扮好每一个角色。

　　总之，笔者认为，会说话、会办事、会做人三者相辅相成，不可分割，共同构筑了成功人生的"金三角"。本书作为一本为人处世的通俗指南，从实用、方便的原则出发，全面、系统地向读者讲述了说话、办事和做人这三方面的人生哲学和智慧，将日常生活中最直接、最有效且使用率高的口才技巧、办事方略以及做人哲学介绍给读者，让读者在短的时间内掌握办事、做人的本领。书中的方法可以帮助你轻松驾驭人生局面，实现事业的成功和生活的幸福。

目 录

中篇　会办事

下篇 会做人

上篇
会说话

第一章　因人施法：让别人都照你的意思办

把话说到对方的心窝里

日本有一个这样的故事。真田广之替已过世的父亲守灵。他的老家离东京很远，即使坐电车也要花 3 个钟头时间，而且那时的电车还不像现在这样每一小时发一班车，所以可以说交通很不方便。当时他心里想：外地的亲戚朋友是不可能前来凭吊的了。但出乎意料的是，在整个晚上都没有任何一个亲属到来的情况下，一个女子突然出现在他的面前。

"田中小姐，你怎么来了……"

当时真田简直感动得难以言表，因为她不过是他的同事而已，真难以想象她会在下班之后，搭乘电车赶到他的老家来。况且当时天色已经很晚，她又不太认得路，肯定是挨家挨户询问才找到他家的。

"你经常来这里？"

"不，今天是第一次，我只是想来凭吊一番……"

"太谢谢你了，太谢谢你了！"

真田简直感动得不知道该说什么才好，心想，她是个多么好的同事啊！这位同事的确拥有很好的人际关系，在公司里，不论男女都是这么认为的。她得到了大家的信任，只要是她说的话，大家都认为不会错，而且也愿意按照她说的去做。这同时也表示，她是个说服力极强的人。

经过那晚的谈话，真田明白了她之所以说服力极强的秘密。也就是她总是能以情动人，就在于攻心。平时别人遇到什么麻烦，田中小姐总是会伸出援助之手，这令所有人都为之感动。先得了人心，别人自然会心甘情愿帮助她。

可能平时我们没有太多时间和精力去助人为乐，但该事例告诉了我们一个关键信息，就是说服他人的核心点在于征服他人的内心，使对方在情感上有所共鸣。

文学家李密，曾在蜀汉时担任过尚书郎的官职，蜀汉灭亡后，居家不出。晋武帝知道他有才干，便下诏命他进朝为太子洗马，但李密拒绝了。为此，晋武帝大怒。在这种情况下，李密写了一封信给晋武帝。

"……我想圣明的晋朝是以孝来治理天下的，凡是年老之人，都得到了朝廷的怜恤和照顾，何况我祖孙孤零困苦的情况特别严重。

"我年轻的时候在蜀汉朝做官，任职郎中，本来就希望仕途显达，并不矜持名声节操。现在我是败亡之国的低贱俘虏，身份卑微的人，受到过分的提拔，宠幸的委命，已经非常优厚，哪里还敢迟疑徘徊，有更高的渴求呢？

"只是因为我祖母刘氏如西山落日，已经是气息短促，生命不长。我如没有祖母的抚育，就难以有今日。祖母如失去了我的奉养，也就无法多度余日。祖孙二人相依为命。因此，我实在不能抛开祖母离家远行。

"微臣李密今年44岁，祖母刘氏今年96岁。这样，我为陛下尽忠效力的日子还长，而报答祖母的养育之恩的日子短呀！故此，我以这种乌鸦反哺的私衷，乞求陛下准允我为祖母养老送终。

"恳请陛下怜恤我的一片愚诚，慨允我微小的志愿，使祖母刘氏可以侥幸保其晚年，我活着也将以生命奉献陛下，死后也要结草图报。臣内心怀着难以承受的惶恐，特地做此书，奏闻圣上。"

这就是流传百世的《陈情表》。将心比心，以情说理，李密在柔言细语中陈述自己的处境。武帝颇为感动，心头的怒火也自然平息了，他还赐给李密奴婢二人，并令郡县供养其祖母。

杰克·凯维是加利福尼亚州一家电气公司的一位科长，他一向知人善任，并且每当推行一个计划时，总是不遗余力地率先做榜样，将最困难的工作承揽在自己的身上，等到一切都上了轨道之后，他才将工作交给下属，而自己退居幕后。虽然他这种处理事情的方法是很好的，但他太喜欢为他人做表率，所以常常让人觉得他似乎太骄傲了。

最近不知怎么回事，一向精神奕奕的凯维却显得无精打采。原来最近公司的经济极不景气，资金方面周转不灵，再加上预算又被削减，使得科里的运转差点儿停顿。这种情况若继续下去，后果一定不可收拾。于是他实施了一套新方案，并且鼓励职工：“好好干吧！成功之后一定不会亏待你们的。”但没想到眼看就要达到目标，结果还是功亏一篑，也难怪他会意志消沉了。平日对凯维就极为照顾的经理看了这些情形后，便对他说：“你最近看起来总是无精打采的，失败的挫折感我当然能够理解，但是我觉得你之所以会失败，乃是因为你只是一味地注意该如何实现目标，却忽略了人际关系这种软体的工程，如果你能多方考虑，并多为他人着想，这种问题一定能够迎刃而解。”经理停顿了一下，又接着说：“大丈夫要能屈能伸，才是一个好的管理人员。我觉得你就是进取心太急切了，又总喜欢为职工做表率，而完全不考虑他们的立场，认为他们一定能如你所愿地完成工作，结果倒给了职工极大的心理压力。大概也就是因为这个缘故，所以大家都说你虽能干，但你的下属却很为难。每个人当然都知道工作的重要性，所以你实在大可不必再给他们施加压力。你好好休息几天，让精神恢复过来，至于工作方面，我会帮助你的。”

杰克·凯维的一段亲身经历让我们知道，必须站在别人的立场，将心比心才能真正达到说服对方的目的，否则，再多的自信和能力也无法让别人服从你。会打棒球的人都知道，当我们要接球时，应顺着球势慢慢后退，这样的话球劲便会减弱。与此相似，我们在说服他人的时候，如果能将接棒球的那一套运用过来，相信说服会变得更容易。

唐代大诗人白居易说："动人心者莫先于情。"意思是说，要说服人、打动人，必须动之以情，言语必须是诚心诚意的，发自内心，富有人情味和同情心，让人听后觉得你是真心为他好，是设身处地地为他着想，而不是在应付他。相反，冰冷的态度、程式化的言辞，会引起对方的逆反心理，增加说服的难度。

林肯在当律师时曾碰到这样一件事：

有一位老妇人是独立战争时一位烈士的遗孀，每月只靠抚恤金维持生活。前不久出纳员非要她交纳一笔手续费才准领钱，而这笔手续费相当于抚恤金的一半，这分明是勒索。

林肯知道后怒不可遏，他安慰了老妇人，并答应帮助她打这个没有凭据的官司，因为出纳员是口头勒索。

开庭后，因原告证据不足，被告矢口否认，情况显然不妙。林肯发言时，上百双眼睛都盯着他。

林肯首先把听众引入对美国独立战争的回忆，他两眼闪着泪花，述说爱国战士是怎样揭竿而起，又是怎样忍饥挨饿地在冰天雪地里战斗。渐渐地，他的情绪激动了，言辞犹如挟枪带剑，锋芒直指那个企图勒索的出纳员。最后他以严正的设问，做出了令人怦然心动的结论：

"1776 年的英雄早已长眠地下，可是他们那衰老而可怜的遗孀还在我们面前，要求代她申诉。这位老人也曾是位美丽的少女，曾经有过幸福愉快的生活。不过，她已牺牲了一切，变得贫穷无依，不得不向自由的我们请求援助和保护，而这自由是用革命先烈的鲜血换来的。试问，我们能熟视无睹吗？"发言至此，戛然而止。听众的心腑早被激动了：有的捶胸顿足，扑过去要撕扯被告；有的泪水涟涟，当场解囊捐款。在听众的一致要求下，法庭通过了保护烈士遗孀不受勒索的判决。

这就是感情的力量。唯有真挚的感情才能打动人、说服人，才能唤起民众、唤醒民心。

婆婆是家里的一把手，财政大权控于掌中，媳妇感到很不愉快。一天晚饭后，她诚恳地对婆婆说："您老人家操管全家的生活真是辛苦。有些事，我们可以办的，您尽管吩咐。现在大家收入增加了，不愁吃穿，生活可以安排得更丰富些。家里的经济收支，您安排得很好，以后您可以让我们试试，如果您觉得不对的地方，也好帮我们改正。"

婆婆非常乐意地接受了媳妇的要求。家庭气氛一如既往，其乐融融。

这就是攻心的威力。说服不是一项硬件工程，它需要先让人心动，然后才能把人说动，一切从"心"出发吧！

用利害关系说服他人

你是否会为他人着想，为他人做一点儿事呢？几乎所有脱离群体、以自我为中心的人，他们的座右铭都是"人不为己，天诛地灭"，这也就是为什么一旦有人优先考虑他人所托之事时，就会传为美谈，而且备受众人称颂和尊重的原因了。因为这样的人实在是太少！对于那些人来说，要他们自动自发地为别人做一点儿事是多么不容易啊！

是的，通常他们行动的目的都是"为自己"，而非"为别人"。如果能够充分理解这一点，那么想要说服他人就有如探囊取物般容易了。只要了解对方真正想追求的是什么，进而满足他的需求便可达到目的。

肿瘤患者放疗时，每周测一次血常规，有的患者拒绝检查，主要是因为他们没意识到这种监测的目的是保护自己。

一次，护士小王走进4号房间，说："王大嫂，该抽血了！"

患者拒绝说："不抽，我太瘦了，没有血，我不抽了！"

小王耐心地解释："抽血是因为要检查骨髓的造血功能是否正常，例如、白细胞、红细胞、血小板等，血象太低了就不能继续做放疗，人会很难受，治疗也会中断！对身体也不好。"

患者好奇地说："降低了又会怎样？"

小王说："降低了，医生就会用药物使它上升，仍然可以放疗！你看，别的病友都抽了！一点点血，对你不会有什么影响的。再说还可以补回来呀。"

患者被说服了："好吧。"

相信很多人都经历过，在说服人或想拜托别人做事情时，不管怎样进攻或恳求对方，对方总是敷衍应付、漠不关心。这时你首先要用讲明利害关系来引起对方的关心，然后再说服。在推销方面，推销员为了引起顾客的注意，并达到80%的购买率，往往是先诱导、后说服。

在英国工业革命方兴未艾时，以发明发电机而闻名的法拉第，为了能够得到政府的研究资助，他去拜访首相。

法拉第带着一个发电机的雏形，非常热心并滔滔不绝地讲述着这个划时代的发明。但首相的反应始终很冷淡，一副漠不关心的样子。

事实上，这也是无可奈何的事情，因为他只是一个了不起的政治家，要他看着这种周围缠着线圈的磁石模型，心里想着这将会带给后世产业结构的大转变，实在是太困难了。但是法拉第在说了下面这段话后，却使原本漠不关心的首相突然变得非常关心起来。他说道："首相，这个机械将来如果能普及的话，必定能增加税收。"

显而易见，首相听了法拉第所说的话后，态度突然有了强烈的转变。其原因就是因为这个发动机，将来一定会获得相当大的利润，而利润增加必能使政府得到一笔很大的税收，而首相关心的就在于此。

在很多人眼里把利益看得很重要，那么以"利"服人是一大先决条件。但是，将这条最基本要件抛于脑后的却大有人在，他们没有满足对方最大的利益，一心一意只是想要满足自己的私欲。例如以下这个故事：

日本某酒厂的负责人成功研发了新水果酒，为求尽快让产品打进市场，于是他决定说服社长批准大量生产。

"社长，又有新的产品研发出来了。这次的产品是前所未有的新发明，绝对能畅销。连我都喜欢的东西，绝对有市场。我敢拍胸脯保证。"

"什么新产品？"

"就是这个，用梨汁酿制的白兰地。"

"什么？梨汁酿的白兰地?！那种东西谁会喝？况且喝白兰地的人本来就少，更甭说用梨汁酿的白兰地……就是我也不会去喝。不行！"

"请您再评估评估，我认为很可行。用梨汁酿酒本来就不多见，再加上梨子有独特的果香，一定很适合现代人的口味。"

"嗯，我觉得还是不行。"

"我认为绝对会畅销……请您再重新考虑一下。"

"你怎么这样唠叨？不行就是不行。"

"好歹也要试试看才知道好坏，这是好不容易才研发出来的呀！"

"够了，滚吧！"

最后，社长终于忍不住发火。这位负责人不仅没能说服社长，反而砸掉自己的名声。

这样的劝说不仅充分显露不顾他人立场的私心，还打算强迫他人赞同自己的意见。

碰到这种不知天高地厚的家伙，别人只会感觉：听他的口气，根本是个主观、只会考虑自己的家伙，还想把个人意见强加于别人！如此一来，怎么可能赢得说服的机会呢？因此，无论如何，你都应该考虑以对方的利益为出发点的劝说方式。

读到这里，你一定会想：不可能有那样的事，怎么会有人不为自己设想呢？世界上没有不替自己谋利的劝说。然而这是可能的。

该如何做呢？首先应充分考虑对方的利益为何，再考虑自己的利益何在，然后将两者合并起来，找出双方共有的利益所在，最后再着手进行劝说。先不要急着说双方没有共同的利益，一定会有的。重要的是，不要放弃，直到找出为止。

下面我们再看一个例子。卡耐基作为钢铁大王却对钢铁制造不甚了解，那么他成功的原因是什么呢？关键就在于他知道如何领导。

他知道名字对一个人的重要。当他还是个孩子的时候，在田野里抓到两只兔子，他很快就替它们筑好了窝，但发现没有食物，因此他想到了一个妙计——把邻居小孩找来，如果他们能为兔子找到食物，就以他们的名字来为兔子命名。

这个妙计产生了意想不到的效果。因此，卡耐基永远也忘不了这个经验。

当卡耐基与乔治·波尔曼都在争取一笔汽车生意时，这位钢铁大王又想起了兔子给他的经验。

当时卡耐基所经营的中央能运公司正在与波尔曼的公司竞争，他们都想争夺太平洋铁路的生意，但这种互相残杀对彼此的利益都有很大的损害。当卡耐基在与波尔曼都要去纽约会见太平洋铁路公司的董事长时，他们在尼加拉斯旅馆碰面，卡耐基说："波尔曼先生，我们不要再彼此玩弄对方了。"

波尔曼不悦地说："我不懂你的意思。"

于是，卡耐基就把心里的计划说出来，希望能兼顾二者的利益，他描述了合作的好处以及竞争的缺点。波尔曼半信半疑地听着，最后问道："那么新公司要叫什么名字呢？"卡耐基立刻答道："当然是叫波尔曼汽车公司啦。"

波尔曼顿时展露了笑容，说道："到我的房间来，我们好好讨论讨论这件事。"

我们都知道说服他人要攻其要害，而逐利就是每个人的通病。

一个人可能会同时具有想去相信人，却并不真正相信别人的两种心态。谨慎而顽固的人多持不信任人的态度，并以这种心态来左右自己的行为。他并不是没有相信人的意念，但他更具有希望人家能信任他的强烈意念。对于这种人，可以先这样说："你这么做，不但对你自己，对他人也是有帮助的。"以此来晓以大义将更有说服力。

譬如，一位卖宝石和毛皮的推销员对一个正在犹豫不决的主妇说：

"你用这些东西一定能使你更美，而你的先生也会更喜欢你。"

这句话的含意是说你这么做并非全是为了自己，同时也为了你先生。她必定极乐意买下。如果更进一步地说：

"即使你买了它，若想脱手也能高价卖出，这样对于你的家又何尝没有帮助？"

对方一听，必定会认为她买下这个东西并非为她一人，也是为了家等。对一个正在犹豫不决的主妇来说，最好的方法是对她说"不仅对你好，对整个家都好"等类似的话语，必定很容易将货品推销出去。

这种方法并非只适用于商场。日本古代名人丰臣秀吉有一次想没收所有农民的刀枪铁器等，但遭到了农民们的激烈反对。由于他们受过太多的欺骗，对那些统治者也早已恨透了，此时若以强压手段必引起农民的反抗。于是他便灵机一动说："这次我要将这些没收的武器用来做制造寺庙用的器材、铁钉等，使民众得以供奉。并且为了国家、为了全民，更需要百姓专心于耕作上。"于是农民们便都心甘情愿地将武器交出来了。

本来那些农民不肯交出武器，但经丰臣秀吉晓以大义，便觉得没有什么不可为的。然而，他们还是进了丰臣秀吉的当。

在被劝说者缺乏自信力的时候，为了将其导向你所设置的既定目标，必须突出这样的利与得，而这样的害与失最好就避而不谈，这是说服对方所采取的一种策略。

引导对方多说"是"

有个日本小和尚聪明绝顶，他的名字可以说是家喻户晓。他最擅长的说服方式就是引导对方说"是"。这位小和尚叫一休。足利义满把自己最喜爱的一只龙目茶碗暂时寄放在安国寺，没想到被一休不小心打碎了。就在这时，足利义满派人来取龙目茶碗。

大家顿时大惊失色，不知所措，茶碗已被一休打碎，拿什么去还呢？

一休道："不必担心，我去见大将军，让我来应付他吧！"

一休对将军说："有生命的东西到最后一定会死，对不对？"

足利义满回答："是。"

一休又说道："世界上一切有形的东西，最后都会破碎消失，是不是？"

足利义满回答："是。"

一休接着说："这种破碎消失谁也无法阻止，是不是？"

足利义满还是回答："是。"

一休和尚听了足利义满的回答，露出一副很无辜的神情接着说："义满大人，您最心爱的龙目茶碗破碎了，我们无法阻止，请您原谅。"足利义满已经连着回答了几个"是"字，所以他也知道此事不宜再严加追究了，一休和尚和外鉴法师便这样安然地渡过了这一难关。

一个人的思维是有惯性的，当你朝某一个方向思考问题时，你就会倾向于一直考虑下去，这就是为什么有些人一旦沉醉于某些消极的想法之后，就一直难以自拔的道理。在人际交往中我们应懂得并运用这一原理。与人讨论某一问题时，不要一开始就将双方的分歧亮出来，而应先讨论一些你们具有共识的东西，让对方不断说"是"。渐渐地，你开始提出你们存在的分歧，这时对方也会习惯性地说"是"，但当他发现之后，可能已经晚了，只好继续说下去。

使对方产生"是"的反应其实是一种很简单的技巧，却为大多数人所忽略。懂得说话技巧的人，会在一开始就得到许多"是"的答复。这可以引导对方进入肯定的方向。就像撞球一样，原先你打的是一个方向，只要稍有偏差，等球碰回来的时候，就完全与你期待的方向相反了。也许有些人以为，在一开始便提出相反的意见，这样不正好可以显示出自己重要而有主见吗？但事实并非如此，在现实生活中，这种使对方说"是"的技术很有用处。詹姆斯·艾伯森是格林尼治储蓄银行的一名出纳，他就是采用这种办法挽回了一位差点儿失去的顾客。

"有个年轻人走进来要开个户头，"艾伯森先生说道："我递给他几份表格让他填写，但他断然拒绝填写有些方面的资料。"

"在我没有学习人际关系课程以前，我一定会告诉这个客户，假如他拒绝向银行提供一份完整的个人资料，我们是很难给他开户的。但今天早上，我突然想，最好不要谈及银行需要什么，而是谈及顾客需要什么。所以我决定一开始就先诱使他回答'是，是的'。于是，我先同意他的观点，告诉他，那些他所拒绝回答的资料，其实并不是非写不可。"

"但是，假定你碰到意外，是不是愿意银行把钱转给你所指定的亲人？"

"是的，当然愿意。"他回答。

"那么，你是不是认为应该把这位亲人的名字告诉我们，以便我们届时可以依照你的意思处理，而不致出错或拖延？"

"是的。"他再度回答。

"年轻人的态度已经缓和下来，他知道这些资料并非仅为银行而留，而是为了他个人的利益。所以，最后他不仅填下了所有资料，而且在我的建议下，他还开了一个信托账户，指定他母亲为法定受益人。当然，他也回答了所有与他母亲有关的资料。"

"由于一开始就让他回答'是，是的'，这样反而使他忘了原本存在的问题，而高高兴兴地去做我建议的所有事情。"

促使对方说"是"的方法很多，但目的都是要以最简单的方式使对方不说"不"。

当你与别人交谈的时候，不要先讨论你不同意的事，要先强调，而且不停地强调你所同意的事。因为你们都在为同一结论而努力，所以你们的相异之处只是方法，而不是目的。

让对方在一开始就说"是，是的"。假如可能的话，最好让对方没有机会说"不"。

很多人先在内心制造出否定的情况，却又要求对方说"好"，表现肯定的态度，这样做是不可能让对方点头的。假如你要使对方说"好"，最好的方法是制造出他可以说"好"的气氛，然后慢慢引导他，让他相信你的话，他就会像是逐渐地说出"好"。

换句话说，你不要制造出他可以表示否定态度的机会，一定要创造出他会说"好"的肯定气氛出来。

当你向别人发问时，你可以连续不断地追问下去，而最后使对方不得不说"好"。这是制造肯定气氛最高明的技术，也是让对方点头的第一种妙方。

譬如当你看到某种东西，你先连续问对方五六次："它的颜色很漂亮吧""它的手工很精细吧""它的造型很完美吧""它的……"让对方答出一连串的"是"之后，你再问他原先你想获得他肯定回答的问题，那他一定会说"是"。因为在此之前，他已被你引导似的说了很多"是"，很自然地，在回答你这关键问题时，他也会说"是"。

所以，要使对方回答"是"，问问题的方式是非常重要的。什么样的发问方式比较容易得到肯定的回答呢？当然是你的问题已经暗示了你所想要得到的答案，这就是使对方点头的第二种妙法。

譬如当你在说服别人购买你的商品时，不应该问顾客喜不喜欢、是否想买。你应该问他："你一定喜欢，是吧？""你一定很想买，是吧？"你必须用"这颜色很漂亮吧"来代替"这颜色很漂亮吗"因为，你问他："颜色漂亮吗？"他可以回答："不漂亮。"可是，你对他说："颜色很漂亮吧。"他就不得不回答："很漂亮。"

你一定在电影上看过那些老到的律师，在法庭为被告辩护时，是怎样一步一步引导原告说出对被告最有利的情况。

第三种使对方点头或说出肯定答案的妙方是，当你向对方发问而他还没有回答之前，自己也要先点头。你一边发问一边点头，可以引导他更快点头，因为你的行动和态度会引导对方的行动和态度。所以只要善用此原理，就会更快地得到对方肯定的答案。

那么要如何才能引导对方做出你所期待的行动和态度呢？关键在于你说话的语气和态度。

软硬兼施，逼他"就范"

暴力与怀柔，二者分开来用，人人都可以将其发挥到极致，然而这样效果往往不好，如果将两者结合起来，双管齐下，则会取得极佳的效果。

张嘉言驻守广州时，沿海一带设有总兵、参将、游击等官职。总兵、参将部下各有数千名士兵，每天的军粮都要平均分为两份。

参将的士兵每年汛期都要出海巡逻，而总兵所管辖的士兵都借口驻守海防，从来不远行。等到每过三五年要修船不出海时，参将部下的士兵只发给一半的军粮，如果没有船修而不出海，就要每天减去1/3的军粮，以贮存起来待修船时再用。只有总兵的部下军粮一点儿也不减，当修船时另外再从民间筹集经费。这种做法已沿袭很久，被视为理所当然。

不料，有一天，巡按将此事报告了军门，请求以后将总兵部下的军粮减少一些，留待以后准备修船时再用。恰巧，这位军门和总兵之间有矛盾，于是就仓促同意削减军粮。

总兵各部官兵听到消息后，立即哄然哗变。他们知道张嘉言在朝廷中很有威信，就径直围逼到张嘉言的大堂之下。

张嘉言神色安然自若，命令手下人传五六个知情者到场，说明事情真相。士兵们蜂拥而上，张嘉言当即将他们喝下堂去，说：

"人多嘴杂，一片吵闹声，我怎么能听清你们说些什么。"

士兵们这才退下。当时正下大雨，士兵们的衣服都淋湿了，张嘉言也不顾惜，只是叫这几个人将情况详细说明。这几个人你一言我一语，都说过去从来没有扣减总兵官兵军粮的先例。

张嘉言说："这件事我也听说了。你们全都不出海巡逻，这也难怪上司削减你们的军粮了。你们要想不减也可以，不过那对你们并没有什么好处。上司从今以后会让你们和参将的士兵一样每年轮换出海巡逻，你们难道能不去吗？如果去了，那么你们也会同他们一样，军粮会被减掉一半。你们费尽心机争取到的东西还是拿不到的，这些肯定要发给那些来替换你们的士兵。如果是这样，你们为什么不听从上司，将军粮稍微减少一点儿呢？而你们照样还可以做你们大将军的士兵。你们再认真考虑一下吧！"

这几个人低着头，一时无法对答，只是一个劲儿地说："求老爷转告上司，多多宽大体恤。"

张嘉言问："你们叫什么名字？"

他们都面面相觑不敢回答。

张嘉言顿时骂道："你们不说姓名，如果上司问我'谁禀告你的'，让我怎么回答？"

这几个人只好报了自己的姓名，张嘉言一一记下，然后对他们说："你们回去转告各位士兵，这件事我自有处置，劝他们不要闹了。否则，你们几个人的姓名都在我这儿，上司一定会将你们全部斩首。"

这几个人顿时吓得面容失色，连连点头称是，退了出去。

后来，总兵部下的士兵每日被扣军粮，士兵们竟然再也没有闹事的。张嘉言的这招儿恩威并施堪称经典。

在说服他人的过程中，采用刚柔相济的劝诫之术，一方面能使别人体面地"退"；另一方面又坚持自己的原则，使自己的主张得到采纳，这种方法为许多事情的处理留有余地。

太史公司马迁在《史记·滑稽传》记载：战国时期，齐威王荒淫无度，不理国政，好为长夜之饮。上行下效，僚属们也全不干正事了，眼看国家就要灭亡。可是却没有谁敢去进谏，最后只好由"长不满四尺"的淳于髡出面了。但是淳于髡并没有气势汹汹、单刀直入地向齐威王提出规谏，而是先和他搭讪聊天。

他对齐威王说："咱们齐国有一只大鸟，落在大王的屋顶上已经3年了，可是它既不飞，又不叫，大王您知道是什么原因吗？"

齐威王虽然荒淫好酒，但是他本人却和夏桀、商纣那样的坏进骨子里去的人物有着巨大的不同，所以当听到淳于髡的隐语之后，他就被刺痛并醒悟了，于是很快回答说："我知道。这只大鸟它不鸣则已，一鸣就要惊人；不飞则已，一飞即将冲天。你就等着看吧！"

说毕立即停歌罢舞，戒酒上朝，切实清理政务，严肃吏治，接见县令共72人，赏有功者1人，杀有罪者1人。随后领兵出征，打退要来侵犯齐国的各路诸侯，夺回被别国侵占去的所有国土，齐国很快又强盛起来。

淳于髡并没有以尖锐的语言来进行劝谏，而是避开话锋，柔语细说中又带有一丝强硬与责备，这样对方很容易主动接受建议。

软硬兼施的方法还可以以两种人合作逼人就范的形式来实施。

一位深受青年喜爱的作家的很多作品都被拍成电影，好多人都曾在影院看过经他的原著改编的影片，影院的观众席都挤满了，观众不时为故事的新颖奇妙鼓掌喝彩，就像20世纪30年代的美国人为卓别林的表演忍俊不禁一样。影片是侦探片，而最吸引人的是影片中审讯犯人的绝妙技巧：警员声色俱厉地审问犯人，把他逼到山穷水尽的困境；这时又一位陪审的警员出场，他态度十分温和地对罪犯表示信任和理解。

首先罪犯由攻击型的警员来审问，以凌厉的攻势摧毁对方的意志，向他说明他的罪证确凿、他的同伙都招供了等，把他逼到进退两难的边缘。接受了这样的审讯后，有的人会屈服，而顽固的罪犯则会死不认罪。

这种情况下，则派另一位温和型的警员审问他。警员完全站到罪犯的立场上，真心地安慰他、鼓励他，"你的兄长都希望你得到宽大处理，希望你为他们考虑"等。对这种软招，罪犯往往会自惭形秽，坦白自己的一切犯罪行为。

无论是在影片中还是现实生活中，使用这种技巧，罪犯十有八九会坦白认罪的。

这种手法是一种奇特的心理法则，又称"缓解交代法"。由温和型和攻击型的两个人合作，一方首先把对方逼到心理的死胡同里去，令他一筹莫展；这时另一个人出来给他指点一条逃避的暗道。这种情况下，对方会自然地奔向那条可以脱身的暗道了。

将计就计对着说

"请不要阅读第七章第七节的内容"，这是一个作家在他的著作扉页上的一句饶有趣味的话。后来这个作家做了一个调查，不由得笑了，因为他发现绝大部分的读者都是从第七章第七节开始读他的著作的，而这就是他写那句话的真正目的。

当别人告诉你"不准看"时，你却偏偏要看，这就是一种"逆反心理"。这种欲望被禁止的程度越强烈，它所产生的抗拒心理也就越大。所以如果能善于利用这种心理倾向，就可以将顽固的反对者软化，使其固执的态度有 180 度的大转弯。

某建筑公司的李工程师，有一次令一个刚愎自用的工头折服了。这个工头常常反对改进的计划。李工想换一个新式的指数表，但他想到那个工头必定要反对的，所以他想了个办法。李工去找他，腋下夹着一个新式的指数表，手里拿着一些要征求他的意见的文件。当大家讨论这些文件的时候，李工把指数表从左腋下移动了好几次。工头终于先开口了："你拿着什么东西？"李工漠然地说："哦！这个吗？这不过是一个指数表。"工头说："让我看一看。"李工说："哦！你不能看！"并假装要走的样子，还说："这是给别的部门用的，你们部门用不到这东西。"工头又说："我很想看一看。"当他审视的时候，李工就随意但又非常详尽地把这东西的效用讲给他听。他终于喊起来说："我们部门用不到这东西吗？它正是我想要的东西呢！"李工故意这样做，果然很巧妙地把工头说动了。

逆反心理并不是执拗的人才有，喜欢跟别人对着干也是很多人的习惯，因为一些人都不愿乖乖服从于任何人。

某报曾登载过一篇以父子关系为主题的纪实文章《我家的教育法》，是说某社会名人的孩子在学校挨了顿骂后便非常怨恨他的老师，甚至想"给他一点儿颜色瞧瞧"，他父亲听了也附和道："既然如此，不妨就给他点儿颜色看。"但接着又说："纵使你达到报复的目的，但你却因此而触犯了法律，还是得三思才是。"听父亲这样一说，儿子便取消了报复的念头。

另外还有一个例子。某太太认为她丈夫极不像话，于是便和朋友说她要离婚。她满以为朋友会劝她打消离婚的念头，不料那位朋友却说：

"如此不像话的丈夫还是趁早和他离婚，免得将来受苦。"

这位太太听朋友这么一说，反倒认为："其实，我丈夫也并非坏到这般地步。"最后打消了离婚的念头。

据说明朝时，四川的杨升庵才学出众，中过状元。因嘲讽过皇帝，所以皇帝要把他充军到很远的地方去。朝中的那些奸臣更是趁机要公报私仇，于是向皇帝说，把杨升庵充军海外或是玉门关外。

杨升庵想：充军还是离家乡近一些好。于是就对皇帝说："皇上要把我充军，我也没话说。不过我有一个要求。"

"什么要求？"

"任去国外三千里，不去云南碧鸡关。"

"为什么？"

"皇上不知，碧鸡关呀，蚊子有四两、跳蚤有半斤！切莫把我充军到碧鸡关呀!"

"唔……"

皇帝不再说话,心想:哼!你怕到碧鸡关,我偏要叫你去碧鸡关!杨升庵刚出皇宫,皇上马上下旨:杨升庵充军云南!

杨升庵利用"偏要对着干"的心理,粉碎了奸臣的打算,达到了自己要去云南的目的。

尤其是那些大人物,你对他们提出要求,他们总是会想:我为什么要听任你的摆布,我可是一个响当当的人物!因此,在说服这类人的时候,从反方向着手更容易成功。

小孩子天真、单纯,你说东,他偏往西,这是他们的天性,全人类中可能要数他们的逆反心理最强了。

某一有名的教育家,他对于不喜欢练小提琴的孩子尤其独具慧心。在教孩子们练琴时,经常碰到的难题就是儿童学琴意识薄弱,然而他却能使这些孩子们个个乐意接受他的指导。用逼迫的方式吗?不!因为这种办法只能收到一时之效,并不能持久。而他所使用的"特效药"就是这么一句话:"我想这件事你必定做不好,你还是放弃吧。因为你的技能比人家差,所以你才不想练习。"

你让他放弃,他偏要证明给你看。

只要是从事教育工作的,便经常会体会到这一类情形。尤其小学生更是如此,对于这样的孩子,你若说:"难道你是不喜欢它吗?"这会毫无效用的,而要对他们说:"这样的事情对你来说是勉强了点儿,可能你没办法做得好,因为你的能力比别人差。"

只要这一句话,大多数孩子都会自发地行动起来。

沉默有时是最好的说服方式

大家都认为，既是说服，当然就得凭借好口才。其实，偶尔采取沉默战术同样可以达到说服的效果。沉默可以引起对方注意，使对方产生迫切想了解你的念头。以下我们就来看看一个利用沉默成功说服的例子。

一家著名的电机制造厂召开管理员会议，会议的主题是"关于人才培育的问题"。会议一开始，山崎董事就用他那特有的声音提出自己的意见。

"我们公司根本没有发挥人才培训的作用，整个培训体系形同虚设，虽然现在有新进职员的职前训练，但之后的在职进修却成效不明显。职员们只能靠自己摸索来熟悉工作，这很难与当今经济发展的速度衔接在一起，因而造成公司职员素质水平普遍低下、效益不高。所以我建议应该成立一个让职员进修的训练机构，不知大家看法如何？"

"你所说的问题的确存在，但说到要成立一个专门负责培训职员的机构，我们不是已经有 OJT（On the job Training 职员训练）了吗？据我了解，它也发挥了一定的功用，我认为这一点可以不用担心……"

"诚如社长所说，我们公司已经有 OJT 组织，但它是否发挥实际作用了呢？实际上，职员根本无法从中得到任何指导，只能跟着一些老职员学习那些已经过时的东西，这怎么能够将职员的业务水平迅速提升呢？而且我观察到许多职员往往越做越没有信心、越做越没干劲。所以，我认为 OJT 的功能不明显，所以还是坚持……"

"山崎，你一定要和我唱反调吗？好，我们暂时不谈这个话题，会议结束后我们再做一番调查。"

就这样，一个月后公司主管们重新召开关于人才培训的会议。这次社长首先发言。

"首先我要向山崎道歉，上次我错怪他了。他的提案中所陈述的问题确实存在。这个月我对公司的 OJT 进行了抽样调查，结果发现它竟然未能发挥应有的功效。因此，今天召集大家开会是想讨论一下应该如何改变目前人才培育的方法，请大家尽量发表意见吧！"

社长的话一出口，大家就开始七嘴八舌地提出建议。但令人奇怪的是，这一次山崎董事却始终一言不发地坐在原位，安静地聆听着大家的意见，直到最后他都没说一句话。

会议结束以后，社长把山崎董事叫进社长办公室："今天你怎么啦？为什么一句话也不说？这个建议不是你上次开会时提出来的吗？"

"没错，是我先提出来的。不过上次开会我把该说的都说了，其实那无非是想引起社长您对这个问题的重视罢了。现在目的已经达到，我又何必再说一次呢？还不如多听听大家的建议。"

"是吗？不错，在此之前我反对过你的提议，你却连一句辩解也没有。今天大家提出的各种建议都显得很空洞，没有实际的意义，反倒是你的沉默让我感到这个问题带来的压力。这样吧，这件事就交给你去办好了！从今天起由你全权负责公司的人才培训工作。请好好努力吧！"

在特定的环境中，缄默常常比论辩更有说服力。我们说服人时，最头痛的是对方什么也不说。反过来，如果劝者什么也不说，对方的错误意见就找不到市场了。

不同的缄默方式有不同的作用，运用时必须恰到好处。

咄咄逼人的缄默能使人不攻自破。有一个出生在有一定教养家庭的小学生，一天他拿了同学的一件玩具。晚饭前回来，他装出一副若无其事的样子，同往常一样笑吟吟地说："妈，我回来了！"缄默。"姐，我饿了。"缄默。"怎么了？"缄默。"我没做错事啊？"也是缄默。妈妈眼睛瞪着他，姐姐背对着他，全家都冷冰冰地对待他。他终于不攻自破了："妈、姐，我错了……"

平平淡淡的缄默能发人深省：有些人态度很积极，但发表意见时不免有失偏颇，直截了当地驳回又易挫伤其积极性，循循诱导又费时，精力也不允许，最好的办法便是平平淡淡地缄默。他说什么，你尽管听，"嗯""啊"什么也不说，等他说够了，告辞了，再用适当的不带任何观点的中性词和他告别："好吧"或"你再想想"。别的什么也不说。如此，他回去后定然要好好想想：今天谈得对不对？对方为什么不表态？错在哪里？也许他会向别人请教，或许会自己悟出真谛。

转移话题的缄默能使人乐而忘求：对要回答的问题保持缄默，而选准时机谈大家的热门话题并引人入胜，使对方无法插入自己的话题，且从谈话中悟出道理，检讨自己。

义无反顾的缄默能使人就范：某领导有一次交代下属办一件较困难的任务，当然，他能胜任。交代之后，对方讲起了"价钱"。于是该领导义无反顾地保持缄默，连哼也不哼。困难如何大、条件如何差、时间如何紧……说着说着他就不说了，最后说了一句："好，我一定完成。"

沉默是金，有时沉默不语能够出奇制胜，如果滔滔不绝有时反而有理说不清。

有时候，在沉默的同时以另一种行动的方式来代替口头表达，说服的效果是妙上加妙的。

就拿领导来说，其行动对他的部下必然产生很大的影响，因此，领导要有身先士卒、上最前线的风范，以推动工作的开展。

建立起"西武王国"的堤康次郎曾经多次教育他的儿子——长大后成为日本西武铁路公司总裁的堤义明说：

"要让职员们跟随你，你必须要比别人多干3倍的工作。"

堤康次郎是以他的经验教育经营者应该具有的态度，这句话也同样适合于任何一位担任领导和主管工作的人。

想要别人做到的，首先要自己带头去做，否则不但说服起不了什么效果，部下也不会服从。"比别人多干3倍的工作"比使用任何语言更具说服力。

身体力行是说服部下的先决条件。

光说不干，指手画脚，是绝不可能充分说服部下开展工作的。俗语说得好："说一千，道一万，不如自己干一干。"自己率先实行的态度，比对部下讲大道理更具说服力。此种无言的说服是最好的说服。

把话说到点子上

谈话是一门艺术，尤其是领导干部找人谈话，要既能看出谈话者的水平，又能感觉得到谈话者的风格与个性。中国伟人邓小平作为一位杰出的领导人，其语言特点是一针见血，往往几句话就能切中要害，能够高效地解决问题。他曾经和数不清的人谈过话，不少听过邓小平谈话的人虽然都有不同的感受，但有一条是共同的，那就是他的谈话很有"小平特色"——言简意赅，切中要害，没有大话、空话。

我们在说服别人时，也应该在适当的时候学习伟人邓小平这样的说话风格，语不多而精，切中要害。

对一些执迷不悟、可以一针见血地指出其错误。

有一位中学生，不想与同学分开，认为世人都是虚伪的，并多次在作文与言行中流露出出走的想法。有一次，他不顾劝阻，真的出走了。班主任知道后，立即骑车追寻，好不容易找到了他。回校后，班主任针对这位学生存在的糊涂认识，一针见血地指出其错误："你认为人与人之间不存在真实，可是，你临走时给我写信，这说明你对老师的爱是真实的；你在信中说要我多送几个同学升学，这也说明你对我们班的爱是真实的；你对父母、姐姐的爱也是真实的。在你身上存在着这么多真实的成分，难道别人就会是虚伪的吗？"

老师的话字字如针，扎在他心中，引起他心理上的强烈的共鸣，他沉痛地垂下了头。

纸不捅不破，理不说不明。很多话不说破、说透，执迷不悟的人只会积久成疾；而捅破窗户纸，他却可能有醒悟的一天。《红楼梦》中，凤姐使用"掉包计",诱骗贾宝玉与薛宝钗成婚。婚后,宝玉对林黛玉朝思暮想,以致病势日见沉重。贾母等为了不刺激贾宝玉,不敢对他言明黛玉已死的事实。薛宝钗冷眼旁观,知宝玉之病因黛玉而起,欲使其好转,也必应以黛玉为契机。所以在一次他们两人谈话提及黛玉时,宝钗果断地告诉宝玉"林妹妹已经亡故了"。宝玉听到后,痛不欲生。但大痛过后,想到人死再不能复生,也就无可奈何了,就这样心中多日郁结的萦挂思恋,被宝钗猛一点破,身体竟慢慢地好了。

宝钗这一做法,确实比贾母等高明多了,实际上,窗户纸不捅破,有的人便心存侥幸。遇到此种情况,何不学学薛宝钗,令其一时痛苦,以免日后烦恼,从而能够真正面对现实,重新振作起来。

在很多商业场合,如果不及时抓住机会,把意图直截了当地表达给对方知道,往往会错过很好的合作项目。

只要抓住机会,开门见山地要求客户下订单,成功就不会像人们想象的那么艰难。

一家小公司的业务工作刚打开局面,有一天,总经理终于见到了几个月来一直想拜见的一家大公司的总裁以及好几位副总裁,希望为这家大公司生产配套产品。整个会谈进行得十分顺利,但是大公司的人到了最后的关头却沉默了。

错过这个机会,再和他们在一起就会非常难。于是,小公司的总经理直截了当地向大公司的总决策人提出了自己的想法:"我们刚才非常荣幸地向各位介绍了本公司能为贵公司提供的配套服务,对于双方今后的合作计划、前景也得到了各位一致的赞同,这项合作计划对我们双方都将是有利可图的。但是如果我们一离开这房间,这项业务可能因为对贵公司的大业务来说算不上什么而被暂置一旁。我们公司为这个非常重要的业务已经等待了 4 个月的时间,既然我们都认为这是一个可行的合作项目,何不趁总裁先生和几位副总裁在场就把合作协议签了,为我们的初次合作画上一个完满的句号呢?希望能原谅我的冒昧请求。"

那位大公司的总裁先生从沙发上站了起来,握住了小公司总经理的手，说了一声："好!"

于是，合作协议就这样签了。当小公司的总经理回到公司把结果告诉同仁，他们都感到非常惊奇而难以置信，不到一个上午就会大功告成。

这就叫"该出手时就出手"，时机成熟，就千万不要再扭捏作态，很多说服工作都是水到渠成的，关键结尾处，务必干脆利落，开门见山地亮出自己的观点。

引用典故可以增加说服的分量

典故大都是前人留给后辈的思想文化遗产。经典的文化内涵博大精深，涉及方方面面的领域。

人们崇尚经典，那是因为经典的语言，常被后人视作明辨是非的指导；经典的人物，常被后人当作效仿的楷模；经典的故事，能给后人留下一部部助益无限的读本。人们崇尚经典之余，还喜欢运用经典。有了经典这种"武器"，无论是行为还是语言便都有了充实的依据。

有许多人在和别人说理时，为使自己的"理"能服人，便以引用经典的方法来补充自己的观点、立场的正确性，增加对手辩驳的难度。辩论也不外乎如此。我们将这种方法俗称为"引经据典，以理穿幽"。

所谓引经据典，就是在谈话中根据情况巧妙地引用典故警句、成语、歇后语、故事等形式，以达到叙事论理引人入胜、生动形象的说服效果。

任何一个说服者都希望自己的说辞能具有感染力和说服力。感染力和说服力来自发散型逻辑思维和妙语连珠的有机组合。引经据典正是以此来增加这种有机结合的分量。这种分量，在言简意赅地明晰自己的观点的同时，也能更坚定自己达到说服目的的信心。

一个温地人去东周都城，周人不准他进去，问他："你是外地人吧?"温地人回答道："我是这儿的主人。"可是问他所住的街巷，他却说不上来。东周官吏就把他囚禁起来了。

东周国君派人问他："你是外地人，却自称是周人，这是什么道理？"他回答说："我小时候就读《诗经》，《诗经》里说：'普天之下，没有哪里不是天子的土地；四海之内，没有哪个不是天子的臣民。'现在周天子统治天下，我就是天子的臣民，怎么是周都的外来人呢？所以我说是这儿的主人。"东周君听了，就命令官吏释放了他。

典故、名言、名句都是传统文化的精粹，蕴藏着丰富的思想内涵，有着以一当十的威力，说辩者引经据典如能恰到好处，自然能加重说服言辞的分量，赢得说理的优势。

历史就是一面镜子，用历史的经验和教训作为论据，极富说服力。常言道，事实胜于雄辩，而那些经典历史篇章是经过时间考验与广泛评说的前人的实践，是具有压倒性征服力的。

汉文帝时，魏尚做云中太守。当时，匈奴人时常侵扰边塞，使北方诸郡不得安宁。魏尚任云中太守以后，开始整顿军队，积极抵抗，一时声威大震。匈奴人闻知魏尚智勇兼备，轻易不敢进犯云中。一次，匈奴的一支军队进入云中境内，魏尚便率军迎击，打退了匈奴的入侵。由于疏忽，魏尚在向朝廷报功时，多报了6个首级。汉文帝便认为魏尚冒功，撤销了他的职务，并让官吏依法治罪。大臣们都感到魏尚获罪有些冤枉，但是却无法解救他。

一天，文帝看见了做郎署长的冯唐，问他："你是什么地方人？"冯唐回答说："我是赵人。"文帝一听，便来了兴致，说："以前我听说赵国的将领李齐十分了得，巨鹿大战时，威震敌胆。现在，每当我吃饭的时候都想起他。"冯唐回答说："李齐远不如廉颇、李牧。"原来，赵国在战国时有很多良将，廉颇、李牧是当时十分著名的将军。文帝听后，叹道："可惜，我没有得到廉颇、李牧那样的将才，如果有他们那样的人为将，我就不担心匈奴人了。"冯唐见时机已到，忙说："陛下即使得到像廉颇、李牧那样的将才，也不一定会用。"汉文帝十分惊诧地问道：

"你怎么知道呢?"冯唐回答说:"古时候的帝王派遣将领出征,总是说'大门以内我负责,大门以外由将军治理'。军队里依功行赏,本来是将军们的事,由他们决定以后再转告朝廷。过去,李牧在赵国做将军,所在地的租税都自己享用了,赵王不责怪他,所以李牧的才智得到了充分发挥,赵国也几乎成为霸主。而当今,魏尚做云中太守,其所在地的租税收入,全部用来供养士卒。因此,匈奴惧怕他,不敢接近云中的边塞。而陛下仅仅因为6个首级的误差,便将他下狱治罪,削掉了他的官爵。所以,我才敢说,陛下即使有廉颇、李牧那样的将才,也不能够很好地任用他们。"

汉文帝听了冯唐这些话之后,感触良深。当天,就派冯唐拿着符节到云中赦免魏尚,恢复了他云中太守的职位。

在日常生活或处理事务中,引用典故时最好具体一些,这样会更有说服力。

据《贞观政要》载:唐太宗有一匹骏马,他特别喜爱,长期在宫中饲养。有一天,这匹马无病而暴死,太宗大怒,要把马夫杀掉。这时,长孙皇后劝谏道:

从前,齐景公因为马死的原因要杀马夫,晏子控诉马夫的罪行说:"你把马养死了,这是第一条罪状;你使得国王因为马的原因杀人,老百姓知道了,必定怨恨国君,这是你的第二条罪状;邻国诸侯知道这件事,必定会轻视我们的国家,这是你的第三条罪状。"结果齐景公赦免了马夫。陛下读书曾读过此事,难道你忘记了吗?

唐太宗听后,怒气全消,遂赦免了马夫。

现实是,唐太宗的马死了,太宗要处死马夫;历史上齐景公的马死了,要处死马夫,这是何等相似的事。长孙皇后巧妙地引用晏子谏齐景公这一史实,使唐太宗从愤怒中清醒过来,改变了自己错误的决定。

由此可见,在与人说理时引用典故是纠正对手、巩固自己观点的一种绝妙的手法。通过引用典故,让古人替今人说话,让经验为探求者开道。

这种手法的妙用，不但能使对手心悦诚服，同时，也让自己更有信心，更有把握地沿着自己所持的正确想法去拓展。

换个角度说话让他心悦诚服

西方有个习俗：男子戴帽，入室必摘下；而女士戴大檐帽，在室内可以不摘。

某电影院常有戴帽的女观众，坐在她们后排的人十分反感，便向经理建议，请其设禁令。

经理不以为然，说："公开设禁令不妥，只有提倡戴帽才行。"提建议者听罢大失所望。

第二天，影片放映前，银幕上果然打出一则启事："本院为了照顾衰老高龄的女客，允许她们照常戴帽，不必摘下。"

通告既出，所有戴帽者全都将帽子摘下来了，无一例外。因为西方人忌讳别人说自己老，尤其是女性。

可见，说服他人做什么事可以根本不用面对面提出你的意愿，也不用说得明白无误，采用一种旁敲侧击的方法有时候更奏效。

公元前 636 年，在外流浪 19 年的晋公子重耳，在秦穆公的帮助支持下，就要回国为王了。

渡河之际，壶叔把他们流亡时的旧席破帷仍然当宝贝似的搬上船，一件也不舍得丢掉。重耳一看，哈哈大笑，说自己就要回国为王了，还要这些破烂干什么？他命令全部抛弃这些东西。狐偃对重耳这种未得富贵先忘贫贱的言行非常反感，担心以后重耳会像抛弃破烂一样，把他们这些陪伴他长期流浪的旧臣也统统抛弃。

于是，他当即向重耳表示，他愿意继续留在秦国，因为在外奔波了 19 年，自己现在心力交瘁，身体已经像刚才重耳丢弃的旧席破帷一样无法再用，回去也没有什么价值了。

重耳一听便明白了狐偃的意思，马上做了自我批评，并让壶叔把东西一一捡回，表示返回国后，一定不会忘掉狐偃的功劳和苦劳，要狐偃和他同心同德，治理晋国。

在对别人进行劝服时，由于种种原因不好直说，往往不能直截了当地点出对方的意见和观点是错误的，这时若能迂回，以事物启发人，会更容易被对方所接受。

著名的出版业巨人哈斯特是从创办一份小型报纸起家的，经过几年的奋斗，他拥有了23种报纸和12种杂志。一次，这位杰出的人物遇到了一件烦恼的事：著名的漫画家纳斯特为他绘制了一幅令他大失所望的漫画。

哈斯特觉得这样子可不行，一定要想办法让他重画一幅令人满意的漫画才行，可是怎样才能让那位著名的漫画家重画一张杰出的作品呢？而且，还有一个问题就是，这样一来原先那幅失败的作品就会因此而报废，他一定会有受挫感的，怎样才能让他愉快地重画呢？

当天晚上，大家一起共进晚餐的时候，哈斯特着重对那幅失败的作品好好地赞赏了一番，他表示："本地的电车时常让许多小孩子不慎伤亡。有的时候，驾驶电车的司机看上去简直不像活人，倒像个死人。照我自己看来，那些人好像只是瞠目结舌地看着孩子们在街上玩耍，却毫无顾忌地冲上前去。"这时，纳斯特激动地一跃而起，惊奇地说道："老天！哈斯特先生，这个场景足以画出一张让人震撼的图画来啊！你把我那张画作废吧，我给你重新画一张更出色的。"就这样，纳斯特异常激动地待在旅馆里，连夜赶制这幅漫画，第二天果然就送来了一幅异常深刻的漫画。

精明的哈斯特诱使纳斯特主动提出将自己的画作废，并自愿加班赶制一幅新的漫画，是哈斯特利用暗示来将看似突发奇想的灵感不着痕迹地移植到了纳斯特的心里，以至纳斯特兴致勃勃地完成了一幅新的杰作。

对于有抵触情绪的人正面说服虽然能够表达说服者的诚心，却不能达到解除对方抵触的目的，而如果在形式上加以改变，却能达到重点说服所不能达到的效果。

日本人在第二次世界大战中不知上演了多少杀身成仁的武士道悲剧，但有位美国兵用一句玩笑话，却曾使十几个拼死顽抗的日本兵乖乖地投降。

那是在第二次世界大战末期，美军付出很大代价攻占了太平洋上的一座日本岛屿。最后的十几名日本士兵退到一个山洞里。无论洞外的美军怎么喊话，他们拒不缴枪，并拼命朝外射击。美军此时真是无可奈何。忽然有位美国兵灵机一动，半开玩笑式地向洞里的日本兵做出一个许诺：如果投降，就让他们去好莱坞一游，看一看影星们的风采。没想到这句话产生了意想不到的效果。枪声停止了。那些刚才还开枪顽抗的日本兵一个个爬出了洞穴，缴枪投降了。最后，美军司令部为了维护信誉，竟真的安排这些俘虏飞抵好莱坞，大饱了一次眼福。

侧面说服并非是歪打正着。二十几岁的日本兵虽被灌输了不少武士道精神，但正当年少，哪个不做少年郎的梦？好莱坞是个梦幻的世界，它吸引着成千上万世界各地的年轻人的心，它对于这些无视生命的日本兵来说也有着超凡的魅力。美国人正是利用了这种心态，达到了说服的效果。

约翰的公司正值生意兴隆之际，忽然因一件意外的事濒临破产。约翰回到家中，痛哭流涕，想到这20年的艰难创业即将毁于一旦，他的精神陷入极端绝望的境地。他不吃饭，不睡觉，心里满是自杀的念头。妻子琼开始也和约翰一样悲恸欲绝，但她看到约翰的样子，明白该是自己拿出勇气的时候了。她一遍遍地劝慰约翰，说些"忘记这一切，从头干起"的鼓励话。但约翰好像没有听到，依然沉湎于自己的绝望心境中。琼看到正面的劝慰不能奏效，灵机一动，计上心来，她坐在约翰的身旁，大哭了起来，一边哭一边诉说起今后生活的可怕。"你的公司破产了，我们这个家可怎么办，两个孩子的学费怎么筹，我怎么和孩子们去解释？他们将不能和同学一起去度假"。琼哭得那么伤心，约翰在妻子哭声中从迷茫的状态下慢慢清醒了过来。他想起了自己对妻儿的责任，想起这个打击也同样降临到了家人身上。他立刻收起了悲伤，对琼说："不要难过，我们重新开始。"琼笑了，对约翰说："看来得要扮演被安慰者才行。"

关键时刻，琼调转了角色，变换了角度，使约翰重新恢复了勇气。

我国的古人很喜欢采用一种叫"隐语"的手法来表达自己的意见。这种方法更为含蓄，给人一种优美、曲折的感觉。通常是借别的词语或手势动作做出暗示，让对方猜测。巧妙使用隐语不仅可以把话讲得生动、脱俗，而且容易引起对方的注意和兴趣。

周武王灭殷，入纣都朝歌。听说殷有位德高望重的长者，于是武王前去面见，询问殷朝所以灭亡的原因。

殷长者对武王说："您要知道这个答案，请以某一天的中午时分为期，到时再谈。"约定的日期到了，可是殷长者没有来。武王感觉很奇怪。周公说："我已经知道了。此人是个君子，礼义要求他不能非难自己的君王，所以不能明言直说。至于他期而不到，言而无信，实际上暗示了殷所以灭亡的原因。他是在用隐语来回答我们的问题啊。"

齐景公伐鲁，接近许城时，找到一个叫东门无泽的人。齐景公问他："鲁国的年成如何?"东门无泽回答说："背阴的地方冰凝到底，朝阳的地方冰厚五寸。"齐景公不明白，把这事告诉了晏子。晏子回答说："这是一位有知识的人，您问年成，而他回答冰，这是合于礼的。背阴地方的冰凝固，朝阳地方冰结五寸，这表明节气正常，节气正常意味着政治平和，政治平和上下就团结，上下团结年成自然好。您攻打一个粮食充足、群众团结的国家，恐怕会把齐国百姓弄得很疲惫，会死伤不少战士，结局恐怕不会如您的愿。请对鲁国以礼相待，平息他们对我国的怨恨，遣返他们的俘虏，来表明我们的好意吧。"齐景公说："好!"于是决定不再伐鲁了。

隐语需要对方有一定的领悟能力，否则也达不到预期的效果。因此，我们在对对方进行旁敲侧击的同时，必须考虑对方的心理和立场。

赞扬，"犟牛"变"绵羊"

再固执的人，当被赞扬时都会变得不再固执，他可能会拿出风度乖乖地聆听你的意见。

人人都喜欢被表扬。但有很多人，当别人称赞他时，他心里得意，嘴上却故作谦虚，满心委屈的样子。而有些人听了赞美，会落落大方地说："谢谢!"

有一则趣闻：一次，达尔文去赴宴，席间，与一个年轻美貌、衣着时髦的女郎坐在一起。

这位美女带点儿玩笑的口吻向科学家提出问题："达尔文先生，听说您断言，人类是由猴子变来的。我也属于您的论断之列吗?"

如果达尔文先生严格按科学的原理，大讲物竞天择、适者生存的进化论，恐怕这位漂亮的女士会溜之大吉的。但达尔文与众不同之处在于他的冷静和机敏善辩，他揣测年轻女子爱漂亮的心理，巧妙地来了一句："是的。人类是由猴子变来的。不过，小姐您不是由普通猴子变来的，而是由长得非常迷人的猴子变来的。"说这话的时候，他显得彬彬有礼，煞有介事。美女心中顿时消除了原有的怀疑和反对，并且对达尔文有了一点儿敬佩之意。

如果你希望对方达到什么样程度，不妨赞扬他，他会朝你希望的方向勇往直前的。

自从塞德默斯来到奇异电器公司任主任管理员后，他管理的部门越来越糟。但老板并不责难他，因为他们了解塞德默斯并非庸才，而是一个很有能力、感觉和思维都十分敏锐的人。他们很有技巧地对他使用了一点儿机智术。

他们使塞德默斯享有两个头衔，一个是职务上的，一个是非职务上的。职务上的头衔是正式的，那就是奇异电器公司的顾问工程师，这是公司内外人人皆知的；非职务上的头衔是非正式的，称他为"最高法庭"，这是促使他的属下称呼他的尊号，表示他是公司生死成败的最高决策者。

果然，没过多久，塞德默斯连续创造出许多电器史上的奇迹，随之，公司的面貌也焕然一新。这个巧妙而有成效的谋略，不是别的，正是赏给头衔的方法。

这种"头衔方法"就是赞扬的一种运用，故意抬高一个人的高度，以此达到促其向上的目的。

从孩子的天性，我们可以发现一点：当我们称赞夸奖他们时，他们是何等高兴满足。其实，他们并不一定具有我们所称赞的优点，而只是我们期望他们做到这点而已。在我们与人交往时，何不也效仿这一做法呢？因为不管是大人还是小孩子，他们都喜欢别人称赞自己，肯定自己，如果他们没有做到这一点，内心里也会朝此目标努力，因为他们知道这样就可以得到一个美名，获得他人的赞许。

假如一个好工人变成一个对工作不负责任的工人，你会怎么做？你可以解雇他，但这并不能解决任何问题；你可以责骂那个工人，但这只能引起怨恨。

亨利·汉克，是印第安纳州洛威市一家卡车经销商的服务经理，他公司有一个工人，工作每况愈下。但亨利·汉克没有对他吼叫或威胁他，而是把他叫到办公室里来，跟他进行了坦诚地交谈。

他说："希尔，你是个很棒的技工。你在这里工作也有好几年了，你修的车子都很令顾客满意。有很多人都赞美你的技术好。可是最近，你完成一件工作所需的时间却加长了，而且你的质量也比不上你以前的水平。也许我们可以一起来想个办法解决这个问题。"

希尔回答说他并不知道他没有尽他的职责，并且向他的上司保证，他以后一定改进。

他做到了吗？他肯定做到了。他曾经是一个优秀的技工，他怎么会做些不及过去的事呢？

约翰·强生是美国的大企业家。1960年，他决定在芝加哥为他的公司总部兴建一座办公大楼。为此，他出入了无数家银行，但始终没贷到一笔款。于是，他决定先上马后加鞭，设法自己凑集起来200万美元，聘请一位承包商，要他放手进行建造，好让他去筹措所需要的其余500万美元。假如钱用完了，而他仍然拿不到抵押贷款，承包商就得停工待料。

建造开始并持续进行，到所剩的钱仅够再花一个星期的时候，约翰恰好和大都会人寿保险公司的一个主管在纽约市一起吃饭。他拿出经常带在身边的一张蓝图，想激起他对兴建大厦的投资兴趣。他正准备将蓝图放在餐桌上时，主管对约翰说："在这儿我们不便谈，明天到我办公室来。"

第二天，当主管断定大都会公司很有希望提供抵押贷款时，约翰说："好极了，唯一的问题是今天我就需要得到贷款的承诺。"

"你一定在开玩笑，我们从来没有在一天之内为这样的贷款进行承诺的先例。"主管回答。

约翰把椅子拉近主管，并说："你是这个部门的负责人，只有你才有足够的权力能把这件事在一天之内办妥。"

主管满意地笑着说："让我试一试吧。"

事情进行得很顺利，约翰在自己的钱花光之前几小时拿着到手的贷款回到了芝加哥。

说服，务必切中要害，用激将法迫使他就范。就这件事来说，要害是那位主管对他自己的权力观念。

没什么比对其权力的肯定更让人内心震动，这是对一个男人至高无上的赞誉。而对于一个女人来说，夸奖她的工作勤劳是她无法拒绝的美誉。

有一天早晨，苏格兰的一位牙医马丁·贵兹裕夫的一位病人向他抱怨她用的漱口杯、托盘不干净时，他真的被震惊了。这表明他的职业水准是不够的。

这位病人走后，贵兹裕夫医生写了一封信给布利特——一位一个礼拜来打扫两次的女佣，他是这样写的：

亲爱的布利特：

最近很少看到你。我想我该抽点儿时间，向你做的清洁工作致意。顺便一提的是，一周两小时，时间并不算少。假如你愿意，请随时来工作半个小时，做些你认为应该经常做的事。像清理漱口杯、托盘等等。当然，我也会为这额外的服务付钱的。

第二天，他走进办公室时，他的桌子和椅子，擦得几乎跟镜子一样亮。他进了诊疗室后，看到从未有过的洁净。他给了他的女佣一个美誉促使她去努力，使她卖力地把工作做得最好。

我们应该学会在希望某人做某事的时候，顺势赞扬他。这样只要你把握得当，操作有术，难事都会变易事。

指出他的弱点让他打退堂鼓

在辩论中抓住对方命题中隐蔽的荒谬点，加以推衍，或由此及彼，或由小到大，或由隐到显，最后得出荒谬可笑的结论，从而证明对方的论点是错误的。这种顺言逆意的说辩谋略，在逻辑上属于引申归谬。

优孟是楚国的艺人，身高八尺，喜欢辩论，常常用诙谐的语言婉转地进行劝谏。楚庄王有一匹心爱的马，每天给它穿上锦绣做的衣服，让它住在华丽的房子里，用挂着帷帐的床给它做卧席，用蜜渍的枣干喂养它。结果马得肥胖病死了。于是庄王让臣子们给马治丧，要求用棺椁殡殓，按照安葬大夫的礼仪安葬它，群臣纷纷劝阻，认为不能这样做。庄王急了，下令说："有谁敢因葬马的事谏诤的，立即处死。"

优孟听到这件事，走进宫门，仰天大哭。庄王吃了一惊，问他哭的原因。优孟说："这马是大王所心爱的，堂堂的楚国，只按照大夫的礼仪安葬它，太寒碜了，请用安葬国君的礼仪安葬它吧。"庄王问："怎么葬法？"
优孟回答说："我建议用雕花的美玉做棺材，用漂亮的梓木做外椁，用枫
树、豫樟各色上等木材做护棺，发动士兵给它挖掘墓穴，让年老体弱的人
背土筑坟，请齐国、赵国的代表在前面陪祭，请韩国、魏国的代表在后头
守卫，要盖一所庙宇用牛羊猪祭供它，还要拨个万户的大县长年管祭祀之
事。我想各国听到这件事，就都知道大王轻视人而重视马了。"庄王说：
"我的过错竟然到了这个地步吗？现在该怎么办呢？"优孟说："让我替大
王用对待六畜的办法来安葬它，堆个土灶做外椁，用口铜锅当棺材，调配
好姜枣，再加点儿木兰，用稻米做祭品，用火光做衣服，把它安葬在人们
的肚肠里吧！"庄王当即就派人把死马交给太官，以免天下人张扬这件事。

　　运用归谬方式使说服对象认识到原来观点的错误，还可采用这样一套
方式，即先提出一些问题让对方谈自己的见解，即便对方说错了，也不要
急于直接指出，而要不断地提出补充的问题，诱导对方由错误的前提推到
显然荒谬的结论上，使之不得不承认其错误；然后再设法引导他随着你的
正确的思维逻辑，一步一步通向你所主张的观点，达到劝导说服的目的。

　　鲁迅的文章尖锐犀利，讽刺国民党的封建文化常采用这一手法，最经
典的便是笑斥"男女大防"。

　　有一次，国民党政府的一个地方官僚禁止男女同学、男女同泳，闹得
满城风雨。鲁迅先生幽默地说："同学同泳，皮肉偶尔相碰，有碍男女大
防。不过禁止以后，男女还是一同生活在天地中间，一同呼吸着天地间的
空气。空气从这个男人的鼻孔呼出来，被那个女人的鼻孔吸进去，又从那
个女人的鼻孔呼出来，被另一个男人的鼻孔吸进去，淆乱乾坤，实在比皮
肉相碰还要坏。要彻底划清界限，不如再下一道命令，规定男女老幼，诸
色人等一律戴上防毒面具，既禁空气流通，又防抛头露面。这样，每个人
都是……喏！喏！"鲁迅先生一面说一面站起来，模拟戴着防毒面具走路
的样子。当时逗得大家前俯后仰，事后又引起大家深深的思索。这固然是
由于他采取了讽刺和幽默的形式，更重要的，还因为他揭示了矛盾，把大

家的思想引导到事物内蕴的深度。

还有一次是鲁迅任厦门大学教授时，校长常常克扣教学经费。这钱不能花，那钱没有预算，再一笔钱又可以不花。老是这样刁难师生，弄得大家意见很大。

这天，校长又决定把经费削减一半。他把各研究院的负责人和教授们召集起来，一说出削减方案，马上遭到教授们的反对。大家说："研究经费本来就少得可怜，好多科研项目不能上马，正在进行的一些研究工作也日子难熬，不能往纵深发展。再说，许多研究成果、论著因没钱不能印刷，再削减经费怎么得了？不行，不行！"校长根本不认真倾听教授们的意见，他强词夺理说："对于经费问题，你们没有发言权。学校是有钱人掏钱办的，只有有钱人才可以发言，在这个问题上应充分重视有钱人的意见。"

校长话音刚落，鲁迅霍地起身，从长衫里摸出两个银币，"啪"的一声放在桌上，说："我有钱！我有发言权！"接着，他力陈经费只能增加不能减少的道理。论据充分，思路严密，无懈可击，驳得校长哑口无言，只得收回主张。教授们胜利了。

鲁迅先生在这里巧妙地将校长所说的"钱"（即财富，广义的钱）偷换成一分二分的零花钱的狭义的"钱"，从而以两个银币的"钱"为引子提出了自己的理由，使校长无话可说。巧以对方的谬论"只有有钱人才有发言权"，将自己的"小钱"掏出来拿到发言权，既诙谐又讽刺，又能把意见表达出来，鲁迅不愧为一代大文豪。

以谬制谬实际上是攻守易位，是将对方的观点为我方所用，再用对方观点攻对方，即攻和守的角色转换。

"层层剥笋"让他"束手就擒"

笋在成为竹子之前，是有多层外皮包裹的，剥笋时总得一层层地剔开，才能剥到所需要的笋心。所谓"层层剥笋"，就是在说服他人的过程中紧扣主题，从一点切入，由小至大，由远至近，由浅到深，由轻到重，逐层展开，直至揭示问题的本质，进而达到引诱对方就范的说服方法。恰当地运用层层剥笋术，可使我们的论证一步比一步深化，增强我们语言的说服力量。

孟子觉得齐宣王没有当好国君，于是对齐宣王说："假如你有一个臣子把妻子儿女托付给朋友照顾，自己到楚国去了，等他回来时，他的妻子儿女却在挨饿、受冻，对这样的朋友该怎么办呢？"

齐宣王不知道孟子的用意，于是非常干脆地回答说："和他绝交！"

孟子又问："军队的将领不能带领好军队，应该怎么办呢？"

齐宣王也觉得问题太简单，于是以更加坚定的口气回答："撤掉他！"

孟子终于问道："一个国家没有治理好，那又该怎么办呢？"

齐宣王这才明白了孟子的意思——国家治理不好，应该撤换国君。虽然齐宣王不愿接受这种观点，但是在孟子层层剥笋的巧妙言说之下，也只有忍了下来。

复杂难说的事要由浅入深地论证说明，假如孟子一开始就提出第三个问题，齐王肯定要发怒。我们在劝说领导的时候可以使用这种方法。

战国时，楚襄王是个昏庸的国君。大夫庄辛直言进谏，楚襄王非但不听，还训斥庄辛是"老糊涂"。庄辛只好离开，到了赵国。不久，秦国占领了楚国大片的国土。楚襄王有所醒悟，于是把庄辛找回来商量对策。

　　庄辛于是变直言进谏为层层剥笋，连设四喻，从小到大，由物及人，层层递进，步步进逼：

　　"蜻蜓捕食虫子，自以为很安全，却不知道小孩子用粘胶捕捉它，一不留神就会成为蚂蚁的食物。黄雀俯啄白米，仰栖高枝，自以为无患，谁知公子王孙将要把它射下，调成佳肴。天鹅直上云霄，自以为无患，谁知射手要把它射下来，把它做成食物。蔡灵侯南游高丘，北登巫山，饮茹溪之水，食湘江之鱼，左手抱了年轻的美女，右臂挽着宠幸的姬妾，不以国政为事，哪知道子发受了楚王之命要把他杀掉。大王您左边有个州侯，右边有个夏侯，御车后跟着鄢陵君和寿陵君，食封地俸禄之米粟，用四方贡献的金银，同他们驰骋射猎于云梦之间，而不以天下国家为事。您不知穰侯正接受了秦王的命令，他们的军队要占领我们的国家，把大王驱赶到国外去呢！"

　　一席话，听得楚襄王"颜色变作，身体战栗"，使他明白到了非纳谏不可的境地。

　　战国时期，说服秦王破六国合纵从而兼并天下的张仪采用的也是层层剥笋的方法，至此，秦王才有了趁胜统一中国的决心。

　　张仪认为秦国缺乏远大的战略眼光，不能抓住大好战机，穷追猛打，使山东诸侯得以喘息，卷土重来，合纵攻秦，以致出现六国"当亡不亡"、秦国"当伯（霸）不伯"的局面。为了促进秦国统一中国的大业，张仪向秦昭王献策说：

　　"我听说，天下诸侯——赵与北方的燕、南方的魏，联结楚、拉拢齐，又纠合残余的韩，结成了合纵的局面，将要向西来与秦国对抗，我私下里讥笑它们不自量力。世上有 3 种导致灭亡的情况，而山东六国都具备了，大概说的就是它们的合纵吧！我听人说：'混乱的国家去进攻安定的国家，就会灭亡；邪恶的国家去进攻正义的国家，就会灭亡；倒行逆施的国家去进攻顺天应人的国家，就会灭亡。'现在六国的财物不足，粮仓空虚，他们即使出动全部的士民，扩大军队至几十万、上百万，临战之时，前面有敌人雪亮的刀剑，后面是自己一方斩伐逃兵的斧质，可士卒还是纷纷后退不肯死战。不是他们的百姓不能死战，而是六国的君主不能够使百姓死战。该奖赏的不给奖赏，该处罚的不处罚，赏罚都不能兑现，所以百姓不肯拼死作战。

"现在秦国颁发号令，施行赏罚，有功无功都视其业绩而定，没有偏私。秦人虽说从小生活在父母的怀抱之中，生来是不曾见过敌寇的，但是一旦听说打仗，便跺脚脱衣，踊跃参战，冒着敌人的刀剑，踏过地上的火炭，决心拼死，勇往直前的人到处都是。决心拼死和贪生怕死是不同的，秦国士民能做到决心拼死，是因为秦国提倡勇敢。因此，一个可以战胜十个，十个可以战胜百个，百人可以战胜千人，千人可以战胜万人，有1万人就可以战胜天下诸侯了。现在秦国的土地，截长补短，方圆数千里，威名远扬的军队数百万，再加上秦国号令赏罚严明，地理形势有利，天下各国没有哪个比得上。凭借这些有利条件对付天下诸侯，统一天下是很容易的。由此可知，只要秦军出战，没有不获胜的，进攻没有不能攻下的，抵挡的敌人没有不被打败的。按说一战就可以开拓国土几千里，可以建立很大的功劳。可是眼下军队疲惫、百姓困苦，积蓄用尽、土地荒芜、粮仓空空，周围的诸侯不肯臣服，霸王的名声没有成就，这没有别的原因，是因为谋臣没有尽忠的缘故。

"而且我听说，'诚惶诚恐，小心戒惧，就能一天比一天谨慎'。只要做到谨慎地选择达到目的的途径，就能够统一天下。怎么知道是这样呢？从前，纣做天子，统帅天下百万将士，向左饮水于淇谷，向右饮水于洹河，淇谷的水喝干了，洹河的水也不流了，用这样众多的军队和周武王对抗。武王率领穿着白色盔甲的3000将士，只经过一天的战斗，就攻陷了纣的国都，活捉了他本人，占据了他的土地，获得了他的人民，而天下的人没有谁为纣哀伤。智伯统帅智、韩、魏三家的军队，到晋阳去攻打赵襄子，挖开晋水淹晋阳，历经3年，晋阳将要陷落了。襄子派遣张孟谈暗中出城，策动韩、魏毁弃与智伯的盟约，得到两家军队的配合，去攻打智伯的军队，捉住智伯本人，成就了襄子的功业。

"我冒着犯死罪的危险，向您进献的方略可以用来一举拆散诸侯的合纵，攻下赵国，灭亡韩国，使楚、魏称臣，使齐、燕来亲近，使您成就霸王之业，让四邻诸侯都来朝拜秦国。假如大王听了我的主张，一举而诸侯的合纵不能拆散，赵国不能攻下，韩国不被灭亡，楚、魏不来称臣，齐、燕不来亲近，您霸王之业不能成就，四邻的诸侯不来朝拜，大王就砍下我的头在全国示众，把我看作替大王谋划而不尽忠的人吧！"

张仪的陈词慷慨洒脱，逻辑严谨，秦王因此被说动，为天下的大一统拉开了序幕。

运用层层剥笋法进行说服，需要在说服前，把论证方案设计得环环相扣，天衣无缝。如此一来，对方才有可能在我们的说服逐层展开的过程中"束手就擒"。

以让步换取对方赞同

如果你是对的，你要坚持自己的观点，说服别人接受，那么最好试着以一种温和的态度和技巧达到目的。退一步实际上可以让你进两步，这就是以退为进的战术。

在说服对方之前先承认自己的错误，这对于大多数人来说很难做到，然而这确实有助于使对方就范。

从卡耐基住的地方，只需步行一分钟就可到达一片森林。春天，黑草莓丛的野花白白的一片，松鼠在林间筑巢育子，马草长到高过马头。这块没有被破坏的林地叫作森林公园。卡耐基常常带雷斯到公园散步，这只小波士顿斗牛犬和善而不伤人。因为在公园里很少碰到人，卡耐基常常不给雷斯系狗链或戴口罩。

有一天，他们在公园里遇见一位骑马的警察，这位警察迫不及待地表现出他的权威。

"你为什么让你的狗跑来跑去，不给它系上链子或戴上口罩?"他申斥道，"难道你不知道这是违法的吗?"

"是的，我知道，"卡耐基轻柔地回答："不过我认为它不至于在这儿咬人。"

"你不认为! 你不认为! 法律是不管你怎么认为的。它可能在这里咬死松鼠或咬伤小孩。这次我不追究，但下回再让我看到这只狗没有系上链子或套上口罩在公园里的话，你就必须去跟法官解释啦。"

卡耐基客客气气地答应照办。

他的确照办了——而且是好几回。可是雷斯不喜欢戴口罩，卡耐基决定碰碰运气，事情很顺利。但好运不长，一天下午，雷斯跑在前头，直向那位警察冲去。

卡耐基决定不等警察开口就先发制人。他说："警官先生，这下你当场逮住我了。我有罪，我没有借口，没有托词了。你上星期警告过我，若是再带小狗出来而不替它戴口罩你就要罚我。"

"好说，好说，"警察回答的声调很柔和："我晓得在没有人的时候，谁都忍不住要带这么一条小狗出来溜达。"

"的确是忍不住，"卡耐基回答："但这是违法的。"

"像这样的小狗大概不会咬伤别人吧?"警察反而为卡耐基开脱。

"不，它可能会咬死松鼠。"卡耐基说。

"哦，你大概把事情看得太严重了。"他告诉卡耐基："我们这样办吧，你只要让它跑过小山，到我看不到的地方，事情就算了。"

卡耐基没有花很多工夫在说服对方放他一马上，他只是抢先道了歉，主动承认了错误，对方就妥协了。人都希望得到尊重与重视，卡耐基让那位警察获得了一种重要人物的感觉。

退一步的目的是为了进两步，先表示同感是为了进而诱导说服。

有一次，汤姆搭出租车，因为司机正在收听棒球比赛的实况，所以他和司机也顺便聊了些有关球队的问题。如乙队如何、甲队又如何等，在尚未明了司机心中的意向之前，他没有轻言反对观点，唯恐引起对方的不快而影响到自己乘车的安全。

开始时，汤姆只是适当地附和对方，当确知对方意向与自己不甚相符时，便暂依其意，之后再以缓缓导向方式使其趋向己方。这么做更易为对方接受，而且能避免宾主间的不快。但这种方式只在对方无明确的主见或其主张不理想时方才适用。

对方正发表高见时，你不妨频频点头以表同感，使对方感到你与他属同一道上的人，即使你提出或多或少的异议他也不会在意。于是，你便可一步步将对方诱入自己的圈套，最后，对方已不知不觉地将自己整个看法推翻。

若一开始便与对方唱反调，反而对自己不利。

会议在进行时往往都会有争论的情况发生，当双方争论得面红耳赤时，争论的重点已非原来的论据，而转为为争论而争论的情况。如果某方以正面反驳，对方是绝不会让步的，最终闹成了僵局。此时不妨运用"推不成，拉却成"的方法试试。

如某会议的与会者分成了两派系，甲方赞同的是 A 策略，乙方却赞同 B 策略，双方正僵持不下时，甲方突有一人发表了较客观的论点，说：

"仔细推想起来，B 策略也有它的好处，并非一无可取。"

听甲方如此一说，乙方立刻便有一名代表起立说：

"说实在的，A 策略确实相当不错，是有其利用价值的。"

于是双方局势已趋缓和，同时 A、B 两策略也同时被采用了，并且甲乙双方也互相道歉言和了事，这就是"推不成，拉却成"的典型例子。

社会上就是有许多人并非以论据去反对，往往是意气用事，强硬说服，为反对而反对，若有一方能稍作让步，对方就会不再反对，从而使气氛缓和下来。

又如吵架的一方正欲向对方挥拳时，若对方以和善的语气向他道歉，本欲挥下去的拳头顿时失去了目标而缓缓垂下，一场火药味浓烈的争斗也顿时熄灭。

若有人与你唱反调，不妨以否定自己论调的方式引出对方的赞同。

第二章　曲径通幽：说好难说的话

说好难说的话，从生活细节开始

要想尽量不置身于尴尬境地，首先要做的就是注意那些容易出现尴尬的场合和时刻，最好能防患于未然。

说话要注意礼节，避免忌讳。礼貌是文明交谈的首要前提。在交谈中要体现出敬意、友善、得体的气度和风范。要做到礼貌交谈，首先就要使用礼貌用语，如"请""谢谢"等；其次要注意学习一些礼貌忌语，一语不慎造成的后果可能是很难弥补的。

礼貌忌语是指不礼貌的语言，他人忌讳的语言，会使他人引起误解、不快的语言。不礼貌的语言，如粗话、脏话，是语言中的垃圾，必须坚决清除。他人忌讳的语言是指他人不愿听的语言，交谈中要注意避免使用。如谈到某人死了，可用"病故""走了"等委婉的语言来表达。港、澳、台同胞忌说不吉利的话，喜欢讨口彩。特别是香港人有喜"8"厌"4"的习惯。因香港人大都讲广东话，而广东话中"8"与"发"谐音，"4"与"死"同音，因此，在遇到非说"4"不可时，可用"两双"来代替；逢年过节，不宜说"新年快乐"或"节日快乐"，而用"新年愉快""节日愉快"或"恭喜发财"代之，这也是谐音的关系，因为"快乐"与"快落"

听起来很相似。

容易引起误解和不快的语言也要注意回避。在议论他人长相时，可把"肥胖"改说成"丰满"或"福相""瘦"则用"苗条"或"清秀"代之。参加婚礼时，应祝新婚夫妇白头偕老，避免说不吉利的话。在探望病人时，应说些宽慰的话，如"你的精神不错""你的气色比前几天好多了"等。

随着语言本身的发展，一些词汇的意义也发生了转变，譬如"同志""小姐"等，在使用时要针对不同对象谨慎决定。还要注意，在日常生活中，遇到矛盾冲突时应冷静处理，不用指责的语言，多用谅解的语言。

在交谈中，每说一句话之前都要考虑一下你要说的话是否合适，不要口无遮拦，想说什么就说什么，给其他人造成不快。

除非是亲密的朋友，否则最好不要对个人的卫生状况妄加评论。如果某人的肩膀上有很多头皮屑或口中很难闻，或者拉锁、纽扣没弄好，请尽量忍耐不去想，并等和他亲密一些的朋友告诉他。如果你直接告诉他，特别是在人比较多的场合，很容易让对方处于尴尬的境地。

许多人不喜欢别人问自己的年龄，尤其对女性而言，年龄是她们的秘密，不愿被人提及。对钱等涉及个人收入这类私人问题的询问通常也是不合适的，可以置之不理。

切忌哪壶不开提哪壶。人们在交谈中常有一些失言："哎，你儿子的脚跛得越来越厉害了！""你怎么还没结婚？""你真的要离婚吗？"等，一些别人内心秘而不宣的想法和隐私被你无情地暴露了出来，实在是不够理智。

如果你想让人喜欢，就不要对跛子谈跳舞的好处和乐趣；不要对一个自立奋发的人谈祖荫的好处；不要无端嘲笑和讽刺别人，尤其是别人无能为力的缺陷，否则就是一种刻薄。此外，除非是熟识的亲友，不必多谈对方的健康问题，他若身有不适，很可能勾起他的愁绪，一旦他抱怨起自己的疾病和痛苦，你又未必会感兴趣，但你若没表露足够的同情心，则会使对方觉得你冷漠、自私。既然如此，那又何不谈些令人愉快的事呢？

　　一般说来，批评别人的话题应尽力避免，然而赞美别人所做的工作和本领却是很合宜的，常会使听者感到愉快。

　　有一位姑娘谈恋爱遇挫，头一回感情旅程就打了"回程票"，心里有点儿懊恼。这位姑娘性格内向，平时不善言谈，也没有向旁人袒露内心的秘密。单位里一个与她很要好的同事在办公室里看到她愁容不展，就当着众人的面说起安慰话："这个人有什么好，凭你这种条件，还怕找不到更好的？"没等她说完，这位姑娘就跑出办公室。这时她才感到在这样的地方说这样的安慰话有些不当，这位姑娘当然无法领情。几句安慰话倒成了让彼此尴尬的缘由。由此可见，即使说安慰话也要尊重人格，充分考虑对方的性格和习惯。

　　对性格内向的人，一般不宜在众人面前直接给予安慰；对不喜欢别人安慰的人，一般不要随意给予安慰。尤其是涉及别人的隐私，万万不可"好心办错事"，不宜在公开场合"走漏风声"。在说安慰话时，不同对象不同处置。

　　在语言交际中，我们经常还会遇到一些令人尴尬的问话，比如涉及国家、组织的秘密，涉及个人收入、个人生活以及人际关系等问题。对待这样一些提问，如果我们用"不能告诉你"来回答，那会使你显得粗俗无礼，如果套用外交用语"无可奉告"来作答，那又会给提问者造成心理上的失望与不快。总之，对待这样一些古怪的问题，我们答得不好，就有可能自己给自己套上难解的绳索，使自己陷入十分难堪的泥淖，不能自拔以致大失脸面。因此，与之相关的话题就要注意避免，以扼制问题的提出。

　　有些可以预见的难堪，应该设法去避免它的出现。如果某主管欲将一位不重用的职员降调至A分公司，直接对他说："我要将你调到某一公司去。"则他的内心必定会有被放逐的感觉。但如果说："我本想派你到A分公司或B分公司，但我考虑的结果还是认为A分公司较为恰当，因为B分公司对你来说太远了，可能不太方便，所以还是麻烦你到A分公司去。"

这样一来对方就不会有被流放的感觉，他的心里只存在如何做选择的问题。

只要平时多注意如何预防尴尬，尴尬出现的几率就会小很多。

难言之隐，一喻了之

人总有难言之隐，不便说道，然而偏偏有人要苦苦相逼。在这种时候，巧用比喻来道明心机，就能轻松化解尴尬的局面。有些比喻通俗易懂而又思想深刻，表情达意，恰到好处。

惠施在梁国当了宰相，庄子准备去会会他这位好朋友。有人急忙报告惠子，说："庄子来这里，是想取代您的相位呀。"惠子很恐慌，便要阻止庄子，于是派人在国内搜了3天3夜。哪知道庄子从容而来拜见他说："南方有一种鸟，名字叫作凤凰，不知道您听说过吗？有只凤凰展翅而飞后，从南海飞向北海，非梧桐不栖，非练实不食，非醴泉不饮。这时，有一只猫头鹰正在津津有味地吃着一只腐烂的老鼠，恰好凤凰从其头顶上飞过。猫头鹰急忙护住腐鼠，仰头视之道：'吓！'现在您也想用您的梁国来吓我吗？"

庄子视惠施的权贵如腐鼠，根本不把它放在眼里。要是直接说："你的荣华富贵我根本就看不上眼。"那难免会使双方都难堪。以一个比喻简单明了地表明自己的想法，淋漓酣畅，透彻明晰。庄子是一位非常善于利用比喻来说话的人。

一天，庄子正在涡水垂钓。楚王派了两位大夫前来聘请他。见面后他们对庄子说："我们大王久闻先生贤名，欲以国事相累。深望先生欣然出山，上以为君王分忧，下以为黎民谋福。"庄子持竿不顾，淡然说道："我听说楚国有一只神龟，被杀死时已经有 3000 岁。楚王把它珍藏在竹箱里，盖上了锦缎，供奉在庙堂之上。请问二位大夫，此龟是宁愿死后留骨而贵，还是宁愿生时在泥水中潜行曳尾呢？"二大夫道："自然是愿活着在泥水中曳尾而行啦。"庄子说："那么，二位大夫请回去吧！我也愿在泥水中曳尾而行。"

两位大夫亲自来请，"不想去"这样的话肯定不好说出口。因此，庄子以"宁为龟"来表示自己对自由的向往。

一天，庄子身着粗布补丁衣服、脚穿破鞋去拜访魏王。魏王见了他便问道："先生怎么会如此潦倒呢？"庄子说："是贫穷，不是潦倒。士有道德而不能体现，才是潦倒；衣破鞋烂，是贫穷，不是潦倒，此所谓生不逢时也！大王您难道没见过那腾跃的猿猴吗？如果在高大的楠木、樟树上，它们就会攀缘其枝而往来其上，逍遥自在，即使善射的后羿、蓬蒙在世，也无可奈何。可要是在荆棘丛中，它们则只能危行侧视，怵惧而过了，这并非其筋骨变得僵硬不柔软、灵活了，而是处势不便，未足以逞其能而已。现在我处在昏君乱相之间而欲不潦倒，怎么可能呢？"

对政治的不满，满腹的苦楚，能随意倾吐吗？不能。庄子又一次运用了一个美妙到无以复加的比喻来诠释自己的内心，可谓是譬喻高手。

在我们的日常生活中，特别是工作中，经常需要处理一些人与人之间的关系。特别是在私企中，规章制度比较严格。

很多时候会遇到正副职两位领导不和，到底听谁的？在这种情况下，如何保全自己呢？可以采用间接说理的方法，既能收到应有的效果，又会使当事人不至于太难堪。

小董在某外企打工，待遇各方面都很不错，小董也非常精明能干。可有一件让人头疼的事，就是他的两个顶头上司不和。因此，经常就同一件事向小董发出不同的命令，弄得小董无所适从，当然也就影响他的工作进度。有一天，小董接到两个上司相互矛盾的命令。因此，没有按时完成任务。恰好碰到公司老总来视察，见状把小董批评了一番。小董并未向老总诉说冤屈，只是笑着说："我想问您一个问题，您和我的两个上司这'三驾马车'是不是朝着同一个方向行驶的呢?"老总说:"那当然是。"小董又说:"如果您手下的这'两驾马车',分别朝着两个方向行驶,那您应该朝着哪个方向行驶呢?"老总听完这话,明白了其中的含义,看了看小董的两个上司,两个人顿时觉得很不好意思。小董巧借比喻摆脱了"两头不是人"的境况,化解了自己的困境,以后工作起来自然顺利多了。

小卢在某汽车公司工作,他是有名的老好人,也就是叫干什么就干什么的人,所以,他的上司们,不管是工长还是组长、车间主任,都把他支来支去。时间长了,他终于忍受不住了。一次,在经常支使他的上司都在的时候,小卢对他们说:"请问各位领导,究竟你们是章鱼还是我是蜈蚣?"几位领导一听,不对,这分明是话里有话,于是就问:"谁得罪你了?"小卢笑了笑说:"这样吧,我给你们讲个笑话。有一条章鱼,它十分苦恼,不为别的,只为自己生了8条腿,于是它便请教蜈蚣,'老兄呀,你说你有这么多条腿,请问你是怎么安排它们的工作的?'蜈蚣笑道:'你真愚蠢,我从来就没有特意安排它们,只是任凭它们各司其职罢了。'请问几位领导,我们是不是应该向蜈蚣先生学习呢?"几位领导一听,嘴里不说,心里都明白是怎么回事了,于是再也不像过去那样对小卢指手画脚了。

巧妙地利用比喻,使用含沙射影的方法,给造成尴尬的人提个醒,既保全了他人的面子,又达到了自己的目的,维护了自己的权益。

自我调侃帮你走出尴尬

由于我们的过失,造成了在谈话中出现难堪,这时我们不要责备他人,还是找找自己的责任,采用自我调侃的方式低调退出吧。

有一次,十多年没见的老同学聚会,因为大家都是好朋友,所以说起话来直来直去。有一位男同学打趣地问一位女同学说:"听说你的先生是大老板，什么时候请我们到大酒店吃一顿?"他的话刚说完，这位女同学有点儿不安起来。原来这位女同学的丈夫前不久因发生意外去世了，但这位开玩笑的男同学并不知道，因而玩笑开得过了一点儿。旁边的一位同学暗示他不要说了，谁知这位男同学偏要说，旁边的那位同学只得告诉他真实的情况，这位男同学非常尴尬。不过他迅速回过神来，先是在自己脸上打了一下，之后调侃地说："你看我这嘴，十多年过去了，还和当学生时一样没有把门的，不知高低深浅，只知道胡说八道。该打嘴! 该打嘴!"女同学见状，虽有说不出的苦涩，但仍大度地原谅了老同学的唐突，苦笑着说："不知者不怪，事情过去很久了，现在不提它了。"男同学便忙转换话题，从尴尬中解脱出来。

当我们处于类似的由于我们自己的原因造成不好下台时，最好的办法就是不要死要面子活受罪，可以采用自我调侃的办法，真诚一点儿，像该例中的那位男同学一样，表达自己真诚的歉意，而对方也不会喋喋不休地责备我们，相反，还会因为我们的真诚一笑而置之。

人一生中总会有当众失态的时候，此时我们不妨抢先一步对自己进行调侃，好过别人来嘲笑，使自己难堪。

宋朝大文学家石曼卿，人称"石学士"。一日酒后乘马车去报国寺游玩，突然马受惊乱跑，将石曼卿从车上摔了下来。只见石曼卿站起来，拍拍身上的尘土，拿起马鞭，然后风趣地对围观者说："幸亏我是'石'学士，要是'瓦'学士，一定要摔破了。"石学士把自己的姓做了另外一种解释，妙语解颐，为后人称道。

1915 年，丘吉尔还是英国的海军大臣。不知他是心血来潮还是什么原因，突然要学开飞机，于是，他命令海军航空兵的那些特级飞行员教他开飞机，军官们只好遵命。

丘吉尔还真有股韧劲，刻苦用功，拼命学习，把全部的业余时间都搭上了，负责训练他的军官都快累坏了。丘吉尔虽称得上是杰出的政治家，但操纵战斗机跟政治是没什么必然联系的。也可能是隔行如隔山吧，总之，丘吉尔虽然刻苦用功，但就是对那么多的仪表搞不明白。

在一次飞行途中，天气突然变坏，一段 25.75 千米的航程他竟然花了 3 个小时才抵达目的地。

着陆后，丘吉尔刚从机舱里跳出来，那架飞机竟然再次腾空，一头扎到海里去了，旁边的军官们都吓得怔在那里，一动不动。

原来，匆忙之中的丘吉尔忘了操作规程，在慌乱之中又把引擎发动起来了。望着眼前这一切，丘吉尔也不知所措，好在他并没有惊慌，装作茫然不知似的，自我解嘲道：

"怎么搞的，这架飞机这么不够意思。刚刚离开我，就又急着去和大海约会了。"

一句话缓解了紧张的气氛，也让丘吉尔摆脱了尴尬。

在有些尴尬的场合，运用自嘲能使自尊心通过自我排解的方式受到保护，而且还能体现出说话者宽宏大度的胸怀。

当你陷入窘境时，逃避嘲笑并非良方，也不是超脱。相反，你殚精竭虑地力图反击，很可能会遭到对手更多的嘲讽，不如来个 180 度大转变的超脱。这种超脱既能使自己摆脱狭隘的心理束缚，又能使凶悍的对手"心软"下来。

20 世纪 50 年代初，美国总统杜鲁门会见十分傲慢的麦克阿瑟将军。会见中，麦克阿瑟拿出烟斗，装上烟丝，把烟斗叼在嘴里，取出火柴。当他准备划燃火柴时，才停下来，对杜鲁门说："抽烟，你不会介意吧?"

显然，这不是真心地向对方征求意见。杜鲁门讨厌抽烟的人，但他心里很明白，在面前的这个人已经做好抽烟准备的情况下，如果说他介意，那就会显得自己粗鲁和霸道。

杜鲁门看了麦克阿瑟一眼，自嘲道："抽吧，将军。别人喷到我脸上的烟雾，要比喷在任何一个美国人脸上的烟雾都多。"

杜鲁门总统以自我解嘲的形式来摆脱难堪的境况，而他自嘲，还包含着深深的责备和不满，无形中给了傲慢的将军以含蓄的训诫。

当然大多数人都不是故意陷人于难堪境地的。如果过分掩饰自己的失态，反而会弄巧成拙，使自己越发尴尬，并且对方会心神不宁、坐立不安。以漫不经心、自我解嘲的口吻说几句取悦于人的话，却可以活跃气氛，消除尴尬。

某次，柏林空军军官俱乐部举行盛大招待会，主宾是有名的乌戴特将军。敬酒时，一位年轻士兵不小心将啤酒洒到了将军光亮的秃头上，士兵吓得魂不附体，手足无措，全场人目瞪口呆。面对颤抖的士兵，乌戴特微笑着说："老弟，你以为这种治疗会有效吗？"在场的人闻言大笑起来，难堪的局面被打破。

世间最尴尬的时刻莫过于自己的裸体暴露在别人面前，大名鼎鼎的首相丘吉尔就有过类似的经历，不过他却能坦然化解。

丘吉尔有个习惯，一天之中无论什么时候只要一停止工作，他就躺到热气腾腾的浴缸中去泡一泡，然后就光着身子在浴室里来回地踱步，一边思考问题一边让身体放松放松，有时甚至会入迷。

有一次，丘吉尔率领英国代表团到美国去进行国事访问，他们受到热情款待。为了方便两国领导人的交流、沟通，组织者专门让丘吉尔下榻在白宫，与美国总统罗斯福离得很近。

一天，丘吉尔又像往常一样在浴缸里泡过后，光着身子在浴室里踱步。当时，世界反法西斯战争进行得如火如荼。丘吉尔在思考着战场上的形势，以及如何同美国联手对付德国法西斯。想着、想着，他已经忘了自己在什么地方，而且还是光着身子。

碰巧，这时罗斯福有事来找丘吉尔，发现屋里没人。罗斯福刚欲转身离去，听见浴室里有水响，便走过来敲浴室的门。

丘吉尔正在聚精会神地考虑问题，听见有人敲门，本能地说了一句："进来吧，进来吧。"

门打开了，美国总统罗斯福出现在门口。罗斯福看到丘吉尔一丝不挂，十分的尴尬，进也不是，退也不是，索性一言不发地站在门口。

此时丘吉尔也清醒了。他看了看自己，又看了看罗斯福，急中生智地说道：

"进来吧！总统先生。大不列颠的首相是没有什么东西可对美国的总统隐瞒的！"

说罢，这两位世界知名人物都不约而同地哈哈大笑。

尴尬场合，运用自嘲可以平添许多风采。当然，自嘲要避免采取玩世不恭的态度。具有积极因素的自嘲包含着自嘲者强烈的自尊、自爱。自嘲实质上是当事人采取的一种貌似消极，实为积极的促使交谈向好的方向转化的手段而已。

化解纠纷要做个和事佬

人们在工作、生活中难免会发生这样那样的矛盾。当矛盾进一步激化时，作为第三方，站在一个特殊的位置上，你是左右为难的；袖手旁观，矛盾会更扩大，大家都不好过。

调解他人的纠纷实在是个非常棘手的问题，如果处理不当的话，就很有可能在你的身边埋下一颗定时炸弹。因此，在调解他人的纠纷时一定要讲究技巧，遵循一定的原则，"和稀泥"也要和出个样子来。

首先，调解他人的纠纷时要考虑自己的角色，即你与他人之间的关系，摆正了这种关系才能正确地调解纠纷。

全国刚解放时上海市长陈毅到一家纺织厂里，他笑着说："老板，我冒昧来访，欢迎不？"

这位老板正为一件事发愁，便发起牢骚来："陈市长，今天工会又来要我废除'抄身制'。不当家不知柴米贵，工人下班有抄身婆搜身还经常丢纱呢，如果取消抄身制度，纱厂不被偷光才怪呢！"

陈毅品了口茶，不紧不慢地说："要说办工厂、买机器，我要拜你为师。因为我只当过工人，没有经营过工厂吗！要说管理工人、教育工人，你要向我学习哩！我参加了革命，就一直宣传、组织群众，在这方面我可以给你当参谋，还带'长'呢！你倒是要我这参谋还是不要？"

老板连声说："要，要，请您快说。""我在法国当过工人。那个工厂大得很，老板也比你厉害得多。厂子四周筑起高墙，拉上电网，还雇了一大帮带枪的警察，对每个下班的工人从头搜到脚，那过细的劲头，身上硬是连一根钉也藏不住。但结果呢？原料、零件还是大量丢失，为什么呢？老板把工人只当成会说话的工具，劳动很重，工资很少，工人实在无法养家糊口，工厂赚了钱对工人毫无好处，他们为什么不拿呢？现在不同！工人翻身当了主人了，他们懂得，生产经营搞得好国家才能富强起来，工人才能改善待遇。你们虽是私营企业，但也是新民主主义经济的一个组成部分，一样可以有利于国、有利于民。所以，依我之见，你应该在纺织业带头，用我的办法试试看，废除抄身制，关心工人的利益，待工人如朋友、如弟兄，有困难多与他们商量着办。我相信眼前的困难会克服的。"

老板听了连连点头："想想是有些道理。"第二天，他就主动找工会研究，决定废除抄身制。

陈毅同志一番话，使资本家奉若神明的"抄身制"取消了。

调解矛盾还可以采取一种方法：不对矛盾的双方进行批评、指责，相反，分别赞美争执的双方，肯定他们各自的价值，使他们感到再争执下去只会损害自己的形象，因而自觉放弃争吵。

星期天，小陈一家包饺子，婆婆擀饺子皮，小陈夫妻俩包。不一会儿，儿子从外面跑进来："我也要包。"

婆婆说："大刚乖，去洗了手再来。"

儿子没挪窝，在一旁蹭来蹭去。妻子叫："蹭什么！还不去洗手，弄得一身面粉，我看你今天要挨揍。"

"哇……"5岁的大刚竟哭起来。

"孩子还小，懂什么？这么凶，别吓着他！"婆婆心疼孙子了。

"都5岁了还不懂事。管孩子自有我的道理，护着他是害他！"

"谁护着他了，5岁的孩子能懂个啥，不能好好说吗？动不动就吓他！"

小陈一看，自己再不发话，"火"有越烧越旺之势，便说："再说，今天这饺子可就要咸了哟！平日里，街邻、朋友都说我有福气，羡慕我有一个热情好客、通情达理的母亲，夸奖我有一位事业心强、心直口快的妻子，看你们这样，别人会笑话的，都是为孩子好。大刚还不快去让奶奶帮你洗洗手，叫奶奶不要生气了。"又转向妻子："你看你，标准的'美女形象'，嘴撅得都能挂10只桶了。生气可不利于美容呀！"妻子被他逗乐了。那边，母亲正在给孩子擦着身上的面粉，显然气也消了。

讲述纠纷双方可引以为豪的一面，唤起其内心的荣誉感，也可使其自觉放弃争吵。

在一辆公共汽车上，乘务员关车门时夹住了乘客，但自己还不认账。这时一青年打抱不平，对乘务员说："你是干什么吃的！不爱干，回家抱孩子去！"乘务员嘴像刀子，两人吵了起来。这时，车上有位老工人看看青年胸前的厂徽，想起了什么，挤了过去，拍拍青年的肩膀说："小丁，你当'机修大王'还不够，还想当个吵架大王吗？"青年说："师傅，我可不认识你呀！""我认识你，上次我去你们厂，你的照片在门口的光荣榜上，那特大照片可神气呢！"小伙子一下红了脸。老工人说："以后可不要再吵架了，这不是解决问题的办法吗。"一场纠纷就这样平息了。

夫妻之间的争吵总是在发生，作为亲朋好友夹在其中，不能不说是一件尴尬难处的事，坐视不理是不可能的，这容易使双方积怨加深，妨碍家人的正常生活。缩小争端本身的严重性，使一方或双方看淡争端，从而缓和情绪，平息风波，这才是解决问题的办法。

某厂一对新婚不久的夫妻因家庭小事闹矛盾，女方一气之下跑到娘家哭诉告状，说男方欺负她。哥哥听罢心想：妹妹结婚不久就遭妹夫欺负，日后还有好日子过？于是气愤地扬言要去教训妹夫。这时，父亲充当起"和事佬"来，他首先对儿子说：

"教训他？别冲动！教训他就能解决问题吗？再说，他家又不在厂里，一个人孤立无援的，你去教训他，旁人岂不要说闲话？好了，妹妹自己家里的小事，用不着你操心，还有我和你妈呢。你多管些自己的事吧。"

待儿子息怒离开后，父亲又劝慰女儿说：

"别哭了，又不是什么大不了的事。都结婚出嫁了，还耍小孩子脾气，多丢人。小夫妻哪有不吵架的？我当初和你妈就常吵闹呢。不过，夫妻吵架不记仇，夫妻吵架不过夜。你不要想得太多，日后凡事要大度些，不要像在娘家那样娇气任性。好了，快点儿回去，不要让他到这里来找你，他是个不错的小伙子。家丑不可外扬，以后丁点儿小矛盾不要动不动就往娘家跑。"

女儿点头止哭，像没事一样回她的小家去了。

夫妻吵架本是稀松平常的事，而当事人本身却认为事情很严重。因此，父亲在劝慰女儿的过程中始终强调夫妻闹别扭只是"丁点儿"小事，促使女儿把争端看得淡一点儿。女儿在冷静思考之后，认同了父亲的看法，思想疏通了，气也自然消了。

生活中，家庭矛盾时有发生，夫妻之间难免出现磕磕碰碰、吵吵闹闹甚至大动干戈的事。夫妻吵嘴打架后，妻子往往回娘家诉苦。对此，娘家人劝架不能偏听偏信，让矛盾升级，应该劝双方多做自我批评，从而化解矛盾，达到新的和睦。以下是娘家人劝架中的5忌。

一是忌偏袒女儿。女儿是娘身上的肉，谁动她一根毫毛就对他不客气，劝架处处偏袒护短，把女婿说得一无是处，让其无地自容而后快，以警告女婿娘家人不好惹；明明是女儿不对，却以长辈自居，强词夺理。这样做，会助长女儿的不良习性，埋下了长期争吵的祸根，增加了女婿的厌恶心理，轻则闹得家庭不和，重则导致家庭破裂。

二是忌火上浇油。只要诚恳规劝，完全可以唤起双方的自责心理，从而平息矛盾。但如果娘家人坚持小题大做，硬要对方认不是，不但无助于解决问题，反而使其肝火更旺。

三是忌倾巢出动。在听到女儿一面之词后，不分青红皂白，娘家人男女老少齐动员，上男方家"说理""算账"，造成大兵压境的局面，这样人多火气旺，很容易将小事闹大，不但于调解无补，反而激化矛盾，破坏夫妻感情。万一男方翻脸不认人，势必引起一场争斗，夫妻感情的裂痕就无法弥补。

四是忌拒之门外。女儿回娘家是为了暂时躲避矛盾，以感化丈夫回心转意，也是为了得到娘家人的谅解和帮助，作为娘家人应当热情迎接，细心开导；否则，极易使女儿产生孤独感，弄不好会酿成悲剧。女婿登门，是求女方及其家人的谅解，用实际行动认错，更应笑脸相迎，诚恳待婿，不可拒于千里之外，使女婿憎恨，激化夫妻矛盾。

五是忌留女久住。明智的娘家人只留女儿小住，并劝她尽早回到丈夫身边，以免造成更大的裂痕。

人们在生活中难免会发生各种各样的矛盾，总是由于这些矛盾的激化而产生纷争。面对那些激愤的吵架者，一定要掌握一些调解的技巧，有效平息纠纷。

紧张时刻用玩笑做掩护

1972 年，尼克松总统访问苏联。有一次在苏联机场，飞机正准备起飞，一个引擎却突然失灵。当时送行的苏共中央总书记勃列日涅夫十分着急、恼火，在外国政界要人面前出现这种事是很丢面子的。他指着一旁站立的民航局长问尼克松总统："我应该怎么处分他？"这等于是给尼克松出了一道难题，如果尼克松答得不巧妙，苏联人也可以借机让尼克松出点儿丑。"提升他，"尼克松很轻松地说："因为在地面上发生故障总比在空中发生故障好。"尼克松的话一出，大家都笑了。

说笑能极大地缓解尴尬气氛，甚至在笑声中这种难堪场面会瞬间消失，以至人们很快忘却。

萧伯纳有一次遇到一位胖得像酒桶似的牧师，他跟萧伯纳开玩笑说：

"外国人看你这样干瘦，一定认为英国人都在饿肚皮。"萧伯纳谦和地说："外国人看到你这位英国人，一定可以找到饥饿的根源。"要用幽默来回敬对方。幽默感是避免人际冲突、缓解紧张的灵丹妙药，不会造成任何损失，不会伤及任何人。

如果活动中出现尴尬局面，说句调笑的话更是使双方摆脱窘迫的好办法。例如，两个班级联欢，男女舞伴第一次跳舞，由于一方的水平低发生了踩脚的情况，说"没关系"这样礼貌的话可能还会加重对方的紧张，如果用一句"地球真小，我俩的脚只能找一个落点了"，可使双方欢笑而心理放松。

尴尬是在生活中遇到处境窘困、不易处理的场面而使人张口结舌、面红耳赤的一种心理紧张状态。在这种时候，人们感觉比受到公开的批评还难受，会引起面孔充血、心跳加快、讲话结巴等。主动讲个笑话逗大家笑，绝对是减轻该症状的良方，尤其是在很多人看着你的时候。

苏联著名女主持人瓦莲金娜·列昂节耶娃有一次向观众介绍一种摔不破的玻璃杯。准备时几次试验都很顺利，谁知现场直播时竟出了意外，杯子摔得粉碎。而这时，成千上万的观众正看着屏幕。她灵机一动说："看来发明这种玻璃杯的人没考虑我的力气。"幽默的语言一下子就使她摆脱了窘境。

一位演说家对听众说："男人，像大拇指（做手势）；女人，像小指头儿……"话未说完，全场哗然，女听众们强烈反对他的比喻，他没法再讲下去了。怎么办？他立刻补充说："女士们，大拇指粗壮有力，而小手指则纤细、灵巧、可爱。不知哪位女士愿意颠倒过来？"一句话平息了女听众的愤怒，一个个相视而笑。

我国著名相声大师马季有一次到湖北黄石开座谈会。会上，他的搭档无意中将"黄石市"说成了"黄石县"，在座的都十分尴尬。马季立即接着说："我们有幸来到黄石省……"这话把大伙都弄糊涂了。正当大家窃窃私语时，马季解释道："刚才，我的搭档把黄石市说成县，降了一级，我当然要说成'省'，给提上一级。这样一降一提，就拉平了！"

夫妻之间吵吵闹闹是常有的事，有的小打小闹就过去了，可有的气得决心分家，这种时候，只要你能把对方逗笑，僵局自然就被打破了。

约翰先生下班回家，发现妻子正在收拾行李。"你在干什么?"他问:"我再也待不下去了，"她喊道:"一年到头老是争吵不休，我要离开这个家!"约翰困惑地站在那儿，望着他的妻子提着皮箱走出门去。忽然，他冲进房间，从架上抓起一只皮箱，也冲向门外，对着正在远去的妻子喊道:"等一等，亲爱的，我也待不下去了，我和你一起走!"怒气冲天的妻子听到丈夫这句既可笑又充满对自己爱心和歉意的话，就像气球被扎了一个洞，很快气就消了。

当约翰的妻子抓起皮箱，冲出门外之时，我们不难想象，约翰是多么的难堪、焦急! 但他既没有苦劝妻子留下，也没有做任何解释、开导，更没有抱怨和责怪，而是说:"等一等，亲爱的，我也待不下去了，我和你一起走!"这哪像夫妻吵架，倒像一对恩爱夫妻携手出游。约翰这番话，以谐息怒，不但让妻子感到好笑，而且还会让妻子体会和理解丈夫是在含蓄地表达自己对妻子的爱心和歉意，以及两人不可分离的关系。听到这番话，妻子怎能不回心转意呢?

恐怕谁都有当众滑倒的经历，每每回想起来都还会感到脸红。摔倒的场面总是很滑稽，难免会引得大家笑，你不妨用一种荒诞的逻辑将这种尴尬变成有利因素，从而自然大方地从困境中解脱出来。

1944 年秋，艾森豪威尔亲临前线给第二十九步兵师的数百名官兵训话。当时，他站在一个泥泞的小山坡上讲话，讲完后转身走向吉普车时突然滑倒。原来肃静严整的队伍轰然暴响，士兵们不禁捧腹大笑。面对突发情况，部队指挥官们十分尴尬，以为艾森豪威尔要发脾气了。岂料，他却幽默地说:"从士兵们的笑声看来，可以肯定地说，在我与士兵的多次接触中，这次是最成功的了。"

顺着对方的话锋说话

顺梯而下，是指依据当时有利的时机，只要有可能，不可过多地纠缠，应顺势而下，不需要特意地去找，自然而然，做得巧妙，不会引起他人的注意，自己依然保持着主动的局面。顺梯而下有以下两种表现。

1. 顺着对方的话题而下

有时候，一个话题要进行下去，可朝着多种方向发展，我们可以有意识地将话题引往有利于自己的方向，然后顺着话题及时撤出去。

在一次师生座谈会上，师生之间聊起了如何面对自己弱点的话题。会议进行得很温和，从不指名道姓，遇到要举事例的时候，也是以假设开始，诸如"假设你有什么弱点，你该怎么做"。可是后来会议特意留出了一定的时间，让学生就不懂的问题向在座的老师请教。一位同学站起来向一位姓何的老师提问："当一个人遇到了非常难堪的事情，他可以正视它、战胜它，但也可以逃避它，哪种方法更好些呢？"何老师首先肯定了这位同学合理的分析，说："正视它，战胜它！"这位同学接着又问："能不能问您一个隐私的问题……"正在那位同学还在犹豫该不该问时，何老师说话了："既然是隐私问题，就不好当着众人的面讲，如果你感兴趣，会后我们可以私下里谈谈。"

在这里，如果何老师让那位同学把话说下去的话，接下来肯定会使自己左右为难，不如顺着对方的话音，巧妙地撤出去，不在原来的话题上打转转。

那些毫无根据又极具挑衅性的提问总是会激起人们的反感，但是直接的指责反而会显得自己涵养不够。所以，我们不如根据对方的诘问，为自己编造一个更严重的罪责，表达我方对这种无凭无据的问题的极大愤怒和拒绝回答的态度。

一位记者向扎伊尔总统蒙博托说："您很富有。据说您的财产达 30 亿美元?"显然，这一提问是针对蒙博托本人政治上是否廉洁而来的，对于蒙博托来说，这是一个极其严肃的而易动怒的敏感问题。蒙博托听后大笑着反问说："一位比利时议员说我有 60 亿美元! 你听到了吧?"

记者用一句没有根据的传言来质问蒙博托是否廉洁，蒙博托没有被对方刺激得暴跳如雷，反而编出一个更大的、显然是虚构的数字来"加重"自己的"罪行"，以讽刺记者所提问题的荒谬与别有用心，间接表明了自己的清白，维护了自己的名誉。

家庭生活中，也难免有下不了台的时候，顺梯而下的方法也可适当利用。

小张有一次到朋友家做客，恰巧他们夫妻在挂一幅装饰画。丈夫问妻子："挂正了吗?"妻子说："挺正的。"挂好后，丈夫一看，还是有点儿歪，就抱怨说："你什么事都马马虎虎，我可是讲求完美的人。"做妻子的有点儿下不来台，见有人在场便开口道："你说得对极了，要不你怎么娶了我，我嫁给了你呢!"这一巧妙的回答，不仅挽回了面子，又造成了一种幽默的气氛，做丈夫的也感到自己失言了，以一笑来表示歉意。

2. 顺着他人的解围而下

在谈话中，如果因为我们自己的难堪，造成整个气氛的不和谐，可能会有知趣的人站出来，及时替你解围，这时，就应该抓住时机，顺着他人解围及时撤出。

小明喜欢和他人诡辩，并且以此为乐事。一天将近中午吃饭时，小可深有感触地说："人是铁，饭是钢，一天不吃饿得慌。"小明接着说："这句话就不对了，据科学分析，人是可以饿 7 天的。"小可说："那你饿 7 天看看。"小明接着说："这句话你又错了，你也可以饿 7 天的。"小可说："我才没那么傻呢，只有疯子才干这样的蠢事。"小明又说："历史上，很多当时被认为是疯子的人，后人把他们看作是伟人。"小明就这样无限地推演下去。哪知小可的个性纯朴，不喜欢这样饶舌，后来就有点儿无法忍受了。这时小明的好友小冬见状，凑过来说："我们的小可最大的'优点'

就是说错了话还不承认。"小可接过话头说:"小冬真是了解我。"说着对小明一笑,走开了。

顺梯而下是解窘见效很快的方法之一,它能使人逃脱于无形,而让制造尴尬的人立即停止发话,可谓一箭双雕。

不好回答的话可以岔开说

在语言交际中,我们经常会遇到一些令人尴尬的问话,比如,涉及国家、组织的秘密,涉及个人收入、个人生活、人际关系等问题。如处于这样的尴尬场合时,就需要具备"顾左右而言他"的语言艺术,从而能使你面对尴尬而取得峰回路转、柳暗花明的效果。

最简单直接的做法就是把话题故意转向其他地方。

某单位一女工结婚,在单位散发喜糖。刚巧该单位有一位尚未谈对象的 33 岁的大龄女青年,大家吃着糖,突然一位同事笑着对那位女青年说:"喂,什么时候吃你的喜糖?"大家都望着那位女青年。那位女青年脸微微一红,把脸转向邻近的一位女同事,然后指着那位女同事身上的一件款式新颖的上衣问:"咦?这件上衣什么时候买的?在哪个商店买的?"两个人便兴致勃勃地谈起了那件衣服。

在大庭广众之下问大龄女子何时结婚确实是件很不礼貌的事。女青年碰到这个尖锐的问题时处境十分尴尬,回答不好可能会引起大家的闲话,再说这事也没必要让大家来参与。于是她立刻把话题转移到同事的衣服上,借以回避对方的无聊问题。问者受到毫不掩饰的冷落,自然也意识到自己的失礼,没有理由责怪女青年对自己的置之不理。

毫无疑问,直接转移法可以让你立即摆脱刚才那个令你难堪的话题,然而有一点不足的是，这样显得十分生硬。将话题飞快转向与之毫不相干的地方，看似快速甩开了为难局面，可心理上仍然是有阴影的。因此，我们要学会更含蓄的言他法——岔换。

岔换法是针对对方的话题而岔换新的话题，字面上看是回答了对方的问题，而实质意义却是不相干的两个问题。它给人的感觉通常是干脆利落，能显示出一种较为强硬的表达气息。

比如，有个发达国家的外交官问非洲一个国家的大使："贵国的死亡率必定不低吧?"大使接过话题就立即掷出一句："跟贵国一样，每人死亡一次。"

这位外交官的问题是针对整个国家说的，而大使岔开话题直言不讳地换用"每个人的死亡"作答，显示了一种针尖对麦芒的强硬态度。

大诗人普希金有一次在彼得堡参加一个公爵的家庭舞会，当他邀请一位小姐跳舞时，这位小姐极傲慢地说："我不能和小孩子一起跳舞!"普希金很礼貌地鞠了一躬，笑着说："对不起! 亲爱的小姐，我不知道你怀着孩子。"说完便离开了，而那位漂亮的小姐无言以对，脸上绯红。

反讽不是气急败坏的叫嚣，也不是"黔驴技穷"的狂鸣，它应该是偶尔露出的峥嵘，锐利锋芒的一现。

利用语言的双解，普希金巧妙将话题的针对点从自己身上转到了那位漂亮的小姐身上，不露痕迹地就将自己的尴尬转化为了漂亮而又傲慢的小姐的尴尬。所以，我们在采用"顾左右而言他"的解围法时，应尽量把它运用得不露声色，婉转巧妙。

六大台阶帮你说好难说的话

人非圣贤，孰能无过? 何况即使圣贤也有错的时候。西奥多·罗斯福承认说，当他入主白宫时，如果他的决策能有75%的正确率，那就达到他预期的最高标准了。像罗斯福这样一位 20 世纪的杰出人物，其最高希望也只有如此。可是，偏偏有人总是忍不住给别人纠错。

沙斯先生是纽约一位年轻的律师，他参加了一个重要案子的辩论，这个案子牵涉一大笔钱和一项重要的法律问题。在辩论中，一位最高法院的法官对年轻的律师说："海事法的追诉期限是 6 年，对吗？"

沙斯先生愣了一下，看看法官，然后率直地说："不。庭长，海事法没有追诉期限。"

"庭内顿时静默下来，"沙斯先生后来在讲述他的经验时说："似乎气温一下就降到了冰点。虽然我是对的，法官是错的，我也据实地指了出来，但他却没有因此而高兴，反而脸色铁青，令人望而生畏。尽管法律站在我这一边，我也知道我讲得比过去都精彩，但由于没有使用外交辞令，我却铸成了大错，居然当众指出声望卓著、学识丰富的人错了。"

沙斯先生确实铸成了大错，在指出法官错误的时候，为什么不能更巧妙、更自然一些呢？为什么不能提供一个恰当的台阶，使法官免丢面子呢？这样不仅会获得法官的好感，而且也会为沙斯先生自己树立一个良好的社交形象。

在社交活动中，能适时地为陷入尴尬境地的对方提供一个恰当的"台阶"，使对方免丢面子，也算是处世的一大原则，也是人的一种美德。这不仅能获得对方的好感，而且也有助于自己树立良好的社交形象。否则对方没能下得"台阶"而出了丑，可能会对你记恨终生。相反，若注意给人"台阶"下，可能会让人感激一生。是让人感激还是让人记恨，关键是自己在"台阶"上不陷入误区。

外圆内方的人，不但尽量避免因自己的不慎而使别人下不了台，而且还会在对方可能不好下台时，巧妙及时地为其提供一个"台阶"。这是因为他们在帮助别人"下台"时，掌握了正确的方法。

1. 顺势是为送台阶

依据当时当场的势态，对对方的尴尬之举加以巧妙解释，使原本只有消极意味的事件转而具有积极的含义。

2. 破除尴尬造台阶

故意以严肃的态度面对对方的尴尬举动，消除其中的可笑意味，缓解对方的紧张心理。

第二次世界大战时，一位德高望重的英国将军举办了一场祝捷酒会。除上层人士之外，将军还特意邀请了一批作战勇敢的士兵，酒会自然是热烈隆重。没料想一位从乡下入伍的士兵不懂酒席上的一些规矩，捧着面前的一碗供洗手用的水就喝，顿时引来达官贵人、夫人小姐的一片讥笑声。那士兵一下子面红耳赤，无地自容。此时，将军慢慢地站起来，端着自己面前的那碗洗手水，面向全场贵宾，充满激情地说道："我提议，为我们这些英勇杀敌、拼死为国的士兵们干了这一碗。"言罢，一饮而尽。全场为之肃然，少顷，人人均仰脖而干。此时，士兵们已是泪流满面。

在这个故事里，将军为了帮助自己的士兵摆脱窘境、恢复酒会的气氛，采用了将可笑事件严肃化的办法，不但不讥笑士兵的尴尬举动，反而将该举动定性为向杀敌英雄致敬的严肃行为。乡下士兵不但尴尬一扫而尽，而且获得了莫大的荣誉，成为全场的焦点人物。

3. 不露声色搭台阶

心理学的研究表明，谁都不愿把自己的错处或隐私在公众面前"曝光"，一旦被曝光，其就会感到难堪或恼怒。因此，在交际中，如果不是为了某种特殊需要，一般应尽量避免触及对方所避讳的敏感区，避免使对方当众出丑。必要时可委婉地暗示对方其已知道他的错处或隐私，便可对他造成一定的压力，但不可过分，只需"点到而已"。

既能使当事者体面地"下台阶"，又尽量不使在场的旁人觉察，这才是最巧妙的"台阶"。有一则报道很能启发人。在广州一著名的大酒家，一位外宾在吃完最后一道茶点后，顺手把精美的景泰蓝食筷悄悄"插入"自己的西装内衣口袋里。服务小姐不露声色地迎上前去，双手擎着一个装有一双景泰蓝食筷的绸面小匣子说："我发现先生在用餐时，对我国的景泰蓝食筷颇有爱不释手之意。非常感谢您对这种精细工艺品的赏识。为了表达我们的感激之情，经餐厅主管批准，我代表大酒家，将这双图案最为精美并且经过严格消毒处理的景泰蓝食筷送给您，并按照大酒家的'优惠价格'记在您的账簿上，您看好吗?"那位外宾当然明白这些话的弦外之音，在表示了谢意之后，说自己多喝了两杯"白兰地"，头脑有点儿发晕，误将食筷插入内衣口袋里，并且聪明地借此"台阶"，说"既然这种食筷不消毒就不好使用，我就'以旧换新'吧！哈哈哈……"说着取出内衣口袋里的食筷恭敬地放回餐桌上，接过服务小姐给他的小匣，不失风度地向付账处走去。如果服务员想让这位外宾"出洋相"真是太容易了，但她没有那样做，而是委婉地暗示对方的错处。外圆内方的人往往都会这样不动声色地让对方摆脱窘境。

4. 佯装糊涂赏台阶

装作不理解对方尴尬举动的真实含义，故意给对方找一个善意的行为动机，给对方铺一个台阶下。

一位老师介绍经验时说："一天中午，我路过学校后操场时发现，前两天帮助搬运实验器材的那几位同学正拿着一个实验室特有的凸透镜在阳光下做'聚焦'实验。我想：他们哪来的透镜？难道是在搬运时趁人不备拿了一个？实验室正丢了一个。是上去问个究竟还是视而不见绕道而去？为难之时，同学们发现了我，从他们慌张的神情中我肯定了自己的判断。当时的空气就像凝固了似的，一分一秒也不容拖延。我快速地构思，终于想出一条妙方，笑着说：'哟，这透镜找到了！谢谢你们！昨天我到实验室准备实验，发现少了一个透镜，我想大概是搬运过程中丢失了，我沿途找了好几遍都未能找到，谢谢你帮我找到了这个透镜。这样吧，你们继续实验，下午还给我也不迟。'同学们轻松地点了点头。"

这位老师采用了故意曲解的方法，装作不懂学生的真实意图，反误以为他们帮助自己找到了透镜，将责怪化成了感激，自然令学生在摆脱尴尬的同时又羞愧不已。

5. 增光添彩设台阶

有时遇到意外情况使对方陷入尴尬境地，这时，外圆内方的人在给对方提供"台阶"的同时，往往会采取某些妥善措施，及时给对方的面子上再增添一些光彩，使对方更加感激不尽。

6. 放低姿态献台阶

有一次，由爱因斯坦证婚的一对年轻夫妇带着小儿子来看他。孩子刚看了爱因斯坦一眼就号啕大哭起来，弄得这对夫妇很尴尬。心胸开阔的爱因斯坦却摸着孩子的头高兴地说："你是第一个肯当面说出对我的印象的人。"坦诚的妙答并没有使爱因斯坦失去面子，也给了这对夫妇一个情面，活跃了气氛，融洽了关系。

在这里，爱因斯坦向我们显示了他在交际中的宽容和机智。面对孩子大哭给年轻夫妇带来的尴尬，他既没有哄劝孩子，也没有安慰孩子的父母，而是采用了自嘲的方式来帮助对方化解尴尬。爱因斯坦把孩子的大哭理解为孩子对自己的恐惧和不满，然后放低姿态，凭借慈祥的语气表示自己对此态度的认同，一语便缓解了年轻夫妇的难堪。

英国前首相丘吉尔也是一个特别善于解围的人，在他执政的最后一年，出席一个政府举办的仪式。在他身后不远的地方，有几个绅士窃窃私语："你看，那不是丘吉尔吗""人家说他现在已经开始老朽了""还有人说他就要下台了，要把他的位子让给精力更充沛、更有能力的人了。"当这个仪式结束的时候，丘吉尔转过头来，对这几个绅士煞有介事地说："哎，先生们，我还听说他的耳朵近来也不好用了。"

身为首相，听到如此贬损自己的话，丘吉尔却没有暴跳如雷，与几个绅士一争对错，而是轻言细语地表达了自己的自尊自爱。台阶有时不仅要懂得为别人造，适当的时候也要为自己解围。

人人都有下不来台的时候。学会给人下台阶，既可以缓解紧张难堪的气氛，使事情得以正常进行，又能够帮助尴尬者挽回面子，增进彼此的关系。要达到这样的目的，我们应学会使用以上技巧。

装作不知道，说得更奇妙

实习期间，一位实习老师在黑板上刚写了几个字，学生中突然有人叫起来：

"老师的字比我们李老师的字好看！"

真是语惊四座。稚幼的学生哪能想到此时后座的班主任李老师该多么尴尬！对这位实习生来说，初上岗位，就碰到这般让人尴尬的场面，的确使人头疼，转过身来谦虚几句，行吗？不行！这位实习生灵机一动，装作没有听到，继续写了几个字，头也不回地说：

"不安安静静地看课文，是谁在下边大声喧哗？"此语一出，后座的李老师紧张尴尬的神情顿时轻松多了，尴尬局面也随之消除。

这里的实习老师巧妙地运用了"装作不知道"的技巧，避实就虚，避开"称赞"这一实体，装作没有听清楚，而攻击"喧哗"这一虚象。既巧妙地告诉那位班主任"我根本没有听到"，又敲打了那位学生的称赞兴致，避免了学生误认为老师没有听见可能再称赞几句，从而再次造成尴尬的局面。

"装作不知道"，就是指对别人的话装作没有听到或没有听清楚，以便避实就虚、猛然出击的处理问题的方式。它的特点是说辩的锋芒主要不在于传递何种信息，而是通过打击、转移对方的说辩兴致使之无法继续设置窘迫局面，化干戈为玉帛，能够寓辩于无形，不战而屈人之兵。当然唯有具有较深阅历的人方能达到这种效果。在人际交往中，这种方式的使用场合很多。

英国前首相威尔逊在一次竞选演讲中遭到一个捣乱分子的挑衅。演讲正在进行，捣乱分子突然高声喊叫："狗屁！垃圾！臭大粪！"这个人的意思很明显，是骂威尔逊的演讲臭不可闻，不值得一听。但是威尔逊不理会他的本意，只是报以容忍的一笑，安慰他说："这位先生，我马上就要谈到你提出的环境脏、乱、差问题了。"随之，听众中爆发出掌声、笑声，为威尔逊的机智妙答喝彩。

别人的刻薄攻击，不仅可以当作耳旁风，而且还能对其反讽一番，这就叫"装作不知道，说得更奇妙"。

对于一些敏感性问题，提问者一般不直接就问题的本质提出质疑，而是从其他貌似平常的事物着手，旁敲侧击地进行诱导性询问。这时，我们可以故意装作不懂对方的真正用意，而站在非常表面的、肤浅的层次上曲解其问话，并将这种曲解强加给对方，使对方意识到我方的有意误解实际上是在表达委婉的抗议和回避，从而识趣地放弃自己的追问。

在人际交往中，有许多场合都可以使用"装作不知道"的办法，躲开别人说话的锋芒，然后避实就虚、猛然出击。其技巧关键在于躲闪避让的机智，虽是"装作"，正如实施"苦肉计"一样，却一定要表演得自然。

面对责难这样说

这个社会上不乏一群总喜欢中伤他人的魔鬼，他们总是扫别人的兴，以别人的难堪为快，品质恶劣至极。我们如果刻意躲闪，反而使自身更加手足无措，使他人得意忘形。因此，我们必须懂得反击。

1988 年，美国第 41 届总统竞选。民意测验表明：8 月份前，民主党总统候选人杜卡基斯，尚比共和党总统候选人布什多出十多个百分点。当布什与杜卡基斯进行最后一次电视辩论时，布什巧辩的策略是，抓住对方的弱点，揭其要害，戳在痛处，从而让对方陷入窘境。杜卡基斯嘲笑布什不过是里根的影子，嘲弄式地发问"布什在哪里"。

　　布什轻松地回答了他的发问："噢，布什在家里，同夫人芭芭拉在一起，这有什么错吗？"平淡一句，却语义双关，既表现了布什的道德品质，又讥讽了杜卡基斯的风流癖好，置杜卡基斯于极尴尬的境地。

　　有时，别人可能用指桑骂槐的方式对你进行猛烈的人身攻击，侮辱你的人格。对此，你如果质问对方，正面回击，可能正中对方下怀，他可以说：我并没有指你，你为什么要往自己头上硬扯？要回击这类人身攻击，最好的办法是也采用同样含沙射影的方式，反击对方，取得以隐制隐的效果。

　　在社交场合，有时会遇到别人有意无意抢白你，奚落、挖苦、讥讽你，你该怎么办？有随机应变能力的人，能化被动为主动，使尴尬烟消云散。"兵来将挡，水来土掩"，你可视不同的对象选择不同的应付办法。

　　来者不善，怀有恶意，故意挑衅，你可以"以牙还牙，以眼还眼"，有理、有利、有节，有礼貌而巧妙地回敬对手，针锋相对，"原物"顶回。

　　前面所说的周恩来智对美国记者关于一支派克笔的恶意提问，就是一个典型的例子。

　　如果有人用过于唐突的言辞使你受到伤害，千万不要息事宁人，要知道，只有反击、进攻才能有效抑制那些人的出言不逊。

　　孔融10岁那年，有一次到李膺家做客，当时在场的都是些社会名流，孔融应答如流，得到宾客们的称赞。但有一位叫陈韪的大夫却不以为然，讥讽地说："小时候聪明，长大了未必也聪明。"孔融立刻回答道："我想先生在小时候一定很聪明吧？"

　　孔融采用以其人之"法"还治其人之身的语言形式，以问作答，把对方射过来的"炮弹"又原样给弹了回去。作答的语言一般都带有明显的嘲弄味和讽刺味，通常是由对方出言不逊、讽刺挖苦所引起的，这样的语言表达方式一般出现在不友好的两方之间，是答方对不礼貌的问方以牙还牙式的回敬。

　　有个成语，叫急中生智。要做到这一点，需要灵敏的思维、丰富的语汇、渊博的知识、娴熟的技巧。只有掌握了各种应付尴尬局面的语言技巧，受人责难时才能使自己立于不败之地。

话不投机，及时转弯

在日常生活和社会交往中，尤其是在比较正式的场合，如聚会、会议等常会出现冷场现象，彼此都很尴尬。冷场，在人际关系中，它无疑是一种"冰块"。打破冷场的技巧，就是及时融化妨碍交往的"冰块"。

谈话者之间存在以下几种情况时，最容易因"话不投机"而出现冷场：

(1) 彼此不大相识；

(2) 年龄、职业、身份、地位差异大；

(3) 心境差异大；

(4) 兴趣、爱好差异大；

(5) 性格、素质差异大；

(6) 平时意见不合，感情不和；

(7) 互相之间有利害冲突；

(8) 异性相处，尤其单独相处时；

(9) 因长期不交往而比较疏远；

(10) 均为性格内向者。

谈话出现冷场，双方都会感到尴尬。但只要谈话者掌握住了破"冰"之术，及时根据情境设置话题，冷场是很容易被打破的：

1. 要学会拓展话题的领域

开始第一句话要注意的是使人人都能了解，人人都能发表看法，由此再探出对方的兴趣和爱好，拓展谈话的领域。如果指着一件雕刻说"真像某某的作品"，或是听见鸟唱就说"很有门德尔松音乐的风味"，除非知道对方是内行，否则不仅不能讨好，而且会在背后挨骂的。

如果不知道对方的职业，就不可胡乱问他，因为社会上免不了有人会失业，问他的职业无异于迫他自认失业，这对自尊心很重的人来说是不太好的。如果你想开拓谈话的领域而希望知道他的职业，只能用试探他的方法："先生常常去游泳吗？"如果他说"不"，你就可以问他是否很忙，"每天上哪儿消遣最多呢？"接下去探出他是否有固定工作。如果他回答"是"，你便可加上一句问他平时什么时候去游泳，从而判断他有无职业。如果他说是星期天或每天下午5时以后去，那无疑是有固定工作。

确定了别人有工作，才可问他的职业，这样就可以谈他的工作范围内的事情。如果不知对方有没有职业，或确知对方为失业者，那么还是谈别的话题为佳。

2. 风趣地接转话题

在谈话中善于抓住对方的话题，机智巧接答，可以使谈话变得风趣，从而使谈话活跃起来。有一个典型的例子：当我们夸奖对方取得的成绩时，总能听到这样的回答："一般、一般。"倘若我们不接着话茬说下去，就有点儿赞同对方的"一般"说法的意思，达不到接话说的目的。可以这样回答："'一般'情况尚且如此，那'二般'情况就可想而知了。"言外之意是说："你一般的情况才如此的话，我'二般'的情况就更不值得一提了。"这类答茬儿，一般是采用谐音、双关的手法，接住对方的话茬，作风趣的转答。

巧妙地接答对方的话茬，可以把原来的话题引向另一个话题，使谈话转变一个角度继续进行下去。

刘某是公司负责某一地区的销售业务员。公司为了加强和客户之间的联系，特举办了一年一度的"联谊会"。公司安排刘某在会议期间陪同他的客户顾某。他们路过一家商场，谈起了商场销售情况。末了，顾某深有感触地说："现在，市场竞争够激烈的。"刘某接过他的话茬儿说："就是。在你们单位工作的业务员也不少吧？"就这样刘某既把话题延伸下去，同时又把话题转向有利于自己的方向。

3. 巧妙析姓辨名

在气氛不活跃时，可以针对一些人的姓名进行别致地解释，其效果往往会出人意料，从而活跃了气氛。

4. 适时地提一些引导性的话题

提出引导性话题，可以给他人留下谈话时间和空间，特别是对于那些不善于当众讲话的人。这些话题可以根据对方的性格特点、兴趣爱好、职业性质等方面来设置。比如："近来工作顺利吧""听说你最近有件高兴的事，是什么呢""前一阵我见到你的孩子，学习怎么样"？先用这些听起来使对方温暖的话寒暄一下，便于开展谈话。对于那些在公司上班的人，可以探问对其公司的日常规则的看法，例如："你们公司每周都要举行升旗仪式，之后还要做早操、召开例会，你怎么看?"引导性话题应该注重可谈性和可公开性。对学文的不宜谈深奥的理科的问题，反之亦然。不宜在公开场合触及个人隐私，或者是背后议论他人等。如果引导性话题过于敏感，或者不是对方的兴趣爱好，或者过于深奥，超出了对方的知识结构等原因，对方也许不愿说，也许真的无话可说。提出这类话题，目的是让对方开口讲话，如果不能让对方讲，那还有什么意义呢？

在提一些引导性话题的时候，也要注意方法和策略，不要让对方感到难以回答或附和而已。比如："你是不是也觉得你们现在的厂长很能干?"人家要说赞同，他自己的确也有保留意见；要说是不赞同，而你已经认可了，他总不至于在你的面前进行反对吧，何况是说别人的坏话呢？这样的话题，处理得不好会让自己失去谈话的亲和力，适得其反。再者，也不要问些大而空的问题，让人不知从何说起，最好具体点儿。

如果是由于自己太清高、架子大，使人敬而远之而造成双方的沉默，那你在交谈中应该主动、客气及随和一些。

如果是由于自己太自负、盛气凌人，使对方反感而造成了沉默，则要注意谦虚，多想想自己的短处，适当褒扬对方的长处。

如果是由于自己口若悬河，讲起话来漫无边际、无休无止，而导致了对方的沉默，则要注意自己讲话适可而止，给对方说话的机会，不要让人觉得你是在做单方面的"传教"。

　　有时装作不懂事的样子，往往可以听取他人更多的意见。反之，你表现得太聪明，人家即使要讲也有顾虑，怕比不上你。如果我们用"请教"的语气说话，引起对方的优越感，就会引出滔滔话语。一般人的心理是总喜欢教人，而不喜欢受教于人。

　　冷场的出现，往往与"话题"有关。"曲高和寡"会导致冷场，"淡而无味"同样会引起冷场。不希望出现冷场的交谈者，应当事先做些准备，使自己有一点儿"库存话题"，以备不时之需。

第三章　铁齿铜牙：万条商河口来开

唱好谈判的序曲

谈判的开局是实质性谈判的序幕。"良好的开端是成功的一半"，开局的好坏直接关系整个谈判的前景。在开局阶段，人们的精力最充沛，注意力最集中，神经也最敏感。有经验的谈判人员都十分重视开局的工作。

有一个非常重要的任务：就是通过对己方情况的介绍，将一些有价值的、对己方有利的信息传递给对方，显示自己的实力。这对谈判的深入乃至双方最终达成协议都有非常重要的意义。

谈判各方要能在谈判开始时，使对方感到，己方已经获取有关谈判内容以及对方需要的信息。从一定意义上讲，信息就是实力。如果缺少必要的各种信息，即使最有经验的谈判人员也会一筹莫展，寸步难行。这就要求谈判人员在开局时要正确地利用各种信息，公开地、明确无误地阐明己方的立场，并努力捕捉对方的各种信息，以此制订谈判的方式与策略。同时，要把自己真正的利益、需要和关注的重要问题有策略地藏匿起来，不透露机密的信息。

A公司是一家实力雄厚的房地产开发公司，在投资的过程中，相中了

B公司所拥有的一块极具升值潜力的地皮。而B公司正想通过出卖这块地皮获得资金，以将其经营范围扩展到国外。于是双方精选了久经沙场的谈判干将，对土地转让问题展开磋商。

A公司代表："我公司的情况你们可能也有所了解，我公司是×公司、××公司（均为全国著名的大公司）合资创办的，经济实力雄厚，近年来在房地产开发领域业绩显著。在你们市去年开发的××花园，收益很不错，听说你们的周总也是我们的买主啊。你们市的几家公司正在谋求与我们合作，想把他们手里的地皮转让给我们，但我们没有轻易表态。你们这块地皮对我们很有吸引力，我们准备把原有的住户拆迁，开发一片居民小区。前几天，我们公司的业务人员对该地区的住户、企业进行了广泛的调查，基本上没有什么阻力。时间就是金钱啊，我们希望能以最快的速度就这个问题达成协议，不知你们的想法如何？"

"很高兴能与你们有合作的机会。我们之间以前虽没有打过交道，但对你们的情况还是有所了解的。我们遍布全国的办事处也有多家住的是你们建的房子，这可能也是一种缘分吧。我们确实有出卖这块地皮的意愿，但我们并不是急于脱手，因为除了你们公司外，兴华、兴运等公司也对这块地皮表示出了浓厚的兴趣，正在积极地与我们接洽。当然了，如果你们的条件比较合理，我们还是愿优先与你们合作的，可以帮助你们简化有关手续，使你们的工程能早日开工。"

上述例子是谈判者通过简单的自我介绍暗显实力的成功典范。我们不止一次地强调，谈判双方是为了满足各自某种需要才走到一起来的。因此，要想与对方达成合作，你必须有能力满足对方的需要，而且你要确知对方是否同样有能力满足你的需要。谈判对手的实力是谈判者最为关心的问题。

因此，通过信息的交流，介绍己方的实力，取得对手的信任，是进行深入谈判和取得谈判成功的前提和基础。好的谈判者都非常注意在谈判初始阶段通过恰当的方式显示自己的实力，取得对手的信任，让其放心地与你一起谋求合作。比如上文例子中 A 公司的代表通过介绍本公司的背景和在某市的经营业绩，使对手对其信用和经营能力充满信心，这为未来的合作打下了很好的基础。

一个谈判者，需要对手信任的方面很多。比如你需要使对手相信你是满足他需要的最佳人选，你就应在介绍己方的情况时表现出你的坦率、真诚和满足他的需要的实力；如果你要使对手相信你是个兼顾双方利益、真诚谋求合作的人，你就应努力体现出你的友好与公正等。你最好还要使对手相信他选择了一个最好的谈判对手。

谈判的帷幕就是在双方的自我介绍中拉开的，奏响的序曲能不能做一个好的铺垫至关重要。而这里的序曲也就是通过简洁、扼要的对己方情况的介绍来表现自己的实力，取得对方的信任，抢占谈判中的主动权。

调好谈判的温度

序幕拉开后，谈判双方正式亮相，开始彼此间的接触、交流、摸底，甚至冲突。当然这也仅仅是开始，它离达成正式协议还有相当漫长的过程。但是在谈判开始阶段，你首先要做好一项非常重要的工作，那就是营造洽谈的气氛，调节好一个最恰当的环境"温度"，它对谈判成败有着非常重要的关系。

谈判气氛是谈判对手之间的相互态度，它能够影响谈判人员的心理、情绪和感觉，从而引起相应的反应。倘若你经历过任何一次谈判，你对那次谈判的气氛都应该记忆犹新吧？那或许是冷淡的、对立的；或许是松弛的、旷日持久的；或许是积极的、友好的；也有严肃的、平静的；甚至还有大吵大闹的……

你也应当清楚，那种积极友好的气氛对一次谈判将有多大帮助，它使谈判者轻松上阵，信心百倍，高兴而来，满意而归。

卡耐基认为，对于任何谈判者而言，理想的气氛都应是严肃、认真、紧张、活泼。这可以说是总结了历来胜利而有意义的谈判气氛而得出的一个伟大结论。他建议每位谈判者努力为所进行的谈判营造这一良好气氛。

美国谈判学家卡洛斯认为，大凡谈判都有其独特的气氛。善于创造谈判气氛的谈判者，其谈判谋略的运用便有了很好的基础。我们有理由认为，合适的谈判气氛亦是谈判谋略的一个重要组成部分。良好的谈判气氛有助于谈判者发挥自己的能力。

谈判气氛有时是自然形成的，而多数情况下是人为营造的。不同的谈判气氛对谈判者来说都能感觉到。能运用谈判气氛影响谈判过程的谈判者自是精明之人，他们知道谈判气氛对谈判的成败影响很大。

谈判室是正式的工作场所，容易形成一种严肃而又紧张的气氛。当双方就某一问题发生争执，各持己见、互不相让，甚至话不投机、横眉冷对时，这种环境更容易使人产生一种压抑、沉闷的感觉。在这种情况下，我方可以建议暂时停止会谈或双方人员去游览、观光、出席宴会、观看文艺节目，也可以到游艺室、俱乐部等处娱乐、休息。这样，在轻松愉快的环境中，大家的心情自然也就放松了。更主要的是，通过玩游戏、休息、私下接触，双方可以进一步增进了解，消除彼此间的隔阂，增进友谊，也可以不拘形式地就僵持的问题继续交换意见，寓严肃的讨论于轻松活泼、融洽愉快的气氛之中。这时，彼此间心情愉快，人也变得慷慨大方。谈判桌上争论了几个小时无法解决的问题，在这儿也许会迎刃而解了。

谈判气氛形成后，并不是一成不变的。本来轻松和谐的气氛可以因为双方在实质性问题上的争执而突然变得紧张，甚至剑拔弩张，一步就跨入谈判破裂的边缘。这时双方面临最急迫的问题不是继续争个"鱼死网破"，而是应尽快缓和这种紧张的气氛。此时，诙谐幽默无疑是最有力的武器。

卡普尔任美国电报电话公司负责人时，在一次董事会上，众位董事对他的领导方式提出质疑，会议充满了紧张的气氛。人们似乎都已无法控制自己的情绪了。

一位女董事发难道："公司去年的福利你支出了多少?"

"900 万。"

"噢，你疯了，我真受不了！我要发昏了！"

听到如此尖刻的发难，卡普尔轻松地说了一句："我看那样倒好！"

会场意外地爆发了一阵难得的笑声，连那位女董事也忍俊不禁。紧张的气氛也随之缓和下来了。

活跃气氛的另一种绝好方法就是寒暄。

寒暄又叫打招呼，是人与人建立语言交流的方法之一。它能使不相识的人相互认识，使不熟悉的人相互熟悉，使单调的气氛活跃起来，为双方进一步攀谈架设桥梁、沟通情感。

刚与对手见面时，必定要说几句客套话，虽是客套，可也非常重要，值得注意。数分钟的寒暄，有助于气氛的融洽，有助于商谈正题气氛的营造。如果刚见面就开门见山，单枪直入，很容易让人觉得突兀，态度不免就会强硬，不利于商谈的展开。

邓小平和英国女王及其丈夫爱丁堡公爵会谈前的寒暄是富有启发意义的。

邓小平迎上前去，对女王说："见到你很高兴，请接受一位中国老人对你的欢迎与敬意。"

接着，邓小平说："这几天北京的天气很好，这也是对贵宾的欢迎。当然，北京的天气比较干燥，要是能'借'一点儿伦敦的雾就更好了。我小时候就听说伦敦有雾。在巴黎时，听说登上巴黎铁塔，就可以望见伦敦的雾。我曾经登上过两次，可是很遗憾，天气都不好，没能看到伦敦的雾。"

爱丁堡公爵说："伦敦的雾是工业革命时的产物，现在没有了。"

邓小平风趣地说："那么，'借'你们的雾就更困难了。"

爱丁堡公爵说："可以借点儿雨给你们，雨比雾好，你们可以借点儿阳光给我们。"

这种寒暄，双方都说得十分高雅而得体。

邓小平的话说明英国贵宾到来不仅占人和（中英友好），而且占天时（天气很好），也点明了邓小平在法国的经历，还表明了他对雾都伦敦的认识和了解。

爱丁堡公爵的答话流露出对英国环境治理成效显著的自豪感。至于借雨、借阳光，多少隐含着双方互通有无的意向。

可见，谈判前的寒暄对谈判气氛的营造能起到意想不到的作用。

总的来说，为了创造出一个合作的、良好的谈判气氛，谈判人员应做到：

寒暄恰到好处。在进入谈判正题之前，一般都有一个过渡阶段，在这阶段双方一般要互致问候或谈几句与正题无关的问题。如来会谈前各自的经历、体育比赛、个人问题以及以往的共同经历和取得的成功等，使双方找到共同语言，为心理沟通做好准备。切记不要涉及令人沮丧的话题。

动作自然得体。动作和手势也是影响谈判气氛的重要因素。特别值得注意的是，由于各国、各民族文化、习俗的不同，对各种动作的反应也不尽相同。比如，初次见面时的握手就颇有讲究，有的外宾认为这是一种友好的表示，给人以亲近感；而有的外宾则会觉得对方是在故弄玄虚、有意谄媚，就会产生一种厌恶感。因此，谈判者应事先了解对方的背景、性格特点，区别不同的情况，采用不同的形体语言。

破题引人入胜。如果说开局是谈判气氛形成的关键阶段，那么破题则是关键中的关键，就好比围棋中的"天王山"，既是对方之要点，也是我方之要点，因为双方都要通过破题来表明自己的观点、立场，也都要通过破题来了解对方。由于谈判即将开始，难免会心情紧张，因此若出现张口结舌、言不由衷或盲目迎合对方的现象，这对下面的正式谈判将会产生不良的影响。为了防止这种现象的发生，应该事先做好充分准备，做到有备而来。比如，可以把预计谈判时间的 5% 作为"入题"阶段，若谈判准备进行 1 小时，就用 3 分钟时间沉思；如果谈判要持续几天，最好在谈生意前的某个晚上，找机会请对方一起吃顿饭。

讲究表情语言。表情语言是无声的信息，是内心情感的表露，包括形象、表情、眼神等。谈判人员是信心十足还是满腹狐疑、是轻松愉快还是紧张呆滞，都可以通过表情流露出来。是诚实还是狡猾，是活泼还是凝重，也都可以通过眼神表示出来。谈判人员应时刻注意自己的表情，通过表情和眼神表示出自信以及友好、合作的愿望。

察言观色。开局阶段的任务不仅仅是营造良好的气氛，还要敏锐地捕捉各种信息，如对方的性格、态度、意向、风格、经验等，为以后的谈判工作提供帮助。

既要唱"红脸"，又要唱"白脸"

在商务谈判中，当谈判一方处于被动或劣势的时候，可以运用"绵里藏针"的技巧，先软后硬，硬了再软，一波三折，软硬交替，来促使谈判成功。

有这样一个生动的例子：

1923年，苏联国内食品短缺，苏联驻挪威全权贸易代表柯伦泰奉命与挪威商人洽谈购买鲱鱼。

当时，挪威商人非常了解苏联的情况，想借此机会大捞一把，他们提出了一个高得惊人的价格。柯伦泰竭力进行讨价还价，但双方的差距还是很大，谈判一时陷入了僵局。柯伦泰心急如焚，怎样才能打破僵局，以较低的价格成交呢？低三下四是没有用的，而态度强硬更会使谈判破裂。她冥思苦想终于想出了一个办法。

当她再一次与挪威商人谈判时，柯伦泰十分痛快地说："目前我们国家非常需要这些食品，好吧，就按你们提出的价格成交。如果我们政府不批准这个价格的话，我就用自己的薪金来补偿。"

挪威商人一时竟呆住了。

柯伦泰又说："不过，我的薪金有限，这笔差额要分期支付，可能要一辈子。如果你们同意的话，就签约吧！"

挪威商人们被感动了，经过一番商议后，他们同意降低鲱鱼的价格，按柯伦泰的出价签订了协议。

柯伦泰的忠诚和才干，特别是她在谈判处于不利的形势下采取"绵里藏针"的技巧，赢得了谈判的成功，购得了人们需要的食品，得到了政府和人民的赞扬。第二年，她被任命为苏联驻挪威王国特命全权大使，成为世界上第一个女外交家。

一味地用和气、温柔的语调讲话，一个劲儿地谦虚、客气、退让，有时并不能让对方信赖、尊敬及让步，反而会使一些人误认为你必须依附于他，或认为你是个软弱的谈判对手，可以在你身上获得更多、更大的利益。

相反，如果你一开始就以较强硬的态度出现，从面部表情到言谈举止，都表现高傲、不可战胜、一步也不退让，那么留给对方的将是极不好的印象。这样会使对方对你的谈判诚意持有异议，而导致失去对你的信赖和尊敬。

正确的做法应当是"软硬兼施"。须知，强硬与温柔相结合，能使人的心态发生很大的变化。强硬会使对方看到你的决心和力量，温柔则可使对方看到你的诚意，从而可以增强信任和友谊。在商务谈判中，软硬兼施的策略被谈判者普遍采用。凭软的方法以柔克刚，又用硬的手段以强取胜。软硬兼施的方法通常还可以由两个人来实行。

在谈判中，本方由一个成员扮演强硬派角色，坚持提出较高的要求，不轻易退却，努力捍卫本方的利益；由另一位成员扮演合作者角色，他在开始时并不马上参与意见，而是保持沉默，既维护好与对手的关系，又不损害本方强硬人物的"面子"。他要善于观察谈判形势的发展变化，适时地参与进来提出建议或做出某些让步。这也就是我们俗称的"红白脸"

策略。

在运用红白脸策略时，对以下几点要领应注意把握：

（1）从红脸、白脸的角色分配来看，两种角色的分配应和本人的性格特征基本相符，即扮"红脸"者应态度温和、经验丰富、处事圆滑、言语平缓、性格沉稳；而扮"白脸"的人则应雷厉风行、反应迅速、善抓时机、敢于进攻、言语有力。如果让性格特征不相称的人去扮演这种角色，就会出现强硬派硬不上去，而红脸反倒硬了起来，结果导致希望和实际效果不符，场面一团糟，反倒使对方有机可乘，乘虚而入。

（2）两种角色一定要注意相互配合，看准时机，把握火候，在"白脸"发动强攻时，"红脸"就要充分注意对方的反应，如果对方以牙还牙，以硬对硬，"红脸"就要在适当的时候出面调停，让"白脸"有台阶下，否则，"白脸"收不了场，而"红脸"又不及时出面，就可能使谈判僵持、暂停或是破裂。

（3）在使用红白脸策略时，要求担任"白脸"角色的人既要善于进攻，但又必须言之有理、讲究礼节，不肯轻易让步，但不是胡搅蛮缠。而"红脸"也不能过于软弱，要掌握好分寸，既要掌握好让步的分寸，也要适度使用语言。

（4）从角色的分工来看，"红脸"一般由主谈人来充当，"白脸"由助手来充当，因为从红白脸策略的整体特点来看，"红脸"掌握着让步的分寸，总揽全局，而且从心理学角度来讲，"红脸"的观点也易为对方所接受，所以这样分工比较合适。

投石问路让对方亮出底牌

投石问路策略是指买主在谈判中为了摸清对方的虚实，掌握对方的心理，通过不断地提问来了解直接从卖方那儿不容易获得的诸如成本、价格等方面的尽可能多的资料，以便在谈判中做出正确的决策。

比如，一位买主要购买 3000 件产品，他就可以先问如果购买 100、1000、3000、5000 和 1 万件产品的单价分别是多少。一旦买主给出了这些单价，敏锐的买主就可从中分析出卖主的生产成本、设备费用的分摊情形、生产的能力、价格政策、谈判经验丰富与否。最后买主能够得到购买3000 件产品非常优惠的价格，因为很少有卖主愿意失去这样大数量的生意。

买主经常运用投石问路策略，通常都能问出很有价值的资料，知道的资料越多，就越能做出有利的选择。一般说来，可提出这样一些问题：

如果我们订货的数量加倍，或者减半呢？

如果我们建立长期合作关系呢？

如果我们同时购买几种产品呢？

如果我们分期付款呢？

如果我们自己运输呢？

如果我们淡季订货呢？

如果我们要求改变规格式样呢？

如果我们提供原材料呢？

每一个问题都好比一颗石头，掷向对方内心，落地有声，你要小心听"音"。

有这样一个眼镜师（谈判者）向顾客（谈判对方）索要高价的小故事。顾客向眼镜师问价："要多少钱？"眼镜师回答："10 美元。"如果顾客没有不满的反应，他便立即加上一句"一副镜架"，实际上就成了"10 美元一副镜架"。然后他又开口"镜片 5 美元"，如果顾客仍没有异议，狡猾的眼镜师就会再加上一句"一片"。这里，眼镜师运用了投石问路的方法，通过观察、判断顾客的反应，达到了自己的目的。

有目的地向对方提出各种问题，是摸清对方底细、掌握对方情况的重要手段。因此，所提问题的内容、方式以及问题提出的时间等都要好好考虑。

美国谈判专家尼尔伦伯格曾与他人合伙购买了地处纽约州布法罗市的一家旅馆。他对旅馆经营的业务一无所知，所以，他事先就讲好了对该项业务的经营不承担任何责任。谁知事不凑巧，协议刚签署几天，那位合伙人就因患重病不能经营旅馆了。怎么办？尼尔伦伯格没有其他的选择，只好亲自去经营旅馆。当时，该旅馆的生意很不景气，月亏损额高达1.5万美元。3天之后，尼尔伦伯格将要被当作纽约市旅馆管理的"行家"去布法罗市走马上任，并亲自指挥500名员工的工作。他焦急万分，首先找来了哈佛商学院有关管理的书籍、资料潜心钻研，结果收效甚微。他坐在办公室里冥思苦想，突然一个念头闪过：500名员工绝不会想到一个外行会冒着风险来经营一个亏损严重的旅馆的，他们会认为我是一个这方面的专家，那么，我就去扮演一个经营旅馆的专家吧。尼尔伦伯格到了旅馆后，便从早到晚每15分钟接见一个人。他广泛地接触了管理人员、厨师、使役和勤杂人员，在和他们的谈话中了解了不少情况。他和员工的谈话是这样进行的：当每一个人走过尼尔伦伯格的办公室时，他都是皱着眉头对员工说，他们不适合继续留在旅馆里工作。人们一个个都感到愕然。接着，他说："我怎么能留用如此无用的人呢？看来你还像是个能干的人，但我不能容忍这种荒唐的事情再继续下去了。"这时，凡谈话的每位员工都竭力为自己过去的行为巧言辩解，并表示愿意接受批评，好好工作。于是，尼尔伦伯格继续说："要是你能向我表明，你至少还懂得怎样去做，并使我相信，你已经知道事情错在哪里，那么，我们或许还能一起干下去。"就这样，尼尔伦伯格从员工们那里了解到了旅馆亏损的原因所在，以及许多改进旅馆经营管理的新建议、新措施和新方法。他将这些方法一一付诸实现。结果，第一个月亏损降到1000美元，第二个月就赢利3000美元，从而使旅馆的亏损局面得到了彻底扭转。

谈判者为了在谈判中处于有利地位，有更多的回旋余地，往往采取严密的保密措施，力求不让对方抓住任何与本方"底牌"有关的蛛丝马迹。在这种情况下，直接发问是无效的，只有采取迂回作战，施展一些策略，运用一些技巧才会有所收获。

一位供货商在与某厂采购经理的谈判中，想提高产品的价格，但他并没有直接探询对方的反应，而是聊了一些似乎不着边际的话。

"我们想提高产品的质量，因此想知道你们厂对我们的产品有什么意见，最好能帮助我们提供一些数据，我们好及时改进。"

"嗯，你们的产品质量还是不错的，至于数据吗，我可以在谈判后替你收集一些。不过据实验人员反应，你们产品的各项检测指标均优于我们曾用过的产品。"

"噢，非常感谢。据说你们厂这两年的效益非常好，规模越来越大，产品几乎没有任何积压。"

"可不是，几十条生产线昼夜不停，产品、原料都是供不应求，可忙坏我了。"

供货商听到这里，露出一丝不易察觉的微笑。

聪明的读者，你知道供货商为什么笑吗？

在这段似乎不着边际的谈话中，供货商探测到了对己方非常有利的两条信息：一是本方提供的产品在该厂的信誉非常好；二是对方的库存原料已经供不应求，存料马上就要用光。工厂正面临着极大的压力，希望尽早结束谈判以使生产不致因为原材料的缺乏而受到影响。不知不觉间，对方自亮了"底牌"。

供货商要想提高产品价格，就必须知道对方的弱点所在，并在此基础上给对方制造压力，让对方不得不让步。但他如果直接问采购经理"我们的产品在你们厂曾用过的产品中是不是最好的"？同样久经沙场的采购经理绝对不会轻易给他肯定的回答，把他送上谈判中的有利位置。于是供货商转换了角度，以对顾客负责的姿态出现，询问对方对改进产品质量的意见，使采购经理放松了警惕，轻易就把本厂对该产品的评价和盘托出。

可见投石问路的关键并不完全在于"问"，而是"引"。最根本的要领是提到点子上，听出话外音。

吹毛求疵让对方压低价格

作为谈判一方，卖主经常会碰到一些买主利用这种战术来讨价还价。他们先是对商品横挑鼻子竖挑眼，接着就会提出一大堆的问题和要求。这些问题有些是真实的，属于商品自身存在的缺陷；有的只是对方的夸大其词，用来虚张声势的。他们之所以这样做，只是为了达到以下三个目的：第一，让卖主知道，他的对手是位精明强干的人，不会轻易地受人欺骗；第二，迫使卖主一再地降低商品的价格；第三，替自己争取更为有利的讨价还价的地位。

这种谈判方法在商贸交易中已被无数事实证明，不但是行得通的，而且卓有成效。有人曾做过试验，证明双方在谈判开始时，倘若要求越高，则所能得到的也就越多。因此，许多买主总是一而再、再而三地运用这种战术。

在商务谈判中，谈判者如能巧妙地运用吹毛求疵的策略，会迫使对方降低要求，做出让步。这种方法是讨价还价的主要战术之一。买方先是挑剔个没完，提出一大堆意见和要求，这些意见和要求有的是真实的，有的只是出于策略需要的吹毛求疵。这样做的目的主要是使卖主把卖价的标准降低，使自己有讨价还价的余地，让对方知道自己是很精明的，不会轻易地被他人欺骗蒙蔽。

有一次，某百货商场的采购员到一家服装厂采购一批冬季服装。采购员看中一种皮夹克，问服装厂经理："多少钱一件？""500元一件。""400元行不行？""不行，我们这是最低售价了，再也不能少了。""咱们商量商量，总不能要什么价就什么价，一点儿也不能降吧？"服装厂经理觉得，冬季马上到来，正是皮夹克的销售旺季，不能轻易让步，所以很干脆地说："不能让价，没什么好商量的。"采购员见话已说到这个地步，没什么希望了，扭头就走了。

过了两天，另一家百货商场的采购员又来了。他问服装厂经理："多少钱一件？"回答依然是 500 元。采购员又说："我们会多要你的，采购一批，最低可多少钱一件？""我们只批发，不零卖。今年全市批发价都是 500 元一件。"这时，采购员不急于还价，而是不慌不忙地检查产品。

过了一会儿，采购员讲："你们的厂子是个老厂，信得过，所以我到你们厂来采购。不过，你的这批皮夹克式样有些过时了，去年这个式样还可以，今年已经不行了；而且颜色也单调，你们只有黑色的，而今年皮夹克的流行色是棕色和天蓝色。"他边说边看其他的产品，突然看到有一件缝制得马虎，口袋有裂缝，马上对经理说："你看，你们的做工也不如其他厂子精细。"他仍边说边检查，又发现有件衣服后背的皮子不好，便说："你看，你们这衣服的皮子质量也不好。现在顾客对皮子的质量要求特别讲究。这样的皮子和质量怎么能卖这么高的价钱呢？"

这时，经理沉不住气了，并且自己也对产品的质量产生了怀疑，于是用商量的口气说："你要真想买，而且要得多的话，价钱可以商量。你给个价吧！""这样吧，我们也不能让你们吃亏，我们购 50 件，400 元一件，怎么样？""价钱太低，而且你们买的也不多。""那好吧，我们再多买点儿，买 100 件，每件再多 30 元，行了吧？""好，我看你也是个痛快人，就依你的意见办！"于是，双方在微笑中达成了协议。

在这个例子中，前一个采购员为什么没有成功，而后一个采购员谈判却成功了呢？原因就是后者在谈判中采用了吹毛求疵的策略。后面这位采购员不急于跟卖主讨价还价，而是百般挑剔，提出一大堆问题和要求，使卖主感到买主是很精明的，而且很内行，不会被人轻易欺蒙，从而被迫降价。

但是，如果从相反的立场来说，作为卖方或者资方的谈判者，又该如何对抗这种吹毛求疵的战术呢？谈判专家卡洛斯指出：

（1）必须很有耐心。面对对方的问题，千万不要轻易让步，以免刺激对方的欲望。那些虚张声势的问题迟早会露出破绽，失去威胁性。

（2）遇到实际问题，不要躲闪回避，要开门见山地和买方恳谈。如果可能，要运用私下讨论的便利。

（3）对于某些是问题又不是问题的要求，要巧妙地"忽略"它们。

（4）当对方借助问题在浪费时间、节外生枝，或做无谓的挑剔时，必须及时提出抗议。

（5）向对方建议一个具体而"彻底"的解决办法，而不去纠缠枝节问题。

报价要有原则，不给对方留把柄

如果将价格谈判放到实力较量的范畴内来研究，那么价格的高低，报价的习惯，可调整的幅度、次数和速度，都可以看作是谈判者实力的表现。

报价，不仅仅是价格方面的要求，还泛指谈判双方在洽谈项目中的利益要求，即其想达到的目的。谈判双方在经过摸底，明确了交易的具体内容和范围之后，提出各自的交易条件，表明自己的立场和利益。

谈判双方通过报价来表明自己的立场和利益要求。但是，任何一方在阐述自己要求的时候，都不会把自己的底价透露给对方，而总是要打个"埋伏"，给自己留下讨论协商、讨价还价的空间，或者以优于底价的条件成交，超过既定目标，完成谈判；或者以不低于底价的条件成交，完成谈判的既定目标。正因为双方都有这种考虑，所以，在报价的时候一定要极其谨慎。

报价的方式可以是"横向铺开"，也可以是"纵向展开"。所谓"横向铺开"，就是对自己的立场观点不做深入的讨论，而是把自己方面的利益要求做一个全面完整的陈述，求全而非深。"纵向展开"，就是对所要讨论的各个问题，逐个展开协商，深入下去，谈完一个再谈另一个。

报价的内容包括：我方认为这次洽谈应该包括的问题；双方的利益要求；我方可以让步的方面。当然，这种开诚布公的报价，只是在互相比较熟悉的老对手之间才可以采用。和陌生不了解的洽谈对手进行谈判，则不能这样报价，也不可能得到对方这样的明确报价；这时候，就要采取旁敲侧击的方法，尽量明确对方的报价。

在报价阶段，各方只是阐述自己的利益要求，所以听取的一方为了达到自己的目的，一定要认真听取对方的报价，尽量全面完整地理解对方的报价，抓住对方的主要利益要求和次要方面，以便将来跟对方压价。

对自己利益的陈述和表达要注意方式和语气。因为报价的目的是为了表明立场和态度，而不是挑战，所以要注意以和为贵。当一方陈述完毕，另一方就可以再陈述自己的立场和观点，为了调节气氛，也可以先讲一下双方已经达成一致意见的方面。

在报价的过程中还应该注意一个"随机应变、留有余地"的原则。

由于报价事关整个交易的各项条件，所以在一般情况下，报价不是一成不变的。所以谈判人员在报价时，不要把条件说得过于坚决，给对方一个"只此一条，别无选择"的印象。如果在报价时保留一个比较宽松的余地，那么在后来的谈判中当对方向你提出了某种可以使你满足的要求时，你就有了进一步讨价还价的条件。这种策略也是商务谈判人员经常使用的策略。

留有余地的策略在西欧式的报价方法中体现得较为明显。

西欧式的报价方法与我们前面所介绍的报价方法是一致的。一般的做法是，谈判人员在报价时，首先提出一个留有较大余地的价格条件，其后再根据买卖双方的实力对比和外部竞争状况，通过其他方法来争取买方，如给予数量折扣、价格折扣、佣金和支付条件上的优惠等，稳住买方，使双方的差距逐步缩小，最终达成成交的目的。由于有时报价方所留余地是非常大的，所以即使做了有限的让步也是在余地之中，不但不会吃亏，反而往往会有一个不错的结果。

这一策略是和一般买方的心理相适应的，因为对于一般人来说，总是习惯于价格由高到低逐步下降，而不是由低到高。

谈判人员在报价中保留余地时，同样应注意商务谈判中语言运用的一般规则，即应当态度诚恳、观点明确、简明易懂。

关于先报价与后报价之利弊，很多人认为最好后报价，这样不容易被人"摸底"，其实不然，先报价有弊也有利。

先报价的有利之处在于：一方面，先报价对谈判的影响较大，它实际上等于为谈判划定了一个框架或基准线，最终协议将在这个范围内达成。比如，卖方报价某种计算机每台 1000 美元，那么经过双方磋商之后，最终成交价格一定不会超过 1000 美元这个界限的。另一方面，如果本方的谈判实力强于对方，或者说与对方相比在谈判中处于相对有利的地位，那么本方先报价就是有利的。尤其是当对方对本次交易的行情不太熟悉的情况下，先报价的利更大。因为这样可为谈判先划定一个基准线，同时，由于本方了解行情，还会适当掌握成交的条件，对本方无疑是利大于弊。

先报价的弊在于：一方面，对方听了我方的报价后，可以对他们自己原有的想法进行最后的调整。由于我方的先报价，对方对我方的交易条件的起点有所了解，他们就可以修改原先准备的报价，获得本来得不到的好处。正如上边所举例子，卖方报价每台计算机 1000 美元，而买方原来准备的报价可能为 1100 美元一台。这种情况下，很显然，在卖方报价以后，买方马上就会修改其原来准备的报价条件，于是其报价肯定会低于 1000 美元。那么对于买方来讲，后报价至少可以使他获得每台节省 100 美元的好处。

先报价如果出乎对方的预料和设想，往往会打乱对方的原有部署，甚至动摇对方原来的期望值，使其失去信心。比如，卖方首先报价，某货物 1000 美元一吨，而买方却只能承受 400 美元一吨，这与卖方报价相差甚远，即使经过进一步磋商也很难达成协议，因此，只好改变原来部署，要么提价，要么告吹。总之，先报价在整个谈判中都会持续地起作用。因此，先报价比后报价的影响要大得多。

总之，报价要注意几个原则：不激进、不保守，保持坚定、明确、完整、果断，不要给对方留有把柄。

把握火候，及时给对方下最后通牒

在谈判过程中，对于某些双方一时难以达成协议的问题，不要操之过急地强求解决，而要善于运用限定期限的谈判策略，规定出谈判的截止日期。在限定期限不可避免地来临之时，迫于限期的无形压力，对手就会放弃最后的努力，甚至迫不得已地改变原先的主张。这种策略又被称为"死线"。

在美国某乡镇有一个由 12 个农夫组成的陪审团。在一次案件的审理过程中，陪审团中 11 个人认定某被告有罪，只有 1 个人表示了不同的看法，认为该被告无罪。由于陪审团的判决只有在其全体成员一致通过的情况下才能成立，于是陪审团中认定被告有罪的这 11 个人花了将近一天的时间劝说表示不同看法的那个人。此时，忽然天空中乌云密布，眼看一场大雨就要来临。那 11 个农夫急着要在大雨之前赶回去，收回晒在外面的干草。可是，持不同意见的这位农夫仍然不为所动，坚持己见。那 11 个农夫急得像热锅上的蚂蚁，他们的立场开始动摇了。随着"轰隆"一声雷鸣，那 11 个农夫再也等不下去了，转而一致投票赞成持不同意见农夫的意见：宣判被告无罪。

在谈判中，有些谈判者支出架子准备进行艰难的拉锯战，而且他们也完全抛开了谈判的截至期。此时，你的最佳防守兼进攻策略就是出其不意，发出最后通牒，提出时间限制。这一策略的主要内容是，在谈判桌上给对方一个突然袭击，改变态度，使对手在毫无准备且无法预料的形势下不知所措。对方本来认为时间挺宽裕，但突然听到一个要终止谈判的最后期限，而这次谈判成功与否又与自己关系重大，不可能不感到手足无措。由于他们很可能在资料、条件、精力、思想、时间上都没有充分准备，在经济利益和时间限制的双重驱动下，会不得不屈服，在协议上签字。

美国底特律汽车制造公司与德国谈判汽车生意时，就是运用了限定期限而达到了谈判目标。当时，由于双方意见不一致，谈判一个多月没有结果，同时，别国的订货单又源源不断。这时，美国底特律汽车制造公司总经理下了最后通牒，他说："如果你还迟迟不下定决心的话，5天之后就没有这批货了。"眼看所需之物抢购殆尽，德方不由自主地焦急起来，立刻就接受了谈判条件，于是，一场持久的谈判才告结束。底特律汽车制造公司使用的就是限定期限，迫使对方最后做了让步。可见，在某些关键时刻，这种方法还是大有裨益的。

在商务谈判中，有时为了某种协议的需要，还采用一种虚假的、人为的限定期限，又称为"最后期限陷阱"。一位客户要求美国一家保险公司偿付一笔赔偿费。保险公司开始答应得很痛快，并且其清算赔偿人还特意告诉客户，他下个星期一就要去度假了，所以建议客户最好在本周星期五把所有的资料都带到保险公司去，他们稍作检查后，就马上开支票给他，以了结此案。这位客户信以为真，于是加班加点辛苦，终于在星期五下午把一切资料都准备妥当。到了保险公司，当清算赔偿人检查完资料之后，很抱歉地对客户说还必须向上级请示一下，等他请示回来以后，却遗憾地对客户说，公司只能赔偿所要求的数额的一半。这位客户顿时感到不知所措，因为他面临一个十分不利的谈判形势：要么他马上同保险公司谈判，匆匆做出决定；要么他必须等待清算赔偿人度假回来再做打算。其实，那位清算赔偿人根本就没安排度假，这只不过是一个限定期限陷阱，用以冷却客户的赔偿要求。保险公司借助于一个虚假的建议和一个虚假的最后期限，赢得了这场谈判的胜利。

当然，要想成功地运用这一策略来迫使对方让步，你还须具备如下条件：

（1）最后通牒应令对方无法拒绝。发出最后通牒，必须是在对方进退两难的情况下，对方想抽身，但为时已晚，因为此时他已为谈判投入了许多金钱、时间和精力，而不能在谈判刚开始，对方有路可走的时候发出。

（2）最后通牒应令对方无还手之力。如果对方能进行有力地反击，就无所谓最后通牒。你必须有理由确信对方会照自己所预期的那样做。

（3）发出最后通牒言辞要委婉。必须尽可能委婉地发出最后通牒。最后通牒本身就具有很强的攻击性，如果谈判者再言辞激烈，极度伤害了对方的感情，对方很可能由于一时冲动铤而走险，一下子退出谈判，这对双方均不利。

但是当对手运用这一招时，我们该如何处理呢？

首先，要知道最后通牒的真伪。也许对方的最后通牒只是一个唬人的东西，那么，就应该针锋相对，做出绝不退让并退出谈判的表示。但同时，又要让对方有台阶可下，告知对方，如果他们对谈判有新的设想的话，可继续谈判。

其次，如果对方的最后通牒是严肃的，那么就应该认真权衡一下，看看做出让步达成交易与拒绝让步、失去交易这两者之间，究竟谁轻谁重，再做决策。

最后，如果不得不接受对方的最后通牒，向对方做出让步，那么可以考虑改变其他交易条件，力争在其他交易条款上捞回自己失去的好处，即既令对方有利可图，己方又毫无损失。

与五大谈判对手周旋的策略

有人戏称谈判是一场顽强的性格之战。因为我们要接触的谈判中的对手可能千差万别，无论经验如何丰富，也很难做到万无一失。因此，对于各种不同的谈判对象，可以视其性格的不同而加以调整，采取不同的策略。

1. 强硬的对手

强硬型的谈判对手情绪表现得十分激烈，态度强硬，在谈判中趾高气扬，不习惯也没耐心听对方的解释，总是按着自己的思路，认为自己的条件已经够好的了。尽管这种一厢情愿式的主观认识十分愚蠢可笑，但是他们仍然乐此不疲。

如果你遇到这样的谈判对手，你最好做好各种心理准备，准备应付各种尴尬场面，并在耐心的基础上理直气壮地提出你的理由。

强硬派总是咄咄逼人，不肯示弱。有的也许会什么也不说，有的干脆一口回绝，绝无回旋的余地。强硬派之所以如此"硬"，当然有一点原因不可否认，那就是他们拥有自身的优势，也有性格使然。自身拥有优势者总是待价而沽，囤积居奇；他们不愁他们的东西卖不出去。

在谈判之中，表现强硬的一方很多时候是受了其上司的指示而故意这么做的。所以遇到这种情况，你可以直接去找对方的上司诉苦或申诉，要求他答应你的条件，解决你遇到的问题。

对你来说，损失的不过是一些时间而已，而为了自己的正当权益不受损害，这些时间的损失也值得。

当然，你去找对方的上司时最好不要满脸怒气、高声吼叫，要明白你到这里来的目的是求得和解。所以，你最好心平气和，把事件发生过程向对方仔细陈述，表明你受的损害有多么大，希望得到哪些补偿等。

找对方的上司不失为一个好办法，这样既可避免谈崩，又可借着上司的行政压力而解决问题。所以，这也是取胜的保证。

2. 坦率的对手

这种人的性格使得他们能直接向对方表示出真挚、热烈的情绪。他们十分自信地步入谈判大厅，不断地发表见解。他们总是兴致勃勃地开始谈判，乐于以这种态度取得经济利益。在磋商阶段，他们能迅速把谈判引向实质阶段。他们十分赞赏那些精于讨价还价、为取得经济利益而施展手段的人。他们自己就很精于使用策略去谋得利益，同时希望别人也具有这种才能。他们对"一揽子"交易怀有十足的兴趣。作为卖者，他希望买者按照他的要求做"一揽子"说明。所谓"一揽子"意指不仅包括产品本身，而且要介绍销售该产品的一系列办法。

他们会把准备工作做得完美无缺，他们直截了当地表明希望做成的交易、准确地确定交易的形式、详细规定谈判中的议题，然后准备一份涉及所有议题的报价表，陈述和报价都非常明确和坚定。死板的人不太热衷于采取让步的方式，讨价还价的余地大大缩小。与之打交道的最好办法是应该在其报价之前即进行摸底，阐明自己的立场；应尽量提出对方没想到的细节。

3. 攻击性强的对手

遇到攻击型的谈判对手，最好避其锋芒，击其要害。攻击型其实是有别于强硬型的一种。强硬型的谈判对手有时仅仅采取防御姿态坚持自己的原则立场，而攻击型却是有目的、有针对性地向你进攻，迫使你屈服，不给你反抗的余地。

攻击型的对手往往能寻找到一些理由加以攻击，并不是无中生有，因此，面对攻击型的对手如何应付就成了个难题。

攻击型的对手表面上看并不都是那么吓人，击败他的关键之处是要找到要害，也就是其理由不足之处。掌握了这一点，你也可以套用对付强硬派的手法来对付他，只要对方的气焰一灭，你再采用有理有节的方法与之对垒，用让他害怕的方式来威胁他，使他明白事情的轻重，不敢再闹。

对付这类人，当事人必须注意的就是切莫惊慌，惊慌往往自乱阵脚；也不要过于愤怒，过于愤怒会没有分寸。自乱阵脚而失去分寸，那必受害无疑。

4. 搭档型的对手

搭档型的谈判对手或隐或显，虚实相间，最令人防不胜防。

搭档型的表现是当谈判开始时，对方只派一些低层人员作为主谈手。等到谈判进入到快要达成协议时，真正的主谈手突然插进来，表示刚才的己方人员无权做决定，或是刚才的价格过低，或者是时间不能保证。当你表示失望或觉得一切都完了的时候，对方会说："如果你确实急需，我也可以卖给你，但至少在价格上要做些调整……"你此时往往无可奈何。因为谈判进行到这个时候，你已完全摊开了底牌，对方已掌握了你谈判的一切秘密，如果你想达成协议，除了做出让步外别无他法。

当然，谈判必须是在有准备的情况下进行。谈判之初，你必须了解对手是否有权在协议书上签字，如果他表示决定权在他的上司那里，那你应坚决拒绝谈判。但是，也有另外的办法来应付这种情况。那就是，既然对手派的是下层人员与你谈判，你也不妨让下属人员去谈判或由别人代替你去谈判，待草签协议之后，你再直接与对方掌权之人谈判，这样，你将获得较大的转换空间，不至于到关键时刻被别人牵着鼻子走。

5. 犹豫的对手

在这种人看来信誉第一重要，他们特别重视开端，往往会在交际上花很长时间，其间也穿插一些摸底。经过长时间、广泛的、友好的会谈，增进了彼此间的了解，也许会出现双方共同接受的成交可能。与这种人做生意，首先要防止对方拖延时间和打断谈判，还必须把重点放在制造谈判气氛和摸底阶段的工作上。一旦获得了对方的信任就可以大大缩短报价和磋商阶段，尽快达成协议。

以上所举 5 种人经常能遇到，总结经验，以下 6 种策略可以尝试：

（1）坚持一切按规矩办事。强硬型、坦率型、搭档型都会强迫你接受他们的条件，你应拒绝受压迫，而且坚持公平的待遇。

（2）当对方采取极端立场威胁你时，可以请他解释为什么会产生这样极端的要求，可以说："为了让我更了解如何接受你的要求，我需要更多了解你为什么会这样想。"

（3）沉默是金。这是最有力的策略之一，尤其是对付两极派，不妨这样说："我想现在不适合谈判，我们都需要冷静一下。"

（4）改变话题。在对方提出极端要求时，最好假装没听到或听不懂他的要求，然后将话锋转往别处。

（5）不要过分防御，否则就等于落入对方要你认错的圈套。在尽量听完批评的情况下，再将话题转到"那我们针对你的批评如何改进呢?"

（6）避免站在自己的立场上辩解，应多问问题。只有问问题才能避免对方进一步的攻击。尽量问"什么"，而避免问"为什么"。问"什么"时，答案多半是事实，问"为什么"时，答案多半是意见，就容易有情绪。

花点儿工夫在倾听上

注意倾听是给人留下良好印象、改善双方关系的有效方式之一。因为专注地倾听别人讲话，则表示倾听者对讲话人的看法很重视，能使对方对你产生信赖和好感，使讲话者形成愉快、宽容的心理，变得不那么固执己见，更有利于达成一个双方都妥协的协议。

然而，倾听的作用不仅于此。

倾听是了解对方需要，发现事实真相的最简捷的途径。

谈判是双方沟通和交流的活动，掌握信息是十分重要的。一方不仅要了解对方的目的、意图、打算，还要掌握不断出现的新情况、新问题。因此，谈判的双方应十分注意收集整理对方的情况，力争了解和掌握更多的信息，但是没有什么方式能比倾听更直接、更简便地了解对方的信息了。

倾听使你更真实地了解对方的立场、观点、态度，了解对方的沟通方式、内部关系，甚至是小组内成员的意见分歧，从而使你掌握谈判的主动权。例如，一家日本公司同美国公司的谈判，就是运用倾听的方法获得了谈判的成功。日本一家公司向美国某公司购买技术设备，方案确定后，他们先派了一个谈判小组到美国去。谈判小组成员只是提问题，边听边做记录，然后还是提问题。美国人对此项交易很有信心，也做了认真的准备，用三台放映机展示各种图片，整个谈判一直是美国人滔滔不绝地介绍。日本人在第一个谈判小组回国后，又派出了第二个谈判小组，又是提问题、做记录，美国代表照讲不误。然后日本人又派了第三个谈判小组，还是故技重演，美国人已讲得不耐烦了，但也搞不清日本人耍什么花招。等到美国人几乎对达成协议不抱什么希望时，日本人又派出了前几个小组联合组成的代表团来同美国人谈判，弄得美国人不知所措。因为他们完全不了解日本人的企图、打算，而他们自己的底细则全盘交给了日本人。当然，结果是日本人大获全胜，以最不利的交易条件争取到了最大的利益。可见，会利用倾听也是一种非常有用的谈判战术。

这个案例说明，在谈判中采用多听少说的策略，对于洞悉对手实力，有的放矢地制订扬己之长、攻敌之短的决策具有重大的作用。如维克多·金姆在《大胆下注》中所说："你应该少说为妙。我确信如果你说得越少，而对方说得越多，那么你在谈判中就越容易成功。"

这样，对方由于暴露过多，回旋余地就小；而你很少曝光，回旋余地很大。两者的处境，犹如一个站在灯光下，一个躲在暗处；他看你一团模糊，你看他一清二楚。这样你就掌握了谈判的主动权。

不可否认，讲话者也有可能借机向你传递错误信息或不向你传递你想要的信息。因此，听也要讲究一定的技巧。

在谈判桌上，提高倾听的技巧，有下面几种方法可供参考：

（1）争取让对方主动开口说话，在对方摸不清你的意图的前提下，弄清对方的谈判要求和目的。

（2）谨记简单原则。简要说明讨论要点，尽量把自己的讲话缩减到最低程度，因为你在讲话时，便不能聆听对方的发言。可惜许多人都忽略了这点。

（3）试着了解你的对手，试着由他的观点出发看问题。这是提高聆听技巧的最重要方法之一。

（4）始终注意听。在任何时候都保持注意力可不是件容易的事，特别是当谈判会议拖得很长时。但是，如果你总是走神，那么有很多重要的问题就可能被漏听了。

（5）试将你的注意力集中在对方发言的"主旋律"上，而不让个别的字句难住或分散注意力。

（6）记笔记是帮助你集中注意力的手段之一。人的记忆能力有限，为了弥补这个不足，应该在听讲时做笔记。一方面，有了笔记，不仅可以帮助记忆，而且有助于在对方发言完毕之后，就某些问题向对方提出质询；同时，自己也有时间做充分的分析，理解对方讲话的确切含义与精神。另一方面，倾听时记笔记或者停笔抬头来看看讲话的对方，会对讲话者产生一种鼓励作用。

（7）表现出有兴趣的态度。让对手相信你在注意聆听的最好方式，是适当地发问，要求他阐明正在阐述的一些论点。

（8）观察对方。他如果表现出紧张而不安，这很可能是他对他所说的没有什么把握的信号。

（9）有鉴别地倾听。为了达到良好的倾听效果，在专心致志的基础上，还应有鉴别地听。通常情况下，人们说话时边说边想，想到哪儿说到哪儿，有时表示一个意思要绕着弯子讲许多内容，从表面上听，根本谈不上重点突出。因此，听话者需要在用心听的基础上，鉴别传递过来的语言信息，去伪存真，去粗取精。这样才能够知道对方的意思，找出其漏洞进行说服。

另外"听"有一个重要原则，就是切勿按照自己的主观框框来听。按照自己的主观框框来听，即先入为主地倾听，这样做往往会扭曲说话者的本意，忽视或拒绝与自己心愿不符的意见，这种做法实为不利。因为这样听话者不是从谈话者的立场出发来分析对方的讲话，而是按照自己的主观框框来听取对方的谈话。其结果往往是听到的信息变形地反映到自己的脑中，导致所接收的信息不准确，从而判断失误，造成行为选择上的失误。所以必须克服先入为主的倾听做法，将讲话者的意思听全、听透。

（10）善于听对方的讲话，可以使你拥有对方的一些谈判资料，进而找到突破口，有理有据地进行说服。

（11）少说多听是一种重要的谈判策略。工于心计的谈判高手，往往用不到两分钟的时间介绍自己，而留下 20 分钟让对方发言。

（12）谈判中最要紧的是注意相互间的反应。然而，要做到这一点却又不如想象中那么容易。因为人类具有一种"关闭"听觉的本能，尤其是当他们听到不愿听的话时。

对于谈判人员来说，注意听别人讲，哪怕是听到不爱听的话也得注意听，这并不仅仅是个社交修养问题，而是必须。因为当你讨价还价时，你所听到的话里很少有只是为了应酬的空谈。

在谈判中，不仅要能听出对方在说些什么，还要能知道对方遗漏掉了什么，这样对谈判会大有裨益。

放手让对方讲，你只是耐心地倾听，你就会有机会捕捉到许多有用的信息，甚至发现对方立场中的前后矛盾之处。这还可以使你找到对方是否确有真情实意的线索，分清对方言辞中的真假虚实。

语言交锋背后比拼的是耐心

时间的流逝往往能够使局面发生变化，这一点总是使人感到惊异。正因为如此，谈判者常常在等待，等待别人冷静下来，等待问题自身得到解决，等待不理想的生意自然淘汰，等待灵感的来临……一个充满活力的经理总是习惯于果断地采取行动，但是很多时候，等待却是一种最富建设性的措施。有时成功就来自关键时刻的耐心，而缺乏耐心可能导致失败。

商务谈判是双方从利益冲突到利益均衡的较量过程，一般都要经过一个比较长的磨合时间，少则几天、几个月，多则几年，甚至十几年。时间的长短取决于利益冲突的程度和双方的诚意。是谈判就有较量，没有较量也就没有谈判，所以谈判不可能是一帆风顺的。在双方较量中，唇枪舌剑、针锋相对，一味强硬地坚持，常常使谈判陷入僵局，似乎到了山穷水尽的地步。

此时，耐心就是力量，耐心就是实力。如果你不具备其他方面的优势，那么一定要有耐心。这样，你也有了防卫的筹码，在必要时，打乱对方的部署，争取胜利。

持续数十年的越美之战，使越南人耗尽了一切，资源、设备均遭严重破坏，民不聊生，越南人确实想尽快结束战争。但在怎样结束的问题上，他们却使实力雄厚的美国人着实吃了一惊。越南政府放出信息："我们要把这场战争打627年，如果我们再打128年的话，那有什么要紧呢？打32年战争对我们来说只是一场快速战。"真是语出惊人！

越南人之所以这样，就是利用美国国内大选，竞选人急于想结束旷日持久的战争，以换取美国民众拥护的心理。越南人这种无所谓、不在意的态度，越发使美国人着急，本来主动权在美国，却变得十分被动，费了九牛二虎之力才使越南人坐到谈判桌上来。

在巴黎和谈时，以黎德寿为首的越南代表团没有住旅馆，而是租用了一栋别墅，租期是两年半。而以哈里曼为首的美国代表团则是按天交付旅馆的房费，他们只准备了几个星期的时间，甚至随时准备结束谈判，打道回府。结果怎样呢？越南在最不利的条件下，取得了最理想的谈判结果，这就是耐心的力量。

在实际谈判中，无数事例证明，如果你感到你的优势都不明显，或局势对你不利的话，千万别忘记了运用耐心。

不过耐心并非一味地等待，耐心是沉着中带有思考，这是一种柔中带刚的力量。

谈判，无论是外交谈判、商业谈判，还是协作谈判，并非像人们想象中日常对话那样，你问我答、快言快语、口若悬河，而是千方百计争取时间充分思考，以妥善方式有节奏地回答谈判对手问题，以免出言不慎而致一失足成千古恨。

在1956年的美苏两国最高领导人的谈判中，苏共领导人赫鲁晓夫自恃比美国总统艾森豪威尔聪明，闹出了大笑话。

在谈判过程中，不论赫鲁晓夫提出什么问题，美国总统都是表现得似懂非懂、糊糊涂涂，总是先看看他的国务卿杜勒斯，等杜勒斯递过条子来后，艾森豪威尔才开始慢条斯理地回答问题。当时赫鲁晓夫很看不起艾森豪威尔，认为他智力低下，而他自己作为苏联领袖，当然知道任何问题的答案，而无需他人告诉你要说些什么话。赫鲁晓夫当场讥讽地问道："究竟谁是美国的最高领袖？是杜勒斯还是艾森豪威尔？"

其实是赫鲁晓夫错了。他不了解艾森豪威尔在谈判桌上所表现的特点，正是一种绵里藏针的隐藏力量。他这样做，至少已经充分做到了两件事：既争取到了思考问题的时间，又获得了别人的提示启迪。绵里藏针，正是一种绝妙的谈判策略。

在这场谈判中，谁聪明？谁愚笨？从表面上看，赫鲁晓夫显得非常机敏、果断、博学，经常口若悬河、滔滔不绝；而艾森豪威尔却显得迟钝犹豫，缺乏果敢的领袖气概。但是，事实上却正好相反，美国总统是大智若愚，而赫鲁晓夫却是大愚若智。艾森豪威尔在谈判中的智慧表现在既能及时获得助手的提示忠告，同时又为自己赢得充分的思考时间，避免忙中出乱，急中出错。赫鲁晓夫刚愎自用，闹出了许多诸如用皮鞋敲讲台的世界笑话。

耐心是一种以静制动的策略，它并不是无谓地压抑自己。

在有些谈判中，一些谈判者为了显示自己的实力和气势，在谈判一开始就表现得来势凶猛、气焰嚣张，企图从一开始就使对方处于被动地位，迫使对方接受其高要求。而且，有些谈判者确实智力过人，语言表达流利而精彩。

此时，如果以硬碰硬，由于对方来势凶猛、气势正旺，则很难把其嚣张气焰打下去。那么这就有必要运用"你凶我静，静观其变"的策略，使其"一鼓作气，再而衰，三而竭"，以平等的地位重新与你进行谈判。

我国某外贸公司与美国某工业集团进行一项贸易合作谈判。美方财大气粗，执意要求将谈判地点定在美国。我方代表看出其中必有文章，便同意了美方的要求，看其究竟要怎样。

果然，谈判一开始，美方谈判人员就没把中方放在眼里，作为卖方主动报盘，陈述情况，气势汹汹、滔滔不绝。从上午 8 点到 11 点，美方代表喊叫了 3 个小时，并配合有力的图表数据，精心配置投影仪，在大屏幕上打出深奥难懂的图像，以证明他们的要价是完全合理的。

当报盘结束后，美方谈判人员带着满意的笑容，满怀自信地转向我方代表，问了声："就介绍到这儿吧，你们认为怎么样？"而此时，我方代表一直一声未吭，只是静静地坐在椅子上，从谈判开始到此时，几位中方代表只说了几句话，那就是：

"对不起，我们对你方的介绍不太明白。"

"我们希望你们能再一次详细地介绍一遍。"

连续 3 个小时的长篇大论，有谁愿意继续讲下去？而且好像没人听，美方终于"再而衰"了。眼看时针指向 12 点了，美方代表有气无力地说："好了，我是不会再讲一遍了，下午我们重新开始谈吧。"

下午的情况你可能猜想得到，中方代表突施奇袭，美方只好节节败退了。

从这一例可以看出，在对方表现出较强优势时，不要惧怕，也无需以硬碰硬，不妨让他充分表演，而你完全可以靠平静消耗他的体力，待其气势已尽，你就可以从容不迫地发起反攻了。

以静制动这一策略稍稍变通，演化成"静施缓兵计"，也是十分有效的。静施缓兵计是指为了使对方进退两难而静止不动，对对方的观点既不赞成也不反对，使其处于左右为难之际，而我方则静观其变，以静制动，以缓制动。这种策略的具体做法是在对方要价很高但态度又坚决的情况下，请其等待我方的答案，或者以各种借口来拖延会谈时间。但是"缓兵"不是"搁浅"，表面是"静"，实则在"动"，目的是创造主动进攻的机会。这样拖延一段时间后，对方可能已信心大减，而我们则在这一期间准备了充足的谈判材料，足以和对方讨价还价。

口头的强攻不如口头的佯退

商务谈判过程大都紧张而激烈，需要谈判者付出大量的精力，谈判者因而也极易产生情绪，使双方争执不下，互不相让，致使谈判出现僵局。在这种情况下，适时地暂停谈判，采取"谈不拢就走人"的谈判策略，可以使双方冷静地考虑自己的处境和对方的情势。实践证明，"谈不拢就走人"的谈判策略，确实能为运用者带来利益。

1984 年，中国与日本某商社的商务代表、技术代表就在中国建化肥厂的有关事项进行谈判。为了交易成功，该商社的一位部长与某厂厂长一同前来上海参加谈判。谈判前，日本某厂已经获得了我方政府部门批准的进口用汇额度情报，这对我方来说极为不利。谈判一开始，日方报价为 350 万美元，经我方代表的努力，反复地讨价还价，价格逐渐降至 293 万美元。这个价格基本上符合引进厂的要求，应该说是可以成交的。但我方主谈估量了目前的情况，凭他的经验，认为价格仍存在进一步下调的可能。于是，中方主谈对日方代表说："贵方在设备的报价上做出了不少努力，我们深表感谢。可问题是经过我方核算比较，还是觉得有些高，希望贵方进一步考虑，明天上午报一个更优惠的价格。"第二天上午 9 时，双方在日本某商社的上海事务所继续谈判。某商社的部长发言说："经过反复核算，价格实在是不能再降了，再降就亏本了。我们总不能做亏本买卖吧?"中方主谈听后郑重地说："如果情况确实是这样，我们的谈判只能到此为止了。不能成交我们很遗憾。不过，贵方为了这个项目曾多次来上海，我们深表感谢。"他一边说一边离开座位，中方的其他谈判人员也纷纷离开谈判室。

在晚上的宴会桌旁，中方主谈很随意地问该商社的部长："上午我们离开后，你们对这个项目有什么新的想法吗?"这位部长急急地说："不瞒你说，上午你们一走，我们就进行了紧急商量。某厂表示再降价就亏本了，可不降价你们又不答应，为了促成这笔交易，我们商社愿意从佣金中拿出 5 万美元，不知贵方能否接受?"中方主谈听后一阵高兴，可表面不露声色地说："今晚我们好好喝一杯吧! 业务上的事吗，既然贵方愿意做出让步，那就明天再谈。"本来某厂厂长已经买好了回日本的机票，可为了第二天的谈判，决定延期一天返回。结果，在第二天的谈判中，日方决定再让价 10 万美元，最后以 283 万美元成交。

适时撤身而退实质上是一种以退为进的策略。

"以退为进"是军事上的用语，暂时退让输赢未定；伺机而进，争取成功。谈判也如打仗一样，亦是互相交锋，争斗激烈。有时要继续谈下去，有时则要暂时休会；有时要据理力争、讨价还价，有时需要暂时退让，伺机而动。商务谈判如何兵战，只不过是以唇为"枪"，以舌为"剑"，如何在谈判桌上充分发挥你的战技和口才，全凭谈判人员的经验和智慧了。

曾有一家大型航空公司要在某地建立一分支机构，找到当地某一电力公司要求以低价优惠供应电力，但对方态度很坚决，自恃是当地唯一一家电力公司，态度很强硬，谈判陷入了僵局。这家航空公司的主谈私下了解到了电力公司对这次谈判非常重视，一旦双方签订了合同，便会使这家电力公司起死回生，逃脱破产的厄运，这说明这次谈判的成败对它们来说关系重大。这家航空公司主谈便充分利用了这一信息，在谈判桌上也表现出绝不让步的姿态，声称："既然贵方无意与我方达成一致，我看这次谈判是没有多大希望了。与其花那么多钱，倒不如自己建个电厂划得来。过后，我会把这个想法报告给董事会的。"说完，便离席不谈了。电力公司谈判人员叫苦不迭，立刻改变了态度，主动表示愿意给予最优惠价格。至此，双方达成了协议。

这场谈判在开始阶段，主动权掌握在电力公司一方，因为航空公司有求于电力公司。当自己的谈判要求被拒绝后，航空公司便耍了一个花招，给电力公司施加压力，因为若失去给这家大航空公司供应电力，就意味着电力公司损失一大笔钱，所以电力公司急忙改变原来的态度，表示愿意以优惠的价格供电。这时，谈判的主动权又转移到航空公司一方了，从而迫使电力公司再降低供电价格。这样，航空公司先退却一步，然后前进了两步，生意反而谈成了。

通过以上几个案例我们可以看出，当谈判出现各执己见、互不相让，甚至是横眉冷对的局面时，为避免同对方直接冲突，"走"确实是上乘之策。在运用这种策略时应特别注意：在合作性的、双方比较坦诚的情况下不宜采用。"走"只是实现谈判目的的手段。因此，在运用这一策略前要调查清楚对方的实力以及这次谈判的成败对对方造成的影响程度，以促使谈判的进一步深入进行。

日本松下公司早在 1937 年左右就与荷兰菲利浦公司有业务往来，后来因第二次世界大战而中断联系。1951 年，松下公司为了发展电子事业，积极与菲利浦公司洽谈合作事宜。开始，菲利浦公司开出的条件是认 30% 的股份，再由松下公司付技术报酬 6%。松下公司认为，接受对方的技术指导，付给报酬是应该的，但合资公司成立后，经营管理方面的事务工作全部由日方承担，那么，松下公司也应收取"经营指导酬金"。

松下公司的条件提出后，菲利浦公司大为惊讶，因为第二次世界大战后，日本是战败国，当时处于国力十分虚弱的非常时期，松下公司正急切地寻找合作伙伴，而在这种情况下，松下公司竟在谈判中将自己置于与菲利浦公司对等的地位，这是菲利浦方面所不能容忍的。

谈判从一开始就陷入了僵局。

松下公司的谈判代表高桥，在菲利浦公司的强硬态度面前毫不让步，严正表明了松下公司的立场。这样，谈判再也进行不下去了。

这时，高桥毫不妥协，在高压下撤身而退，以表示松下公司"宁为玉碎，不为瓦全"的态度。这样一来，菲利浦公司反而软下来了，因为与松下公司合作，他们可以得到很多好处，他们担心松下公司会去找别的合作伙伴。

菲利浦公司做了让步，谈判最终取得了成功。

高桥之所以敢抛下重话，示意"谈不拢就走人"，是因为他对这次合作对菲利浦公司的利益大小了如指掌。当你抓住对方所看重的利益时，就相当于一张王牌在手了，对方再强硬也不会跟金钱过不去。

在商务谈判中，暂时的退却是为了将来的进攻，即退却一步，进攻两步。有时候，如果进攻遇到困难的话，还不如口头的"佯退"，当然在语言运用上要讲究技法，既要坚决、果断、不留余地，使对方看不出破绽，又要给对方再次谈判带来希望，不能让对方认为谈判彻底黄了，然后另觅他途。

双赢才是谈判的最终目的

什么是成功的谈判？有人认为：以在谈判中自己获得利益的多少作为评判标准，获得利益越多则标志谈判越成功；有的则认为：在谈判中本方气势越高，对方气势越低则谈判越成功……其实，这些看法与做法都是比较片面的，有时甚至是有害的。

如果只把目光盯在获利的多少上，自然就会在谈判方式方法上做得较为苛刻，一定会招致对手的反感。如果在对手刚好是比较看中长远利益的情况下，那么这种人所获得的引以为豪的那部分利益远远小于他本来可以获得的利益。他之所以认为自己获得的最多，是因为他没有看到今后与长远，而只是看到眼前。这种认为获利越多就越成功的做法是目光短浅的表现。

美国谈判学会会长、著名律师杰勒德·尼尔伦伯格认为，谈判不是一场棋赛，不要求决出胜负，也不是一场战争，要将对方消灭或置于死地。恰恰相反，谈判是一项互利的合作事业，它的目的是双方的共赢。

在现代谈判中，传统的分配模式不但无助于协议的达成，反而可能有害。往往是对争论的东西，或者是我得到，或者是你得到。一方多占一些，就意味着另一方要损失一些。而新的谈判观点则认为，在谈判中每一方都有各自的利益，但每一方利益的焦点并不是完全对立的。一项产品出口贸易的谈判，卖方关心的可能是货款的一次性结算，而买方关心的可能是产品质量是否一流。因此，谈判的一个重要原则就是协调双方的利益，提出互利性的选择。

"戴维营和平协议"就是一个著名的成功谈判，它通过协调利益达成了双方都满意的协议。

1967 年，"六天战争"以来，以色列占据了埃及的西奈半岛。当 1978 年埃以坐下来商谈和平时，他们的立场是水火不相容的。以色列坚持要保留西奈半岛的一部分，而埃及则坚持全部收回西奈，人们最初反复在地图上划分西奈的埃以分界线，但无论怎样协商，埃以都拒不接受。显然，仅把目标集中在领土划分上是不能解决问题的。那么，有没有其他利益分配办法呢？以色列的利益在于安全，他们不希望归还西奈半岛后，埃及的坦克随时都有可能从西奈边境开进以色列；而埃及的利益在于收回主权，从法老时代，西奈就是埃及领土的一部分，不想把领土让与一个外国入侵者。症结找到了，最后的协议是：西奈完全归还给埃及，但是，要求大部分地区非军事化，以保证以色列的安全；埃及的旗帜可以到处飘扬，但埃及的坦克却不能靠近以色列。谁都不能否认，埃以协议的达成是一个令双方都满意的方案，这就是协调利益的结果。

在一定情况下，谈判能否达成协议取决于提出的互利性选择方案。为了更好地协调双方的利益，不要过于仓促地确定选择方案，在双方充分协商、讨论的基础上，进一步明确双方各自的利益，找出共同利益、不同利益，从而确定哪些利益是可以调和的。

当然，考虑对方的利益，并不意味着迁就对方、迎合对方。恰恰相反，如果你不考虑对方的利益，不表明自己对他们的理解和关心，你就无法使对方认真听取你的意见，讨论你的建议和选择，自然你的利益也无法实现。

实现"皆大欢喜"的谈判是有原则和标准的。

斯科特对"公平"标准的看法是要么谈判各方都得到了平等的满足，要么就是各方都感觉不满足，而不是一方满足而另一方不满足的不平等结局。在不平等的结局下产生的协议是很难获得完全实施的。

但是在谈判实践中，谈判者对任何一项谈判结果究竟是否满足很难界定。也就是说，对满足与不满足很难确定出一种绝对的标准。在这种情况下，斯科特提出了实现"皆大欢喜"的几条谈判原则：

（1）在基本的态度和认识上，谈判者应当明确，在谈判中要努力设法为自己一方谋得利益，但并不一定意味着要去损害对方或他人的利益。

（2）要积极地影响对方对事物评价的方法，要在不损害本方利益的前提下，去引导对方获得满足感。由于谈判者对事物评价的方法直接地影响甚至决定着他对事物需求的满足感，所以谈判高手通常不会以牺牲本方利益去使对方获得满足（实际上，以牺牲本方利益的方式去与对手谈判，不但不会使对手感到满足，往往还会刺激对方更多更大的需求。历史上许多不平等协议的签署过程无不证实了这个问题），而是积极地影响对方看待事物的角度、观点。

谈判就意味着各取所需，而不是互相损害。不是去追求那种绝对的公平，将"蛋糕"和上面那层"奶油糖霜"都切为两半，无论你是否喜欢都要优劣搭配地分割；而是将"蛋糕"的一大半或绝大部分划给那位喜欢"蛋糕"而不是喜欢"奶油糖霜"者，同样地，将"奶油糖霜"的一大半或绝大部分划给喜欢"奶油糖霜"而不是喜欢"蛋糕"者。各得其所，都能感到自己获得了所需利益的大部分。

（3）谈判者要有一个关于"本方利益"的准确概念。究竟什么是本方的利益，谈判者应当认识清楚、准确，如有可能，要有数字分析根据。

（4）谈判者要通过摸底，经常分析对方利益之所在，以及在哪些方面、在什么条件下本方可以给对方以满足。

（5）为了平等地与对方谈判并最大限度地谋得本方的利益，谈判者不必十分努力地去制造诚挚与合作的谈判气氛，也不必特别注重强调双方的一致性，只要在谈判时能有一个愉快、轻松和认真的工作气氛就行了。谈判者只要有可能，也可要求在谈判程序上做一些对本方有利的安排。

（6）选择那种有助于更多地了解对方需要和让步方式的议题先行讨论，对本方较为有利。谈判者可以通过对该议题的讨论，更好地准备本方的让步方案，更好地知道让步多少和何时让步对自己最为合算。

成功的谈判要求谈判者既能坚持自己的利益，又不固执己见。最好的方案是开阔视野，为共同利益提出多种选择。

要做到这一点，应分两步走：

第一步，寻找共同利益。

从理论上讲，共同利益有助于谈判双方达成协议，也就是说，提出一个能满足双方共同利益的主意，对双方都是有利的。作为一个谈判者，几乎总是要寻找一些可以令对方同样感到满意的解决办法，因为几乎在所有的情况下，你对谈判结局的满意程度都取决于对方对协议所期望的满意程度。

关于谋求共同利益，要牢记以下几点：

（1）每一场谈判都潜伏着各方的共同利益，它们可能不是十分明显的。谈判者应努力去寻求，寻求合作与互利的机会。

（2）共同利益是机会而不是天赐。谈判人员要善于创造机会、利用机会、抓住时机将共同利益明确地表述出来，系统地阐述清楚。

（3）在互相交流的过程中，要尽量强调共同利益给双方带来的好处，尽量避免发生对谈判进展无益的争执，这样会使谈判在和谐的气氛中顺利进行。

第二步，为谈判所涉及问题的解决提出多种选择。

要想使商务谈判获得成功，谈判双方应共同努力营造广阔的谈判空间，这一空间应由双方在未来的谈判中能提出的并能从中共同选择的大量建议构成。

多种选择的提出，可以通过以下途径：

（1）从不同的角度看待谈判所涉及的问题，比如我们在进行一项贸易谈判时，就可以从银行家、发明家、房地产商人、证券经纪人、经济学家、税务专家或政府工作人员的角度分析所涉及的问题。思考他们将如何判断形势，将会提出哪些办法和切实可行的建议，从而为你对所涉及的问题做出多种选择提供帮助。

（2）设法提出不同效力的协议。在谈判过程中，当无法取得所期望的协议时，千万不要轻言放弃，在不损及所预期的经济利益的前提下，不妨退而求其次，用准备好的"弱化"词提出大量可能的协议。

商务谈判中，谈判双方进行沟通的终极目的就是实现合作，以获取各自所预期的经济利益。

第四章　甜言蜜语：打动异性的说话方法

第一次交谈就给对方留下好印象

有人说："这是个一两秒钟的世界。"这句话深刻揭示了第一印象对一个人的重要。别人对他的感觉和决定，要不要跟他交往，很多时候就在于初次见面的那一两秒钟的印象。男女初次约会时，第一印象就更要加倍重视。

首先，要注意自己的仪表。因为我们通常短时间对一个人产生好感是来自于他的外在美。

热爱美，追求美是人类的天性。

年轻男女初次约会，双方都刻意装饰仪容。然而，许多人都不知道，就仪态美而言，男女是有别的，跟传统的观念恰恰相反，装饰的重点应各有不同。装饰得好，可以充分显示青春的魅力，否则就会给人以别别扭扭的印象。当你同你的恋人第一次约会的时候，对方的容貌、仪表、举止言谈、服饰打扮，在双方的心中都会留下深深的印象。"这个人整洁清秀，举止大方"，你对他产生了好感；"这个人邋邋遢遢，蓬头垢面"，你对他印象不佳。也许你们彼此一言未发，可内心深处的好恶都在无声中和盘托出了。据说有一位颇有才华的年轻作家与一位漂亮的姑娘初识，尽管作家的长相无可挑剔，但是，他不得体的着装、一头蓬乱不堪的头发以及不拘小节地跷二郎腿的"风度"，使他们的相会只持续了难堪的 5 分钟。姑娘对介绍人说："看他那邋邋遢遢的样子，很难想象他会对生活有什么信心。所以，我对他的信心就失去了。"这话虽有失偏颇，但也不无道理。

有些女性尽管没有倾国倾城之姿色，也未必令人"一见钟情"，而她们的仪态美和人情味却能深深打动男子的心。女性在第一次约会时，仪态方面请注意以下各点：

（1）衣饰不宜过于豪华。男人虽然喜欢女人打扮得漂亮，但如果你打扮得像富翁的女儿，反而会把他们吓跑。他们会考虑能否负担得起衣饰如此讲究的妻子。

（2）不可多搽化妆品。唇膏的颜色要淡一些；宁可讲究点儿技巧，不要打扮得过于妖艳；白天不宜浓妆，否则使人感到俗气。

（3）举止要端庄文雅。尤其在公共场所，不应有过于热情的举动。因为这不但显得你太随便、失去矜持，而且在别人看来也很不顺眼，觉得你不够庄重。

当然，在现代生活中，人们的穿衣打扮已经远远超出了御寒遮羞的狭义范围，而被看成是体现社会文明程度、生活条件和人的精神面貌的反映。穿衣打扮要注意时代特点、个人的性格特点和自己的形体特点。

其次，要学会开口说话。

不少青年男女第一次约会时不知如何开口或说些什么话，由于紧张、畏惧或别的什么原因，原本健谈、幽默和风趣的人也会变得木讷、寡言，甚至手足无措。

其实你大可不必那么紧张，也不要封闭住自己的感情和心灵，如果初次见面你觉得对方还不错，就大胆地向他表示自己的真心和热情，就算你有什么具体的实际要求，也不妨诚恳地说出来；而不要遮遮掩掩，想问不敢问、想说不敢说，把约会变成一个别扭、难堪的聚会，那样就没什么意思了。遇到称心如意的人，就拿出真心和勇气，放开胆子，大方地追求吧！

在任何场合，男性主动同女性打招呼、问好都是一种礼貌；在恋爱时，男性更要主动开口，并尽量展开话题，不要出现冷场。

张明经人介绍与李晴姑娘认识，他们在一个星光灿烂的夜晚会面。

张明首先开口说："你好！我已经等了你很长时间了，真怕你突然改变主意不来了，那我就惨了。你觉得我怎么样？首先外观上你能通过吗？我这个人最大的缺点是不会收拾装扮自己，所以迫切想找个贤内助帮我料理收拾。如果能那样子的话，你一定会发现，一经打扮，我还挺不错的呢！不要笑，我这个人就好开玩笑，虽然工资不高，但生性乐观、爱好广泛，如听音乐、打篮球、游泳、看书等，又好动又好静，你呢？"

如此这般，张明很自然地展开话题，并诱发姑娘说话，从中探测她的志趣爱好，可谓一举两得。

大多数女孩子表达感情的方式比较含蓄，内心爱情如潮涌，表面上却很平静，看不出丝毫痕迹，甚至还略显冷漠地来掩饰自己的真情实感。她们在第一次会见自己喜欢的人时，往往不大愿意多说话，但又不能不说，所以言语较为谨慎，带点儿探询、含糊其辞等特征，或假装天真、糊涂，让对方多说，以便观察、了解他的为人。

"我是不是来晚了？我没想到你会约我。"

"我也不知道怎么回事，最近总是心神不定。"

"我第一次看到你，就觉得你挺特别的。"

"你觉得你自己有什么优点？"

女孩子的爱一般表现在行动上，而在语言上不大能表现出来。所以恋爱时，还是以男孩子主动开口说话为主，如果你能掌握她的心理、爱好，有针对性地开口说话，那样效果更佳。

要明白，女孩子喜欢大胆、直率和真诚的男孩子，只要你把握住夸奖、赞美的原则，让她听了感觉愉快、甜蜜，你们就一定能继续交往下去。但切忌说肉麻、太露骨的话语，那样反而会把她吓跑。

有一种传统的由媒妁牵线、撮合确定恋爱关系的恋爱对象。基于这种情况的男女大多是些性格内向、忠厚老实的人。当你赴约相见的时候，无论男方或女方，都要克制忐忑不安的心境，用不着羞羞答答，更不应该寡言少语、吞吞吐吐，而要落落大方，主动交谈。就身边的一些小问题，做简单交谈，譬如：谈天气、谈周围环境、谈所见所闻，然后再言归正传，谈年龄、谈文化程度、谈工作、谈性格、谈嗜好、谈家庭状况、谈社会关系等。对于心灵深处的流露、情感方面的表白，可含蓄、委婉、曲折些——这毕竟是"第一次交谈"，留点话题为以后交谈提供条件。

在当今的现代文明社会中，仅仅以貌取人、以风度定优劣固然不可取，但不可否认，一个人的言谈举止、服饰打扮，在一定程度上反映着这个人的精神世界和审美情趣。一个人一举手一投足、一笑一颦，都会给人留下或美或丑的印象。人与人的相识、相知总是从第一印象开始的，虽然这只注重了外在与表层，不无片面和虚假的弊病，但在恋人之间，它的作用实在不可小觑，尤其是通过第三者介绍认识的恋人。爱情的萌发来源于好感，而人们的好感离不开第一印象。法国总统戴高乐将军心中的恋人形象是温柔、谦和、漂亮的姑娘。当汪杜洛小姐与戴高乐相逢时，她楚楚动人、温和雅丽的风度给戴高乐留下了很好的"第一印象"。因此，我们一定要重视第一印象，给对方一种良好的感觉。

千哄万哄哄到她心软

要想邀请自己的心上人出去游玩，在很多男孩子看来，不是一件很容易的事，因为女孩碍于矜持和体面，通常会拒绝邀请。然而，你在此处止步不前了，自然也会无果而终。其实女孩都需要男孩"哄"，只要你哄得恰到好处，问题看来也不是那么难。

多数时候，你最好单刀直入，不给她说"不"的机会。

当你要去邀请她时，不要用商量的口气问她"愿不愿意……"之类的话，而最好武断地说："咱们一道去……"

虽然女人也有不愿意与你同行的时候，但是如果她想说"不"的话，则多少会给她造成心理负担，使她对你有一种歉疚感。

然而，你如果用"愿意不愿意……"这种问法，乍看起来好像非常"绅士"，但事实上却给了对方说"好"或"不"的两种机会。不用多说，责任上的分担都推给了对方，而女人又不习惯于承担任何责任，所以警戒心高的女人，为了不节外生枝，干脆就摇头对你说"不"了。

"愿意不愿意……""要不要……"这种尊重的言词被接受的可能性实在太小了，你可能也有这种经验吧。

相反的，如果你用单刀直入的问法"咱们去……吧"那就大不一样了。

下面这一段，是一位小伙子煞费苦心地劝说女朋友答应他邀约的对话：

"你今天真漂亮。晚上6点钟我们出去吃顿饭、聊聊天，好吗?"

"不行。"

"我们应该彼此多了解一点儿。就在6点钟好了，到时我来接你。"

"不行。"

"说不定我们可以遇到一个我们喜欢的人，或是一件有趣的事呢！就今晚6点钟吧?"

"不行。"

"6点钟见面以后，我们可以吃顿饭、看场电影，然后到咖啡厅去坐坐，我们会有一个非常美妙的夜晚的，还是去吧!"

"是吗?"

"我发觉我越来越喜欢你，今天晚上一定要见到你，就6点钟，我来接你。"

"那好吧，就6点钟再见。"

这是一个聪明的男孩，他使出了浑身解数，终于让对方由说"不"到说"是"。他不断地给对方勾勒出一幅美好的预期的画面，最后女孩终于动心了。

　　还有一些男孩在邀请女孩的时候以情真意切为主打，让女孩感到温暖、真心，女孩被打动了，自然会对你言听计从。这是一封男孩写给他喜欢的女孩的邀请信，它饱含着满怀的激情和热爱，执着与关怀：

　　在这之前我想先向你道谢，谢谢你借我一双手和我一起抗衡寂寞的冷，战胜寂寞，谢谢你为我剪短思念，照亮黑夜。

　　《哈利•波特》是一部很不错的电影，不是吗？主角们受到攻击时，我听见你细声低喊；舞会那一幕，我们都看得很入迷，我恨不得拉着你跳进去和他们一起共舞；主角与巨龙战斗那 8 分钟，你的呼吸被音乐操控了，我陪你一起紧张；年轻有为的角色死得如此可惜，你的叹息让我的心漏跳了一拍。

　　回程的时候，车里空气很薄，我的呼吸有点儿急促。能和你交谈的话题很少，因为我不健谈。我的 CD 播放了很多歌，张栋梁的、杜德伟的、李圣杰的、品冠的、光良的，你只哼过李圣杰的《痴心绝对》。唔，我会记起来，《痴心绝对》。

　　我双手握着方向盘，我知道回家的方向，却不知道自己的方向。你总是让我迷惘。空调散出的低温空气是绷紧的气氛，笼罩着车子里的两个人。你说 Goodbye、Goodnight，把我的快乐辛酸留了下来。我把车子停在原地，才发觉车子里缺少的气体是勇气。我说再见，因为我想再见。

　　我想向你道歉，原谅我的不健谈。我决定再邀你看一场电影以示歉意。放心，我会预先选好位子，不会像这次坐在 F15 和 F16 的位子。坐在这位子会令我们的脖子很酸，这一家戏院的冷气也特别的冷。唔，好的，下次我会记得带外套。

　　再次向你道歉，原谅我不够细心，忘了带外套为你御寒，忘了预先选好位子，忘了买好可乐和爆米花给你享用，忘了你的生理时钟不允许你去 Wings。一切的一切，我都感到深深的歉意。

　　别担心我，得不到你的原谅，我只是会魂不守舍，上课没心听课导致成绩下降、走路撞到柱子搞得头昏脑涨、忘记吃饭令我虽生犹死、睡不了觉引起情绪不稳定、驾车不专心撞出一场世界性的创举而已。基本上，死不了，所以你有权利不原谅我。但是，基于基本的礼貌，我觉得我还是得等你原谅，等你给我一个赎罪的机会。

这样诚挚的话语，恐怕对方是很难拒绝了。这个男孩无疑又多了一次让对方了解他的机会。

"谨慎""谦恭""有风度"是妇女的传统美德和本能表现。因此，在邀请她们出游的时候要拿出你的勇气，让她们看到你的决心与诚意。女孩子其实都是需要耐心哄的，也是很容易心软的。

如何回答女孩的 "奇怪问题"

俗话说："女人的心，海底的针。"这句话是说女人的心思难以捉摸。又有言："言为心声。"女人既然想了，自然会说；既然心思难以捉摸，说出的话就不会太容易回答。男人应该如何回答女人经常提出的棘手问题？比如，她们大多数会问下列"奇怪问题"：

你在想什么？

你爱我吗？

我看起来身材不好吗？

你认为她比我漂亮吗？

如果我死了，你怎么办？

这几个问题很难回答好，一旦男人回答不好，每一个问题都可能引起争执并导致关系紧张。

当她担心男友不够爱自己时她可能会开始问很多问题，有的是关于恋爱双方之间的关系，有的则是关于男友的感觉。例如他有多爱她，或他觉得她的身材如何等问题。这时候，不需要为这些问题寻求理智的答案，因为她只是想确定男友是否还爱她。

例如，如果她说："你觉得我胖吗？"

男友不能回答："是啊，你是没有模特儿的身材，可模特儿都是饿出来的。"或答："你不需要这么苛求自己，我不在乎你的身材。"

而是应该说："我觉得你很美，而且我喜欢这样的你。"然后给她一个拥抱。

如果她说："你觉得我们相配吗？你还爱我吗？"

男友不该说："我觉得我们还有些方面必须再沟通。"或答："你还要问几次？这个话题我们已经讨论过了。"

而是最好这样说："是啊，我好爱你。你是我生命中最特别的女人。"或："我越了解你，就越爱你。"

"工作和我，对你来说哪个重要？"当女性提出这个问题时，男性一时会感到很难问答。

一个人的生活有许多方面。对男性来说，工作和妻子属于不同的生活层次，属于不同生活层面的东西，实在是很难进行比较的。

女性也并不是一点儿不懂这层道理，但她还是要问。其中的底细，与其说是在探测男子的选择意向，不如说是向男子提出抗议：你对我不够好。

一些女性会在感情冲动，难以自制或有气无处可泄的时候，提出这种有胡搅蛮缠之嫌的问题。这时你想指出问题本身所固有的矛盾，让她知道此问题没有正确的答案可言，似乎是件不大可能的事。不如让她尽情倾诉心中郁积着的话，发泄一下内心的感情。待她发泄过后头脑开始冷静下来时，再对她说："你当然对我很重要。"这样就明白无误地告诉她，并充分承认她的存在价值，之后再强调："正因为你对我很重要，所以我更要发奋地工作，开创我们美好的未来。"这种模棱两可的回答，既避开了她的锋芒所指，同时也是在暗示她：我无法决定到底哪一样比较重要。这该是一种很聪明的处理方法。

雷是一位事业心很强的男孩子，这个优点倒让他的女友敏十分担忧，老是担心结婚以后，雷会只顾及发展自己的事业，而忽略她的存在。经过一段时间的考虑，敏决定试探一下，看看在雷的心中，她和事业哪个更重要。

在一次闲谈中，敏半开玩笑半认真地说："雷，为了我，你真的什么都可以放弃吗？包括你的事业？"雷以为敏是跟他开玩笑，就笑着说："当然不能了，事业对我很重要。"敏一听，脸色一下子就沉了下来，"哼，我就知道，你们男人都是这个样子，都是工作狂，你心里根本就没有我！"

雷一听，知道自己刚才说错了话，忙解释道："敏，你误会了，我不会为了你放弃我的事业，并不等于你在我心里就不重要。同样，为了事业我也不会放弃你的。你是知道的，我这个人事业心强，可你知道吗？我这样的努力工作都是为了能为我们的将来创造更好的环境，如果我不能让你生活得更好，我还怎么有资格说'爱你'呢？我想，你喜欢我的理由也应该有事业心强这一条吧，你希望你未来的丈夫是个毫无追求的懦夫吗？"雷的一番推心置腹、坦率真诚的话语深深打动了敏，此刻她脸上早已荡起了甜蜜的笑容。婚后，雷事业有成，敏成了他的贤内助。

恋爱中的女孩子心思异常的敏感，常常因为男友一句不经意的话就浮想联翩，甚至"上纲上线"，给彼此带来很多不快乐。男士应该多多迁就，给她一个信服的理由，让她安心。

真心实意才能打动她的心

孙犁的名作《荷花淀》，如一幅富有诗意的爱情风俗画。水生夫妻的对话仿佛是一首回味无穷的爱情诗篇，其中洋溢着深厚的真诚和关切之情。

月亮升起来了，院子里凉爽得很，干净得很！水生嫂手指上缠绞着柔润修长的苇眉子，坐在院子里，等候着丈夫。身边是一片洁白，淀里是一片洁白，透明的雾、柔和的风，荷叶荷花香飘了过来。在这朴素干净的农家院中，一片安宁，一片温馨，一片思念牵挂的温情。辛劳了一天的公公熟睡了，玩耍了一天的儿子也进入了梦乡。水生嫂在月光下，一天的担心，一天的思念，不正是可以在这种静寂的夜景中，轻柔地同丈夫叙说吗？宁静之夜是夫妻对话的一个充满诗意的极好环境，美妙的夜会给爱情增添甜蜜温柔。

水生嫂以温柔体贴的话语表达出了对丈夫的深情，她了解丈夫——朴实勤劳，积极能干，小苇庄的游击组长、党支书记，她怎能不爱他呢？所以，当水生从区上回来时，她首先要问的便是"今天怎么回来得这么晚"？语气温柔，充满了体贴关切的感情。轻轻的一句话，却饱含了这样的意思：今天你在外面怎么样？这么晚怎不叫人心急？你吃饭了吗？有的只是宽厚贤淑和温柔之情。这柔柔的一声仿佛是荷花淀飘来的温馨的荷香，让水生顿觉轻松，一天的疲劳也消失了。当水生询问儿子的情况时，她又轻言细语地说："和爷爷收了半天虾篓，早就睡了。"言语不多，却有许多信息。她讲了儿子和公公的一天活动，她以"儿子早睡了"含蓄地露出了那种嗔怪丈夫回来太晚的心境，但这种嗔怪却是一种关心、一种疼爱。

水生和水生嫂这样一对仅仅是粗通文墨的青年农民夫妻的对话里面，没有丝毫语言修辞的炫弄。这里有的只是夫妻间倾心商谈的平常话语，有的只是夫妻间倾注了深厚情爱的言辞。因此，这里的语言才显得像他们的感情一样朴实无华、简洁明了。

水生和水生嫂的感情是令人羡慕的，他们之间没有丝毫掩饰和造作，用简单的语言诉说各自的最真的情感，夫妻间的融洽也就是在平淡如水的话语中不知不觉地增强了。

耍"小性子"可以说是女孩子的天性，恋爱中的女孩子更是如此。她们常为男友的言行不符合自己的心意而耍性子赌气、抹眼泪。其实，她心里并不是真的生男友的气，而是故意生气，看男友是不是会过来哄她，这时候的男士就应该抓住机会表达真情实意。

一天傍晚，李云与张亮两人为一件小事闹了点儿别扭。分开时，张亮本想按惯例送李云回家，可李云却执意不肯。张亮拗不过李云，只好答应，但又担心李云的安全，只好在后面远远地跟着，看李云进了家门。10点多钟，李云回到家，刚一推门，电话声就响了。她抓起电话，听筒里传来张亮的声音："云，我是亮。"李云听说是张亮，正要放下电话，又听张亮说："云，看见你到了家，我也就放心了，晚上好好休息，我也回家了。"听了张亮的一番话，李云跑到窗边，看到张亮离去的背影，泪水夺眶而出，此时的她，心里只有感动，哪还顾得上生气啊。张亮不失时机的一番关爱之语，向恋人传送了自己的关心与牵挂。语虽短，意却浓；话虽简，情却真；令对方不由得怦然心动，怨气全消。

当恋爱中的人真情流露时，都会让对方感动至深。情真意切是爱的灵魂，没有真心实意，谈爱就是空洞或虚假的，只有对对方表露诚意，对方才会有同样的回应。

抱怨的话如何说才不会引起丈夫的反感

周末晚上，妻子做好饭菜左等右等不见丈夫归来，邻家传来热闹的嬉笑声，妻子更觉孤独，于是她给晚归或不归的丈夫写下这么一段话：

"晓军，等至夜深，依旧不见你归来，想是到同事家打麻将去了。一周繁忙的工作之后，确实应该轻松一下心境，但愿你能确实轻松。

"晚上，我独自一人立在窗台边数天上的星星，并猜测哪一颗星星属于你所在的位置。有一颗最初很亮很亮，可我看得久了，却发现它又黯淡下去，最后我都找不着了。

"起风了，吹得门窗砰砰作响，每一次门响，我都以为是你回来了，兴奋地打开门，外面却是黑漆漆的夜……

"我在等待一个不回家的人，我想你一定不愿意这样。虽然你人留在了一个我不可知的地方，但家里到处都闪现出你的身影，厨房的餐桌上还留着你早起喝剩的半杯奶，已没有了早晨热腾腾时飘着黄油的香味，我只好把它倒掉了，等你回来，我再重新为你热上一杯，但愿你不会再把它剩下。"

请再看另一段妻子留给不归丈夫的话，比较一下二者的效果。

"我就知道你今晚心又痒得难受，'死猪不怕开水烫'，你是无可救药了，这样下去，日子没法过了。

"你在外面轻松快活，留下我孤独一人，早知道我还不如回娘家去，待在这破家干什么。

"我郑重警告你：你再这样我就告诉你爸妈。我不相信，你的毛病我治不了别人还治不了。"

两段话的效果应该是截然不同的，后者充满了怨恨、责怪，这样尖锐的话说出来非但达不到效果，反而会令对方更为反感。

谈恋爱时，要多一分理解，才能把握好爱情。一次，李丽的一些朋友邀请她周末出去玩，还特别嘱咐她带上她的男朋友阿强。李丽兴致勃勃地打电话告诉阿强，但是阿强说："丽，我不能去，周末我要陪领导出差，下次吧!"李丽听后顿生不悦，对着电话筒大声说："你好牛啊，请都请不动，也太不给我面子了!"阿强听了这话，默默地放下电话，好长一段时间都没有主动找过李丽。

在恋爱中，由于主观或客观原因，不可能自己的每个要求每次都得到满足。当对方不能满足自己的要求时，一定要保持冷静，多一些理解，少些抱怨和指责。

上一个故事中，对李丽的邀请，阿强不是不想去，而是公务在身不能去。如果李丽能考虑到这一点，把指责变成一种理解，说出"我很遗憾你不能去，我原本想我们一定会玩得很开心，不过你工作重要，下次有时间再玩"等一类的话，双方的关系非但不会受影响，反而会使感情更上一层楼。

很多做妻子的，往往刀子嘴，豆腐心，虽然洗衣、做饭全包，丈夫回家，可口饭菜端上桌，嘴里却唠唠叨叨没个完，不是回来晚了，就是衣冠不整，要么是左右邻里一大串，你家如何如何又如何。结果听得丈夫一忍二，二忍三，实在忍不了，扶桌而起，或默然无语，或拂袖而去，饭菜没吃多少，烦恼塞了一肚，实在厌烦无奈，蒙头就睡。不识相的妻子是一通指责，不脱衣就睡、吃好饭也不洗碗，就这样没完没了。家庭成了两个人的负担，两个人的灾难，可在心里面，她真有这么多的怒气和愤慨吗？

其实，多数女子都会认为做家务是自己不可避免也难以逃避的一种责任，她们不会认为自己成了家以后是什么也不需要做的。既然嫁人之前就多少对做家务有心理准备。因此，那些唠叨的话语就成了她向丈夫夸耀自己能干和贤惠的特殊语言，也成为她和丈夫交流的唯一语言方式。她不知道同一内容、同一意思用不同的话说出来，效果就会大不一样。

"有没有兴趣帮我择一下菜？"

"看你疲倦的样子，一定很忙吧？"

"不对吧，你原来挺爱干净的。"

"我嫁给你，就是因为你很有能力。"

"你一定会把那事做好的，你一向都很机灵。"

"你该不会是个吝啬鬼吧？"

"你想得真周到！"

"别多想了，我知道你有难处。"

"给家买点儿东西带回去吧！"

"你做的菜比我做的好吃多了。"

用这样一些软话来说服对方，效果会更好。男人一般都是遇刚则刚，遇柔则柔的，他们通常经不起女人的柔言细语。所以刀子嘴最好还是早早放弃为好。

善意的谎言是增进夫妻感情的润滑剂

做人不能太老实，说话不能太真实。夫妻之间更应该这样。如果你什么事情都实话实说，只会给自己制造出一些不必要的麻烦，甚至会将夫妻关系搞僵。

王永和他的妻子感情出现了危机，两人打着闹着要离婚。本来亲密无间的伴侣怎么突然之间就要离婚呢？原来只是因为王永不经意间说出了一句直来直去的话。

一天晚饭后，二人靠在沙发上欣赏正在热播的青春偶像剧。影片里男女主角正爱得如火如荼，女主角深情地问对方："你到底爱不爱我？"男主角随即说道："我当然爱你，因为你是我身体的一部分。"王永听了这句话后，自言自语道："好！这是个精妙绝伦的回答，简直堪称经典。"王永的妻子听他这么一说，将他仔细打量一番，便开始不停地质问王永："你是不是也把我当成你身体的一部分呢？"王永被问烦了，只好敷衍回答说："你当然是我身体的一部分了。"王永以为这样回答就可以交差了，谁料他的妻子听完之后却并不满足，而是继续质问他："那么，我到底是你身体的哪一部分？"妻子本来是想听几句甜言蜜语的，可是，王永却无奈地笑了笑，想尽量回避这个问题。妻子步步逼近，再三追问，王永无奈之中开玩笑地对妻子说道："你是我的盲肠！"妻子听了他这句话失望至极，气呼呼地提出要和他解除婚姻关系。

一句不经意随口而出的话给王永带来了偌大的麻烦，这就是直言直语惹的祸。其实，当你面对妻子打破砂锅问到底的时候，千万别在情急之中，就将心中那个"正确的答案"脱口而出，因为这个"正确答案"可能会让你吃足苦头。

生活里没有绝对的真实，世间万物本来就不是完美的。你又何必老老实实地把自己完全地暴露在别人面前呢？

有些秘密该保留的就要让它留在心中。

不管对于恋人信任到怎样的程度，有些事情，如果没有说的必要，在开口之前，最好还是考虑一下为好，这当然是为彼此着想的缘故。

在这一原则下，唯一告诫的是千万不要把你过去的恋情告诉她！这容易在她的心中留下阴影。

如果你的目的是说明旧恋人不好，那根本就没有说的必要；如果你在说旧恋人比她好，则她的心理反应是为什么你又爱我？同时，在这种心理发展之下，你将会碰到许多的麻烦，日后你也不会安宁。

过去的恋情既然不应该告诉你的恋人，那么，属于过去恋情的痕迹也不应该出现于恋人的眼前。

有些太痴情的男子，对于过去的旧恋人念念不忘，往往保存着旧恋人的照片或别的东西作为纪念，这种行为是新恋人所不能接受的。

为了爱情而定制的谎言，往往会收到很好的效果，这也是与女人会话绝对需要的技巧。尤其是恋爱中的男女之间，谎言的作用好像润滑油一样。

有效的谎言有很多种："上次跟你见面回去后，我又独自在公园里徘徊，虽然时间已经很晚了，可是我却没有一点儿倦意。我觉得那天的夜色，好美，好静！"这种谎言，是属于那种略带神秘性的谎言。

"每次和你约会时，总是在衣柜里翻半天，老觉得每件衣服都不好看，真觉得自己有点儿发神经了……"这种谎言，是一种俏皮、可爱的谎言，更深远的意思已经在无言中流露出来了，对方必定会为你所动。

有的女性很会为自己的男友着想，担心对方的经济能力不够。因此，在约会的时候说：

"不知道怎么回事，我对出租车有畏惧感。"或"每次坐在高级餐厅或咖啡厅时，我总觉得浑身不自在，似乎那种地方太过于庄严，不适合我。说起来，我还是喜欢坐在阳台上欣赏夜色，吃自己煮的面，这样没有拘束感。"若对方真的没有很充裕的经济能力时，听到这些话，一定会为女方的温存体贴而感动。

例如，约会那天，刚好跟公司的同事发生了一些不愉快的事情，心情非常不好。不过，在见到男朋友的时候，马上改变态度，含笑说："我今天过得很愉快，你呢？"说也奇怪，当你这样讲了之后，原本非常懊恼、郁闷的心情，会立刻一扫而空。这种谎言不但令对方快乐，同时也暗示自己追求快乐，何乐而不为？

谎言还有避免争吵、化解危机的功效。

一次，小吴与单位几位同事去北京旅游，观名胜、赏古迹，寻奇涉险，尽情而游，竟把当初答应妻子给她在北京购物的事忘得干干净净。直到乘车返回家时，才猛地想起。不得已，他只有在本市的一家商场里买了一套裙子。回家以后，对妻子不敢如实相告，而以谎言哄之：

"平日里，你提篮买菜、洗碗刷锅、相夫教子，毫无怨言，真得好好感谢你。这次去北京，为了买这身裙子，我几乎跑遍了各大商场才选中了它，也不知道你喜欢不喜欢，来，试试看！"

妻子笑逐颜开，欣然试装。试想，如果小吴如实相告，岂不大煞风景，甚至会引起一场小小的"内战"。夫妻间理应真诚相待，来不得虚伪和欺骗，但如果每件事都实言相告，每一句话都不得掺半点儿假，则不仅不能为家庭增添欢乐，反而还会使原本和睦温馨的家庭出现裂痕。因而，在不涉及大局，无关"宏旨"的家庭琐事上，有时不妨以"谎言"来润润色，营造一种温情脉脉的氛围。

如何向心仪的对象说 "我爱你"

泰戈尔说：在玫瑰花充裕的光阴里，爱情是酒；在花瓣凋谢的时候，爱情是饥饿时的粮食。人生不能没有爱情。

那么，当你爱上一个人的时候，应该怎样说出"我爱你"呢？

著名作家老舍 33 岁了，饱经沧桑的他形成了一种内向含蓄的性格。一天，他童年的伙伴，语言学家罗常培邀他去吃饭。一个穿着中式短褂、黑色长裙，留着齐耳短发的姑娘同桌就餐。饭后，罗常培对老舍说："我看你岁数越大脾气越怪，不成家，我们不跟你交朋友了。""什么没有都行，就是不能没有朋友。没朋友我就活不了。"老舍急忙回答。罗常培笑了，答应为他介绍一位女朋友。第二次、第三次，老舍又被罗常培邀去吃饭，每次都会遇到那位姑娘。三顿饭吃过后，一封笔力遒劲的信送到了姑娘手中："我们要想见面，不能靠着吃朋友，你有笔、我有笔，咱们互相来谈心吧！"这位有着独立自强精神的新女性，后来成为老舍的夫人。

新凤霞向吴祖光求爱，先是采取暗示，没有奏效，就直接表明了心迹。中华人民共和国成立后不久他们开始交往，感情日益深厚。新凤霞十分敬仰吴祖光的为人，希望能和他共同生活一辈子。有一次，他们在一起，新凤霞说："我演的《刘巧儿》这出戏，您看了吧？"吴祖光说："看过，真好。"新凤霞说："前门大街的买卖家，到处都在放巧儿唱的'因此我偷偷地就爱上了他……这一回我可要自己找婆家……'"但是吴祖光为人很单纯，一点儿也不懂她的意思，竟说："配合宣传婚姻法，这出戏最受欢迎。"新凤霞想：不能失掉这次谈话的机会，应当使他明白自己的意思。于是，鼓足勇气对吴祖光说："我想跟你……说句话……"吴祖光说："说吧！"新凤霞说："我想跟你结婚，你愿意不愿意？"吴祖光对此没有一点儿精神准备，他站了起来，停了一会儿说："我得考虑考虑。"这下子可伤了新凤霞的自尊心，她自言自语地说："我真没有想到，这像一盆冷水从心头上倒下来呀！"吴祖光说："我得对你一生负责呀！"后来，两人结为百年之好。

很多人求爱都采取投石问路以探虚实的方式，因为每个人都害怕遭到拒绝。梁实秋求爱就是用了一个双关语对韩菁清进行了成功地试探。

梁实秋垂暮之年梅开二度，爱上了比他小 30 岁的韩菁清。一天他们在台北梅园餐厅共餐。梁实秋点了"当归蒸鳗鱼"，韩小姐关切地说："当归味苦啊！"梁先生若有所思地说："我这是自讨苦吃。"韩小姐笑道："那我就是自投罗网！"两人相视哈哈大笑，心有灵犀一点通。

如果害怕拒绝，但又心情躁动不安，急切盼望对方知道自己的心意，那就借鉴陀思妥耶夫斯基的方法，实话虚说，借机抒情。

1866 年，对陀思妥耶夫斯基是具有重要意义的一年。妻子玛丽亚和他的哥哥相继病逝。为了还债，他为赶写小说《赌徒》请了一个速记员，她叫安娜·格利戈里耶夫娜，一个年仅 20 岁，性情异常善良和聪明活泼的女孩。

安娜非常崇拜陀思妥耶夫斯基，她工作认真，一丝不苟。书稿《赌徒》完成后，作家已经爱上了他的速记员，但不知道安娜是否愿意做他的妻子，便把安娜请到他的工作室，对安娜说："我又在构思一部小说。""是一部有趣的小说吗？"她问。"是的。只是小说的结尾部分还没有安排好，一个年轻姑娘的心理活动我把握不住，现在只有求助于你了。"他见安娜在听，继续说："小说的主人公是个艺术家，已经不年轻了……"

安娜忍不住打断他的话："你为什么折磨你的主人公呢？""看来你好像同情他？"作家问安娜。

"我非常同情，他有一颗善良的心，充满爱的心。他遭受不幸，依然渴望爱情，热切期望获得幸福。"安娜有些激动。

陀思妥耶夫斯基接着说："用作者的话说，主人公遇到的姑娘，温柔、聪明、善良、通达人情，算不上美人，但也相当不错。我很喜欢她。但很难结合，因为两人性格、年龄相差悬殊。年轻的姑娘会爱上艺术家吗？这是不是心理上的失真？我请你帮忙，听听你的意见。"作家征求安娜的意见。

"怎么不可能？如果两人情投意合，她为什么不能爱艺术家？难道只有相貌和财富才值得去爱吗？只要她真正爱他，她就是幸福的人，而且永远不会后悔。"

"你真的相信，她会爱他？而且爱一辈子？"作家有些激动，又有点儿犹豫不决，声音颤抖着，显得既窘迫又痛苦。

安娜怔住了，终于明白他们不仅仅是在谈文学，而且是在构思一个爱情绝唱的序曲。安娜小姐的真实心理正如她自己所言，她非常同情主人公，即作家陀思妥耶夫斯基的遭遇，且从内心里爱慕这位伟大的作家。如果模棱两可地回答作家的话，对他的自尊和高傲将是可怕的打击，于是安娜激动地告诉作家："我将回答，我爱你，并且，会爱一辈子。"

后来，作家同安娜结为伉俪。

在对对方心意非常不确定的情况下，采用实话虚说的技巧，既能摸清对方的心思，又能避免遭到拒绝时的尴尬，这不失为一个妙方。

当然也有那种开门见山、直抒胸臆的求爱方式，有时这样直接的方式能给对方留下坦率、真诚的印象，最终获得芳心。

列宁在伏尔加河畔认识了克鲁普斯卡娅，在随后的交往中逐渐爱上了她。由于革命工作繁忙，列宁只好把爱情深深埋藏在心里。当列宁被流放到西伯利亚后，他抑制不住相思之苦，给克鲁普斯卡娅写了封信，第一次向她表达了自己的爱情。信的末尾是这样写的：

"请你做我的妻子吧！"

面对列宁的直接表白的求婚方式，克鲁普斯卡娅勇敢地闯进了严寒的西伯利亚，和列宁走到了一起。

但需要强调的是，像列宁这样大胆坦白地表达自己的爱意，甚至一步到位的求婚方式，想在现实生活中运用的话，至少需要几个条件：首先，你必须确知对方的心里也有你；其次，你得知道对方的性格能接受你这样的坦白。否则的话，容易给对方留下鲁莽、冒失的印象，甚至吓着对方。

用电话为你当红娘

有人说："在谈恋爱时，距离远产生美感。"但也不是说什么都不管不问的。这时，用电话来谈恋爱是最好的方式了。电话恋爱，的确有许多独到之处：双方可以敞开心怀去谈，含情脉脉地侃侃而谈，或低声细语，或哈哈大笑，此时绝不必担心各自的相貌不雅或衣冠不整。打电话对于一些容易害羞而不会表达的人更是一种好办法，尤其是在电话中与异性沟通，谈到不对劲时可随时挂断，想好话题后可立即重新开始，也不至于太尴尬。特别是相貌不佳的女子，在电话中可用动听的声音来"以长补短"，减去几分自卑和紧张。

恋爱开始后，很多女孩子就自然而然地产生被动心理，你对她的关心体贴程度如何成了她注意的焦点。恋爱中的女孩感到最幸福的莫过于成为你注意的中心。假如你每天打一次电话给她，那么她就会觉得你每时每刻都在关心着她，同时，从她的眼里到心里也很难进驻第二位异性。

利用电话谈恋爱有很多种方法：

1. 气氛电话

女孩子在傍晚或晚上时分，比较放松自己，也最容易动情。这时谈情往往比白天好。一面播放她喜欢的音乐，一面谈有趣的事，可以增进感情。

2. 旅行电话

当你外出旅行时，一定要打电话给她，表示"真希望能和你一起来旅行"或"我会带礼物给你的，你想要什么""我很想你"等。

3. 慰问电话

对方生病时，要在第一时间打电话给她，并以开朗的语气安慰她，但不要让她太累，谈话时间不要太长。

4. 倾诉电话

在想念她的时候不妨直接告诉她，碰到自己高兴的事与她分享，遇到烦恼的事也可与对方分担，对方会认为她是你第一个想到的人。

电话恋爱最好准备些使人听起来温馨浪漫的语句，比方说：

"生日快乐，希望你一天美似一天。"

"你的声音真动听……"

"我只是想听到你的声音，只有听到你的声音，我的心才能平静下来。"

男人在女人意想不到的情况下拨个电话温柔地说："没什么特别的事，只想听听你的声音。"

男孩向初恋情人动情地说："你是我最初也是最后爱的人。"

痴情男子向女朋友说着伟大誓言："不管将来发生什么事，你变成什么样子，你依旧是我最爱的人。"

男人和女人聊了很长时间后说："和你一起总会令我忘记时间的存在。"

男人在工作期间不忘给女友留下动人话语："此刻我很挂念你，请为我小心照顾自己。"

情路即使受外在因素影响跌跌撞撞，男人却一直坚定执拗地向所爱的人说："只要和你一起，我不管要付出怎样大的代价。"

男人一脸痴情，愿为她赴汤蹈火："任何时候、任何情况，只要你需要我，我立即赶来，尽我全力为你做事。"

一天甜蜜约会结束，凌晨时分，男的还捧着电话筒向另一头的她充满渴望地说："现在能够见面多好啊！"

当你思念恋人而不得相见的时候，不妨拿起你的话筒。

恋人聚在一起谈天说地，那种感觉的确很好，但有时不能相聚，适时拿起电话，随着话筒轻震，你的爱意也会轻敲恋人的耳膜，使他如同在你的身边，备尝甜蜜。

平息冷战的战术

男女初次接触时，都是花前月下，卿卿我我，互相都只看到对方的优点。然而爱也有阴晴圆缺，天长日久，恋爱双方相互开始对对方有所抱怨，甚至双方出现争吵、冷战。这种时候，你就应该学习如何化解这些情况，尽快消除不快。

彤与舟是大学同班同学。在一次大学生辩论会上，舟敏锐的思维、犀利的语言、雄辩的话语俘获了彤的芳心。大学毕业后，他们又被分配在同一座城市工作。正当彤怀着迫不及待的心情准备与舟共筑爱巢时，彤的同学却告诉她：最近，她经常看到舟与一个很摩登靓丽的女孩子在一起。为此，彤指责舟对爱情不忠贞，见异思迁。舟解释说：那是他表妹，她来到这个城市求他帮她找一份工作的。可彤根本不信，还说舟在继续欺骗她，并闹着要与他分手。深爱着彤的舟当然不愿失去心上人呀。于是，舟找到彤说："人们都说你是才貌双全的美女，你怎么不想一想呀，除你之外，我真想不出有第二个愿意与我恋爱的。你瞧：我老气横秋，长相有损市容，写尽了人生的沧桑和苦难；再瞧我这条件，一下子就容易让人们联想到是刚经过洪水洗礼的困难户、重灾户，我现在最向往的是如何尽快脱贫致富，以报小姐的知遇之恩，哪敢花心哟。"

一席话说得彤转怒为喜，忍俊不禁。舟的这番爱情表白可谓妙语连珠，妙趣横生。究其原因，其用词的"错误"起着极大作用。两个人发生争执时，男士最好采用这种贬损自己的方法来达到取悦女士的目的，这样她的怨气会立刻消散。

当你犯错了，请记得用负面形容词描述你所犯的错。以下是几个以负面形容词描述的例子，让我们看看女人会有什么样的感觉。

当你说："很抱歉我迟到了，我真是太不体贴了。"

她会觉得：没错，你真的很不体贴。既然你知道我的感觉，我心里就好过多了。只要不是每次都迟到就好了。你不需要凡事完美，只要你有想到我在等你就好，没什么，我原谅你。

当你说："很抱歉你在宴会中受到冷落，都是我太不体贴了，这是很糟糕的事。"

她会觉得：对啊，你真是太不体贴了，但你能够了解就表示你不是真的那么糟糕。我想你并不是故意要在宴会中冷落我的，我愿意原谅你。

当你说："我很抱歉说了不该说的话，我太容易生气了。"

她会觉得：他太生气了，所以根本听不进我说的话。我想我也有错，至少他是在乎我的，所以试着听我说话，我应该原谅他。

在以上几个例子当中，男人用了几个负面形容词：不体贴、容易生气的、糟糕的。女人对于男人用这些形容词来道歉，永远不嫌烦。就像男人对谢谢你、很有道理、好主意、感谢你的耐心这些句子也永远不嫌烦一样。

而且，该道歉时就要及时道歉，开启尊口，智解危机。适当的时候要学会采用"咬耳朵"的方式来解围。

古人很早就发现声音和人的感情的关系。《乐记》中说："凡音之起，由人心生也……其爱心感者，声音和以柔。"恋爱双方都有一种羞涩心理，这种心理集中体现在爱的隐蔽性上，反映在言语上必然是带着亲切柔和音色的轻言细语。唯有轻言细语，才能表达依恋、倾心的微妙感情；唯有轻言细语，才能体现温柔、抚爱；唯有轻言细语，才能把双方带进一个共同拥有的温馨世界。

有一对恋人约会，男方迟到了，女方撅着嘴老大不高兴。小伙子见此情景笑了笑，然后不急不忙地走到女方身旁，对她说："我今天有一个重大发现。"姑娘不做声，投来疑惑的眼光。小伙子赶忙上前一步，在姑娘身旁小声说："我告诉你一件事，请你保守秘密。我今天发现——你是多么爱我。"一句轻声细语的悄悄话，姑娘脸上"多云转晴"，漾起了幸福的微笑。

恋爱双方拥有一个不对外人"开放"的神秘世界。在这个世界里，悄悄话有其特殊的表达效果。悄悄话所传递的爱意比大声说话更为强烈，而这，只有热恋中的情人才能深深感受到。当双方陶醉在爱河中时，当产生了一点儿小误会或是有点儿小意见时，你若在他（她）耳旁说上几句悄悄话，对方一定会感到无限幸福，误会和意见也会顿时烟消云散。有人说悄悄话是沟通双方的"秘密通道"，这是一点儿不假的。

在约会中，表达爱慕的应景话能使双方关系发生微妙的变化。有一位女青年下班后到未婚夫家，要他陪她一块儿去看望一位同事。由于天晚，又下着雨，小伙子不愿去，于是姑娘一赌气撑着伞独自走了。这时，小伙子才心疼后悔起来，忙驱车追了上去。姑娘见他追上来，扔出一句："你来干什么？"

小伙子诙谐说道："你可别忘了，我俩曾说过'风雨同舟'之言，今天，你怎么能一个人'下雨逃走'呢？所以我追来了。"姑娘听完后，扑哧笑了："我可不是说'风雨同舟'却'下雨逃走'的人。"这样只几句话就化险为夷了。

夫妻整天生活在一起，难免会有吵架、怄气等不愉快的时候。夫妻之间出现冷战局面是最令人感到压抑和难受的。只要你不想冷战威胁到这个家庭，想实现夫妻"邦交"正常化，你必须学会几招"破冰术"：

1. 留有余地

"冰点"降临时，被动的一方仍可"好话一句待回音"。小两口吵架，妻子的绝招之一便是抓上几件衣服或抱上孩子回娘家。这时当丈夫的要保持冷静，不能在盛怒下火上浇油，送上句"快滚吧，永远不要回来"之类的伤人话。当你觉得妻子要走已成定局时，应及时施些补救之计，如追妻至大门外："你走了我怎么生活！""就当今天是星期天吧，明天就回来！"如此等等，话说到点子上，常能打动对方的心，即使她还是走了，但感觉总是不一样的，为她的回归留下了余地。

2. 改变场合

冷战中的夫妻，想改变窘态的一方要创造一个多人在场的社交场合。

如请自己或配偶的朋友来家做客，这时碍于脸面，夫妻间的冷战矛盾总要有所掩饰，和好欲较强的一方便可趁机与配偶套上近乎、搭上话，有意无意中引对方走出沉默的误区。再如，买两张电影票什么的，谎称是别人送的，约配偶去看场电影或参加个什么活动，在谈论其他事情中恢复夫妻"邦交"正常化。

3. 意外热情

每天下班回来夫妻见面时，是个突破的好机会。你可以制造一些"新闻"来表现出兴奋或热情，显得你被一些"大事或好事"影响得已经忘了结下的矛盾。如一进门就说："太棒了，今天又发了 200 元奖金!""我们买房子的事有戏了！（递过一张报纸）你看，才 1700 元一平方米!""老婆，我大哥从海外来信了，说他不久就要归国!"听到以上种种报喜，相信对方总是要有所反应的。一次打动不了对方，第二天再换个话题，一旦配偶开启了"尊口"，冷战也就有了重大的转折。

4. 电话沟通

总之，打破僵局的方法有很多。夫妻之怨宜解不宜结，其中根本的一点是任何情况下都不可以有"给对方一点儿颜色看""惩罚对方一下""非让他（她）低头认罪不可"的种种不良心态。"有话说话，有理讲理，宁要争吵也不要冷战"，这是许多和谐夫妻总结出的一条老经验。而一旦处于冷战中却无人主动来给你们调解，那就只有靠双方"系铃人"来努力解开沉默无言这个"铃"了。

甜言蜜语让爱情更上一层楼

男女相处的时候，有时甜言蜜语非常受用，尤其是爱侣已到了谈婚论嫁的阶段，不妨大胆些，在言语间多放点儿"蜜"。沐浴在爱河中的人，是不用客套字眼的。任何海誓山盟，"爱你爱到入骨"的话也可以说，不必怕肉麻，除非你并不爱他。与他久别重逢时你可以讲：

"好像在做梦，多么希望永远不要清醒。"你以充满爱意的眼神望着他：

"总是惦念着你！别的事我一概不想……我感觉好像一直跟你在一起。"

这是"无法忘怀、时时忆起"的心境，只要谈过恋爱的男女，一定有此体验。除了他以外，任何事都不放在眼中，总是想念着他。上面那句话不用怕羞，可以反复使用。相爱之初，热烈的甜言蜜语绝对不会使人感到厌烦，也许还认为不够呢！

"你喜欢我吗？"你不妨大胆地问他。

"说说看，喜欢到什么程度？"或用这样的语气追问。"请你发誓，永远爱我"！甚至你可以单刀直入地这样对他撒娇说。

"世界是为我们而存在，对不对？"

"你爱我，我可以抛弃一切！你也是这样？爱就是一切。"

"你不会背弃我吧？如果你抛弃我，我会寻死！"

不要以为甜言蜜语说出来就是为了一时的气氛，仅仅是为了逗对方开心。甜言蜜语对整个爱情的加固都起着重大作用，它是爱情运转的润滑剂。

"如果你爱我，有什么为证呢？"这是女人经常挂在嘴边说的话。女性就是希望在有形的、眼睛和耳朵都能感觉到的形式上确认"自己对他是不可缺少的人"。例如，恋人之间在见面的时候，男方没有抱抱她的肩或握握她的手，她就要怀疑他是否爱她，甚至因此而解除婚约的女性也大有人在。妻子新做的一个发型，或穿上了一件新衣服时，做丈夫的假如不发一言，她会认为你无动于衷，这样她就会感到不满。

多数女性要求认可的欲望很强，恋爱中的更不用说了，就是在结婚后，女人也爱问："亲爱的，你爱我吗？"她时常要求确认"爱"，而对此感到退却的大多是丈夫。在男人看来，不管如何爱她，"我爱你"这三个字只要讲过，就不想说第二次。男人总是这样认为，我是否爱你，可以在实际行动中表现出来。

可是，对多数女性来讲，语言比行动更为重要。假如男人不在她们耳边重复地说"我爱你"，她们就认为不能与对方沟通。处于幸福、甜蜜状态的女性，都是根据丈夫的"爱语"或反复的动作得到安心和了解的。

因此，满足这种心理是男性的任务，"我爱你""我喜欢你"。这些话对女性是非常重要的。她们认为这样是女性显示内在价值和魅力的标志所在。

当她们想要得到认可的欲望被满足后，她们就会心安理得安安分分地去做一个好妻子，爱情就会变得更加和睦。

通常，男子都爱花言巧语，何不把美丽的话语多用在妻子身上呢？

"你这一身打扮真是漂亮极了，让我好好看一看。"

"你总是那么迷人，来，跟我坐会儿。"

"别太累，待会儿我帮你做，咱们到河边散散步，好吗？"

"你这两天太辛苦，我带你出去吃一顿。"

"我们单位的同事都夸你贤惠能干。"

"拥有你是我最大的福气。"

"别生气，一生气你会变丑的，不信去照照镜子。"

"等我有钱了，好好带你去外面走走，咱们两人重新过一次蜜月。"

"你脸色不大好，身体哪儿不舒服吗？"

"你早些休息，今天的事我来做。"

"还记得我原先写给你的情书吗？"

"我给你买了盘你最喜欢的歌曲带。"

"你一生都会爱着我吗？"

"你不要对我这么凶，好吗？我心里很伤心。"

"这个家没有你，简直就难以想象。"

"我老婆做的菜真好吃。"

"你真伟大。我怎么想不到呢？"

"结婚纪念日我们去照张合影吧？"

"爬高爬低的事我来做，你别上上下下的，小心些。"

"《结婚的爱》我看了，写得真好，你看看吧。"

总之，做丈夫的要把你的爱通过甜言蜜语表现出来，让她时刻体会到你深爱着她，并时时创造一种美妙的生活环境取悦于她，那样你们的感情会一天比一天深厚，妻子对你的爱也会一天比一天深。这对于你并不麻烦，同时她的愉快传染给你，成为两个人的愉快；她的美丽心情成了你的财富，丰富你的情感生活。

很多人在谈恋爱时把恋人看得很完美，花前月下，卿卿我我，有时明知道对方的某种缺点自己难以接受，可指出来又怕伤害对方的感情，于是就装出一副菩萨心肠，一忍再忍。其实这和父母溺爱孩子一样，终究会酿成苦果的。那么，年轻的恋人怎样既能指出他（她）的缺点，又不伤他（她）的心，更重要的是还要让他（她）接受你的意见呢？

其实有许多窍门，比如对对方进行旁敲侧击，促其反思并改正。

某局长的千金小徐和本单位的小李谈恋爱时总是显示出某种优越感，因为小李是农家子弟，大学毕业分在局里做科员，没有什么"靠山"。有一次小徐到小李家做客，对小李家人的一些生活习惯总是流露出看不顺眼的情绪，并不时在小李耳边嘀嘀咕咕。吃过晚饭把小姑子支使得团团转，又是叫烧水又是让拿擦脚布什么的。小李看在眼里很不是滋味。他借机笑着对妹妹说："要当师傅先做徒弟吗！你现在加紧培训一下也好，等将来你嫁到别人家里，也好摆起师傅的架子来。"小李这么一说，小徐当时似乎听出了什么，过后不得不在小李面前表示自己有些过分了。

小李不失时机地用"要当师傅先做徒弟"的俗话来提醒小徐，避免了直接冲突。即使对方当时略有不满，过后也会有所感悟。

当对方的所作所为引起自己的不满时，也可用诙谐的言谈让对方笑着接受自己的"不满"。

雅倩非常喜欢跳舞，男友小张偏是个好静的人，正参加自学考试，但常被她拉去"看"舞。雅倩有个很不好的习惯，不跳到舞厅关门不尽兴，久而久之小张就受不了了。有一次，他们从舞厅出来已是夜里 12 点多了，小张说："你的慢四跳得很棒，我还没看够，你一路跳回宿舍怎么样？"雅倩撒娇说："你想累死我啊！"小张一副认真的样子："不要紧，我用快三陪你跳。"雅倩扑哧一乐："亏你想得出，丢下我一个人也不怕我碰上流氓？"小张这时言归正传："那你在舞厅丢下我一个人也不怕我打瞌睡被人掏了包儿？"雅倩这时才知道男友压根儿没有兴趣跳舞，以后就有所收敛了。

对恋人的不满不用憋在心里，可以适当对对方提出自己的意见，但是要用对方法，否则只会破坏感情而于事无补。

中篇

会办事

第一章　借用贵人：小人物也能办成大事

以"情"激发领导为你办事

人都有恻隐之心，领导当然也有。求领导帮忙能否获得应允，有时恰恰是这种同情心起了作用。下属之所以找领导帮助，是因为在生活中出现了困难等。找领导帮忙，说到底也就是想让他们帮助解决这些困难。要想把事情办成，最好的方法就是把这些苦衷原原本本、不卑不亢地向你的领导倾吐出来，让他对你的境遇产生同情心，从而帮助你把问题解决掉。

要引起领导同情，就需要把自己所面临的困难说得在情在理，令人同情不已。

要引起领导同情，还必须了解领导的个人喜好。当引起对方感情的共鸣时，就一定会收到奇特的效果。

某市房地产开发公司新竣工了一幢职工宿舍，按照刘某的级别和工龄，他是分不到新房子的，但他确实有许多具体困难：自己和爱人、小孩挤在一间10平方米的房里，倒也还凑合，可他乡下的父母来了，就不方便了。于是刘某只好去找上司，一开口就对上司说："主任，如果您单位有人把年老体弱的父母丢在一边不管，您认为该不该？"

"当然不该！是谁这样做？"上司一脸的义愤。

"主任，这个人就是我。"刘某垂着头，无可奈何地说。

"你为什么这样做？平时我是怎么教育你们的？要你们尊老爱幼，你竟然……"

刘某耐心地听爱啰唆的主任数落完，才缓缓开口说道："常言说道，养儿防老，我父母就我姐弟俩。姐姐出嫁了，条件也不好，况且，在我们乡下，有儿子的父母，没有理由要女儿、女婿养老送终，这是会被人耻笑的，除非他的儿子是个白痴。可我不是白痴，我是个大学生，又分在这样一个响当当的单位，在你这位能干、有威信的领导手下工作。一辈子含辛茹苦的农村父母，培养一个大学生多不容易呀，乡亲们都说我父母有福分，今后有享不尽的福。可是我现在，一家三口住一间平房，父母亲来了，连个睡觉的地方都没有。想把父母接到城里来，自己又没有条件；不接来，把两个年老体弱的老人丢弃在乡下，我心里时常像刀割般难受。我这心里，一想起我可怜的父母……"刘某说到这里，落下了伤心的泪水。

"小刘，可你的条件不够……"主任犹豫着说。

"我知道我条件不够，我也不好强求主任分给我房子。如果主任体恤我那年老多病的父母，分给我一间半间的，我父母来了，有个遮风的地方就行了。如果主任实在为难，我也不勉强，我明天就回乡下，把父母送到敬老院去。"

主任沉默不语。

刘某知道主任在动摇，于是又趁热打铁地说道："我把父母送敬老院，在乡人眼里必将落下不孝的罪名，只是，我担心有人会说您的闲话，说您不体恤下情，说您领导的单位，职工连父母都养不活。您是市人大代表，那些闲话有损您的威信的……"

"小刘，你不要说了，我尽量给你想办法。"

几天后，刘某拿到了一套两居室的钥匙。

由此可见，求领导帮忙可以在"情"上激发他。从上级曾经切身感受过的事入手，在人之常情上下功夫，把自己所面临的困难说得在情在理，令人痛惜惋惜。

上级的同情心有时是诱出来的，有时是激出来的。如果上级对某个下属有成见，认为他水平很差，那么这个下属若要博得上级的同情，可能就是一件相当困难的事情了。人只有在没有成见的时候，才能产生同情心。

领导也需要"赞"

有事求领导帮忙，还要学会"捧"的功夫。所谓"捧"在这里是指对领导恰到好处、实事求是的称赞，并不包括那种漫无边际、肉麻的吹捧。

吉斯菲尔伯爵说："各人有各人优越的地方，至少也有他们自以为优越的地方。"在其自知优越的地方，他们固然喜爱。

但是，称赞领导也要注意技巧。"捧"着领导并非溜须拍马，而是指对领导佩服或称赞。赞誉之词人人都渴求，人人都需要。称赞领导也有方法和技巧，如果称赞领导不恰当，反而会弄巧成拙，只落下一个"溜须拍马"的坏印象。称赞一个人，当然是因为他有出色的表现，但每个人在哪一方面出色却各有不同。有的人是专业技术水平高，工作成绩突出；而有的人则是在社交方面有特长，有与客户打交道的能力。因此，在称赞领导时应针对不同的情况，采用不同的方式称赞。

恰当地"捧"领导的妙用随处可见，但用错了却也让你画虎不成反类犬。

有个公司的部门经理对总经理抓好公司业务的同时，结合自己工作实践撰写了一本《经商之道》的书稿这样称赞道："您在企业工作真是一个错误的选择，如果您专门研究经营管理，我相信您一定会成为商务管理的专家，会有更加突出的成果问世。"

总经理听完部门经理的一席话，不满地说："你的意思是说我不适合做公司的总经理，只有另谋他职了？"见总经理产生了误解，本来想对总经理"捧"一番的部门经理吓得头冒虚汗，连忙解释说："不，不，不，我不是这个意思，我是说……"

还好，秘书过来替部门经理打了个圆场，说道："部门经理的意思是说您是个多才多艺的人，不仅本职工作抓得好，其他方面也非常出色。"

可见，同是称赞一个人，称赞一件事，不同的表达方式，其效果是不一样的。

赞扬不等于奉承，欣赏不等于谄媚。赞扬与欣赏领导的某个特点，意味着肯定这个特点。只要是优点、长处，对别人没有害处，你可表示你的赞美之情。领导也需要从别人的评价中，了解自己的成就以及在别人心目中的地位。

所以，日常生活中你必须学会说称赞的话。

不妨去坐坐"头等舱"

求名人帮忙，最好先与名人打好关系。对此，你不妨去坐坐头等舱。

这样的例子并不少见，有很多人都有过在短短几个小时的飞行中就谈成几笔生意的事情，甚至会结下难得的友谊，这在经济舱内的旅行团体中是很难碰到的。这里所说的友谊，不是指趋炎附势。坐头等舱的人都希望了解同舱里的其他乘客为什么愿意多付20%到30%的费用来换取喝香槟、比其他乘客早20秒着陆的权利。特别是在长途的国际旅行中，你真的可以结识一些飞行伙伴，从而建立珍贵的友谊。

人生的品质决定于你所处的环境以及你所交往的人群。你要与比你优秀的人在一起，这样做的好处有：

（1）使你有一个见贤思齐的想法。你知道要在这个团队中与人相处得很愉快，你就要给自己加压，努力学习、成长。

（2）可以找到学习的对象。可以向比你优秀的人士学习，使你少走弯路。

（3）可以在你的事业成就上给你提供很多帮助。人生至少要找一位贵人或者说是名人相助。

那么，选择名人后，怎样与他们发展关系呢？以下有几点可供参考：

1. 尊重对方，严谨有致

与尊贵者发展友情，首先要准确把握双方关系，给其相应位置，充分表现出你对他的尊重。这是对双方关系的确认和定位，也是对对方的一种渴望受尊重愿望的满足，必须严谨有致，不可马虎。

2. 切忌奉承，不卑不亢

尊重是有原则、见真情的。如果不顾原则，另有目的，人格沦丧，不知廉耻，对尊贵者就会表现出阿谀奉承来。这表面上似是尊重对方，其实它与尊重的本质是不同的。阿谀奉承，虚情假意，夸大其词，别有用心，只能让人反感、嫌弃、痛恨。本来可以建立友情，却因双方失去真情而无法发展下去。

3. 态度自然，不必拘谨

名人无论地位，还是阅历、学识，都高我们一筹。与他们交往，常令我们肃然起敬，有时我们还有一种威压感。我们作为普通人，尤其是未见过世面的青年人，在这种情势下往往显得动作走形，言语嗫嚅，神情别扭、生硬。其实名人也是我们平等的交际对象，我们之间的关系也是一种自然的交往关系，我们一方面要尊重对方；另一方面也要立足于自己，守住方寸，保持本色，自然而正常地与之交往，不必拘谨。这反倒能显示自己的交际魅力，会赢得对方的认可和尊重，名人也会乐意与我们发展友情。

所以，在与名人建立关系时，最好先学会以上几点，这样才会得到认可和赞赏。

寻找共同点可拉近彼此的距离

求名人帮忙时，可以寻找与名人的共同之处，以便拉近彼此的距离。因为人是感情的动物，这是无法回避的。感情好像一把双刃剑，它可以使你受益，也可以使你受损。擅长寻找与对方的共同点并努力建立和维持与对方的友谊，你的问题就解决了大半。丰富的感情影响着你、我乃至每一个人的行为，有时没有共同点也要制造共同点以拉近彼此的距离。

心理学家认为，朋友是人与人在交往的过程中，自发形成的松散型的意缘群体。所谓意缘群体，是与血缘群体相对而言的，它是由于意向、志趣、爱好和观念相似或相近自然结合而成的，不是靠行政或组织行为黏合到一起的。

由于他们对待工作、生活和学习的态度相类似，即价值观相同，所以，他们在一起时，易于相互感知、相互适应，感情易于沟通，容易产生共鸣。并且容易得到对方的支持，容易预测对方情绪、需求和态度取向，因此相互间容易产生亲密感。

所以求名人帮助时，也要先把名人变为朋友，朋友之间有困难，向朋友提出帮忙的要求，对方当然就乐于效劳并尽力解决了。

下面是寻找双方共同点的几种有效方法。你不妨做些参考，以便与名人拉近距离。

1. 在闲谈中找到双方共同点

没有人喜欢与自己格格不入的人闲谈，人们只愿意和那些与自己有共同话题的人交往。

　　善于交友办事的人都是善于交谈的人，即便是完全陌生的人，他也能打破沉默，主动在与对方闲谈中找到双方的共同点。找到了共同点，就抓住了谈话的主题，那事情就好办了。

　　2. **察言观色，寻找共同点**

　　一个人的心理状态、精神追求、生活爱好等，都或多或少地体现在他们的表情、服饰、言谈举止等方面。只要你善于观察，就会发现你们的共同点。

　　3. **以话试探，找到双方共同点**

　　陌生人相遇，为了打破沉默的局面，主动开口讲话是必需的。有人以动作开场，一边帮对方做某些急需帮助的事，一边以话语试探，有的通过借书借报来展开彼此交谈的话题。

　　总之，求名人帮忙，如果能以共同点拉近彼此的距离，就有可能把难办的事情办好。

第二章　以迂为直:"转个弯儿"好办事

委婉地向对方求助

委婉地向对方求助就是不直接道出目的,而是绕开对方可能不应允的事情,让对方答应。

美国《纽约日报》总编辑雷特身边缺少一位精明干练的助理,后来他把目光瞄准了年轻的约翰·海。而当时约翰刚从西班牙首都马德里卸除外交官职,正准备回到家乡伊利诺伊州从事律师业。

打定主意后,雷特就请约翰到联盟俱乐部吃饭。饭后,他提议请约翰·海到报社去玩玩。坐在办公桌前,雷特从许多电讯中间找到了一条重要消息。那时"恰巧"负责国外新闻的编辑不在,于是他对约翰说:"请坐下来,为明天的报纸写一段关于这则消息的社论吧。"约翰自然无法拒绝,于是提起笔来就写。社论写得很棒,雷特看后大加赞赏,于是请他再帮忙顶缺一个星期、一个月……渐渐地干脆让他担任了这一职务。约翰就这样在不知不觉中放弃了回家乡做律师的计划,而留在纽约做新闻记者了。

由此可以得出一条求人办事的技巧：委婉地向对方求助。

在运用这一策略的时候，要注意的是在诱导别人的时候，首先应当引起别人的兴趣。

当你要引导别人去做一些很容易的事情时，先得给他一点儿小胜利；当你要引导别人做一件重大的事情时，你最好给他一个强烈的刺激，使他对做这件事有一个渴望成功的企求。在此情形下，他已经被一种渴望成功的意识刺激了，于是，他就会很主动地为了获取成功而努力。

总之，要引起别人对你的计划的热心参与，必须先诱导他们尝试一下，可能的话，不妨使他们先从做一点儿容易的事儿入手，先让他尝到一些成功的喜悦。

假如你一见到对方就贸然地开口求他办事，有可能会遭到断然拒绝，陷入尴尬的境地。有些话不能直言，有些人不易接近，就要投石问路、摸清底细……总之，不能直接相求的事情就应委婉地提出。

明朝隆庆年间，给事中李乐清正廉洁。有一次他发现科考舞弊，立即写奏章给皇帝，皇帝对此事不予理睬。他又面奏，结果把皇帝惹火儿了，怪他多嘴，传旨把李乐的嘴巴贴上封条，并规定谁也不准去揭。封了嘴巴，不能进食，就等于给他定了死罪。当时皇帝正在发脾气，两旁的文武官员谁也不敢为李乐求情。这时，旁边站出一个官员，走到李乐面前，不分青红皂白，大声责骂："君前多言，罪有应得！"一边大骂，一边啪啪地打了李乐两记耳光，当即把封条打破了。由于他是帮助皇帝责骂李乐，皇帝当然不好怪罪。

其实此人是李乐的学生，在这关键时刻，他"曲"意逢迎，巧妙地救下了自己的老师。如果他不顾情势，直接求皇帝，结果非但救不了老师，自己怕也难脱连累。

所以，当你直接请求别人不成时，就应该换个思路，委婉地向别人提出请求，否则是很难得到别人帮助的。

巧妙迂回，实现愿望

狐狸是很聪明的动物，由于它没有力气，个子矮小，因此处境不利。在森林中，狐狸得不到尊敬，没人真正把它放在眼里。为了克服这一点，对于狐狸来说，其中的一个办法就是说服老虎与它做朋友。通过与力大无比、令人敬畏的老虎密切交往，狐狸可以伴随老虎左右在丛林中四处行走，而且享受众兽给予老虎的同样的提心吊胆的尊敬。即使老虎不在狐狸身边，凭借狐狸与老虎交往甚密，也足以保证狐狸在旷野中得以生存。

假如狐狸不能够与老虎交朋友，那么这只狐狸就应该制造一种跟老虎密切交往的假象，小心翼翼地跟在老虎的后边；与此同时，大吹大擂他们之间有着笃深的友谊，这样做，它便制造出一种假象，即它的安危得到老虎极大的关注。这就是狐狸的生存法则，但对于人类来说狐假虎威也是可以利用的。尤其在你求人办事的时候，如果来一招狐假虎威的把戏，借助于大人物的影响力，那么事情就会很容易地办成。

萨洛蒙·安德烈是 19 世纪末 20 世纪初瑞典著名探险家，有一次，他为了得到北极圈内有关的科学数据，填补地图上的空白，组织了一次北极探险。

那是 1895 年，经过周密计算和安排，安德烈在瑞典科学院正式提出乘飞艇到北极探险的计划。在此之前，安德烈曾在美国学习了有关航空学的全部理论，并且制造过由气球而发展起来的飞艇，有关飞行试验在美国和欧洲曾引起轰动。随之而来的便是经费问题，由于人们对此不信任和不关心。因此，也就很少有人愿意提供经费。

安德烈整天奔波，挨家挨户去找那些大富豪和大企业家，但有谁愿意投资一项与己毫无关系的事业呢？又有谁愿意投资一项也许没有任何成功机会的冒险事业呢？安德烈每天总是带着失望和疲倦回到家里。

经过很长时间的奔波，总算有一位好心而开明的大企业家表示愿意提供赞助，他甚至表示愿意承担全部费用，同时他还向安德烈提了一个很重要的建议：希望这项冒险计划得到人们的关注，如果就这样悄无声息地进行了，是不是削弱了这次探险的意义呢？

安德烈听完觉得很有道理，于是两人经过商量，决定让安德烈继续去募捐、扩大影响。但是，尽管安德烈想尽办法、跑遍全城，人们的反应仍然很冷淡，安德烈非常着急，情急生智，他想出了一个大胆的办法，就是把自己的探险计划写成一篇极其详细严谨的论文，用大量证据论证了这项计划的可行性及其意义，然后，他请那位开明的企业家想方设法把这份文章呈献给国王。

经过一番周折，国王终于见到了这篇文章，他对这个大胆的计划感到很新奇，于是召见了安德烈，并询问有关探险的一些具体情况。两个人谈得很投机，最后安德烈要求国王象征性地提供一些小小的赞助，国王慨然应允。

这个消息很快就传开了，新闻界对国王关注此事予以报道。既然国王都对这件事感兴趣，那么许多名流、富豪也都跟着对探险一事纷纷予以关注，捐赠了大笔费用。许多普通民众也因此开始对这项计划感兴趣了，大家都明白了探险的意义。安德烈的事业终于不再是他一个人苦苦奔波的事业，而是变成了一项公众的事业。就这样，安德烈终于成功了！

巧借他人的力量和威名以达到自己的目的，这是一种韬略。安德烈正是借助国王的力量，才使自己的探险事业取得了成功。

所以，当你去求人帮忙时，不妨试一下"狐假虎威"的办法去换取别人的帮助。那么，在现实生活中，什么东西是可以"借用"的"老虎"呢？你可以参考下面列举的几个主要类型：

（1）"老虎"可以是一位强大而有权有势者。他与你抱有同样的梦想，而且愿意帮助你的事业。

"老虎"可能是一位有权有势者，为了双方共同的利益，情愿伸出手来，助你一臂之力。与此相似，你是否注意到许许多多的小鸟在大水牛的背上，它们吃掉水牛背上的虱子和蚊子，让水牛免遭虱蚊噬咬之苦，而水牛则为小鸟提供栖身之处和保护。

（2）"老虎"也许是一个组织或者协会。它的梦想和观点与你的一模一样。通过跟别人携手合作，同心协力，你能够制造出这样一种必不可少的形势，即老虎就在你后面。

（3）"老虎"或许是你的职位或者工作头衔。孤家寡人常常势单力薄，微不足道。然而，如果你为一位能够呼风唤雨、有权有势的雇主工作，你就不再仅仅是一位无能为力的孤家寡人了。

（4）"老虎"也许是你的才智，或者是你的工作。假使艾萨克·斯特恩从来没有拉过小提琴，那么他永远也不会成为我们今天所认识的艾萨克·斯特恩。通过精通这种乐器的本领，艾萨克·斯特恩成为举世闻名的人物。由于同样的原因，不管你从事哪种专业，你的工作都能成为你的"老虎"。

由此可见，"老虎"并非仅仅指的是达官贵人，社会名流，这是值得给予重视的一点。生活中的"老虎"当然不仅限于以上几种，我们应该时刻注意那些能让我们提高声誉和形象的人及事情。他们都有可能是我们能成功地求人办事的所谓的"老虎"。

旁敲侧击，达到自己的目的

求人帮忙常常会遇到一些令人不满意的情况，此时，如果你学会了委婉的表达方法，旁敲侧击，也许能收到意料不到的效果。

战国时期，各国都修建城墙。韩国也不例外，而且完工的期限规定得很死，不能超过半个月。大臣段乔负责主管此事。结果还算顺利，就是有一个县拖延了两天。于是段乔就逮捕了这个县的主管官员，将其囚禁起来。这个官员的儿子为了解救父亲，就找到管理疆界的官员子高，让子高去替父亲求情。子高答应了这件事。

第二天，子高就去拜见段乔，两人见面后，子高并不直接提及释人的事，而是和段乔共同登上城墙，故意左右张望，然后说："这墙修得太漂亮了，真算得上是一件了不起的功劳。功劳这样大，并且整个工程结束后又未曾处罚过一个人，这确实让人敬佩不已。不过，我听说大人将一个县里主管工程的官员叫来审查，我看大可不必，整个工程修建得这样好，出现一点儿小小的纰漏是不足为奇的，又何必为一点儿小事影响您的功劳呢。"

段乔听子高如此评价他的工作，心中甚是高兴，觉得子高的见解也在情理之中，很快便把那个官员放了。

这个故事中，失职官员之所以能够获免，归功于子高的求情。子高为求情先给段乔戴上一顶"高帽子"，然后就事论事，深得要领，不能不令人拍案叫绝。

其实，一般人都存在顺承心理和斥异心理，对那些合自己心意的就容易接受。因此，在求人帮忙时，完全可以旁敲侧击，巧言游说，便容易成功。

所以，在办事的时候，不容易采取正面措施直接达到目的，就可以用旁敲侧击的方法，这样就能比较容易地办成事。

声东击西，出对方意料之外

小时候对不会做的功课，我们求人讲解；长大后，为成家，我们求人说媒；工作时，我们求人合作，求人推销……我们需要别人帮忙的事太多了。

但求人请托要想获得好的效果也不是件容易的事，所以，要使对方心甘情愿地为你帮忙，你必须练就一副铁齿铜牙。如果你没有口才，只是一味地谈自己的事，并不停地对对方说"劳你大驾，请你帮忙"之类的话，只会让人感到不耐烦。

巧妙地说服别人帮忙有很多技巧，其中有一种很重要的方法就是声东击西。对于固执己见或执迷不悟者，最好的说服办法是声东击西，明说是"东"，其暗示的却是"西"，让人从中领悟到你的用意，从而接受你的意见。

在中国古代著名的历史故事中有很多这方面的例子。

春秋时期，齐景公非常喜欢打猎，于是让人养了很多老鹰和猎犬。有一次，负责养老鹰的烛邹不小心让老鹰逃走了一只。齐景公大怒，要把烛邹杀掉。晏子听说后想劝说齐景公不该杀烛邹，但他没有直接劝，而是采用了声东击西的方法，暗示景公不该杀烛邹。晏子说："烛邹有三条大罪，不能轻饶了他。让我先数说他的罪状再杀吧！"景公点头称是。

晏子就当着齐景公的面，指着烛邹，一边扳着手指数说道："烛邹，你替大王养鸟，却让鸟逃了，这是第一条大罪；你使大王为了一只鸟的缘故而要杀人，这是第二条大罪；杀了你，让天下诸侯都知道我们大王重鸟轻士，这是你的第三大罪。三条大罪，不杀不行！大王，我说完了，请您杀死他吧！"齐景公听着听着，听出了弦外之音。停了半晌，才慢吞吞地说："不杀了，我已听懂你的话了。"

其实晏子列举的三大罪状表面上是在指责烛邹，实际上是说给齐景公听的，说烛邹犯了三大罪状，暗示如果因此而杀死烛邹会给齐国带来不好的影响，人人都能听明白，齐景公自然也不例外。

下面的这个故事也是声东击西的范例。

五代后唐的开国皇帝庄宗李存勖，有一次打猎兴致来了，纵马奔驰。等到中牟县，鞭急马快，老百姓田地的庄稼被他践踏了一大片。中牟县令为民请命，挡马劝阻。没想到引起庄宗大怒，当面斥退县令，并要将县令斩首示众，随行大臣没有一人敢进谏言。过了一会儿，伶人中一个叫敬新磨的从背后转到庄宗马前，并立即率人追回将被砍头的县令，押至庄宗马前，愤怒地指责县令道：

"你身为一个县官，难道还不知道我们的天子喜欢打猎吗？你为什么纵使老百姓在田地里种庄稼来缴纳国家的赋税呢？你为什么不让你们县的老百姓饿着肚子而空着地，好让天子来此驰骋打猎取乐呢？你的罪的确该死！"

怒斥之后，他请庄宗对中牟县令立即行刑，其他伶人也随声附和。庄宗听着、看着，然后哈哈一笑，遂免了中牟县令的罪纵马而去。

敬新磨对皇帝的一段谏言，奇特新颖，他指东说西，逗乐了庄宗皇帝，又免去了中牟县令的死罪。由此也可见敬新磨的良苦用心。

所以，当你在求人遇到阻碍时，完全可以采用这种背道而驰、指东说西的方法，让对方从你的话中领悟出内在道理，从而改变所有的决定。

不失时机地与对方拉近关系

关系愈亲密的人愈容易对人敞开心房。因此，当你有求于人时，一定要记得不失时机地与对方拉近关系。

很多时候，在求人时双方会有一种距离感，这会让谈话难以顺利地进行。这时你就可以通过一些让两人关系更亲密的技巧，让彼此之间的距离缩短。

日本前首相中曾根康弘，某次赴美与里根总统会谈时互以昵称代替客套的称谓，两人在亲密友好的气氛中进行会谈，此事一时成为外交界流传的佳话。能够以昵称或名字互称，必须要有相当亲密的关系，否则是很难说出口的。世人绝对不会初次见面就以昵称或名字来称呼，一般必然会附上先生、教授、老师等，待相处久后才会以对方的名字来相称。

从心理学的观点看也是如此，当两人心理上的距离愈来愈靠近时，他们的称呼法也从头衔到姓、到名。接下来，想让对方替自己办事也会变得轻松自如了。也有些人虽然见面不久不算是亲密，但若他极欲亲近对方，也不妨以名字或昵称来称呼。

一位教师讲述他自己经历的事："某次有位从前我教过的学生来要求我帮他做媒，当时我便问他何以将两人的关系如此快速地进展。他回答说：'某次我与她见面时，她突然直接喊我的名字，使我顿时感到与她的关系是如此的亲近。'而在此之前他们两个只以姓氏互称而已，可见称呼对两人心理上的距离有很大的影响。"

再如，日本前首相佐藤荣作由于出身官僚家庭。因此，很难与一般民众接近，所以他始终都在设法让自己更有亲和力，因此他时常对人说："我很喜欢人们叫我阿荣。"这样的称呼就像是好朋友间的绰号、昵称，一下子就拉近了佐藤首相与民众的距离。

　　因此，求人时一定要不失时机地与对方拉近关系。如果一时难以接近，不妨利用称呼的方式拉近你们的距离，而且口吻必须自然，不可让对方感觉你是在装腔作势。两人的距离若是因此而接近，那么事情就很容易解决。

第三章　坚韧耐心：突破被拒绝的障碍

控制住你的情绪

求人帮忙首先要有个心理准备，要控制住自己的情感。毕竟事情不会尽如自己所愿。我们可以这样设想：当一个人无意中触痛了你的敏感之处，你就不顾一切地乱喊乱叫，人家对你的印象还会好吗？当人家同意你的一个观点时，你就高兴得眉飞色舞，他们对你的印象还会好吗？同样的，在办事时，如果别人不答应帮忙，你就满脸的不高兴；如果别人答应帮忙，你又高兴得忘乎所以，那别人对你的印象会好吗？

汤姆曾经告诉过朋友们这样一件事：一个星期六的上午，汤姆去会见某知名公司的部门主管。约见地点是他的办公室。主人事先说明他们的谈话会被打断20分钟，因为他约了一个房地产经纪人。他们之间关于该公司迁入新办公室的合同就差签字了。

由于只是个签字的手续，主人允许汤姆在场。

后来那位房地产经纪人带来了平面图和预算，很明显他已经说服了他的顾客，就在这稳操胜券的时候，他却出人意料地做了一件蠢事。

这位房地产经纪人最近刚刚与这家知名公司主管的主要竞争对手签了

租房合同。他大概是兴奋，仍然陶醉在自己的成功之中，开始详细描述那笔买卖是如何做成的，接着赞美那个"竞争对手"的优秀之处，称赞其有眼力，很明智地租用了他的房子。汤姆当时猜想接下去他就要恭维这位公司主管也做出了同样的决策。

可是不一会儿，公司主管站了起来，感谢那位房地产经纪人做了那么多介绍，然后说他暂时还不想搬家。

房地产经纪人一下子傻眼了。当他走到门口时，主管在后面说："顺便提一下，我们公司的工作最近有一些创意，形势很好，不过这可不是踩着别人的脚印走出来的。"

或许在那个时候，房地产经纪人才意识到自己在关键时刻忘了对方，只顾着陶醉于自己已取得的推销成果，而忽略了买方也有其做出正确抉择的骄傲。这就是在办事时不会控制情绪的结果。

同时，在办事的过程中，暴躁发怒也会使人很快失败，成功需要有很强的自控能力，有处变不惊的素质。

如何学会自制呢？最好的办法就是经常将自己放在别人的位置上想想。有时自己被激怒并不是对方故意的，而是无意的行为。这种时候如果不控制自己，任由感情爆发，结果肯定是没什么好处的。

一位曾在酒店行业摸爬滚打了多年的老总说："一个人不见得有比使我伤脑筋更大的事情了。在经营饭店的过程中，几乎天天会发生能把你气得半死的事。当我在经营饭店并为生计而必须与人打交道的时候，我心中总是牢记着两件事情。第一件是绝不能让别人的劣势战胜你的优势。第二件是每当事情出了差错，或者某人真的使你生气了，你不仅不能大发雷霆，而且还要十分镇静，这样做对你的身心健康是大有好处的。"

一位商界精英说："在我与别人共同工作的过程中，多少学到了一些东西，其中之一就是，绝不要对一个人喊叫，除非他离得太远不喊听不见的时候。即使那样，也得确保让他明白你为什么对他喊叫，对人喊叫在任何时候都是没有意义的，这是我的经验。喊叫只能制造不必要的烦恼。"

从上面的那位老总和商界精英的话中，我们也可以看出控制住自己的情绪对于一个人办事有多么大的影响。所以，现在如果你觉得自己还不能很好地掌控自己的情绪，同时你又想把事情办得尽善尽美，那么就多多留意，从控制自己的情绪做起吧！

懂得忍让

忍人之所不能忍，方能为人所不能为。

2000多年前，孟子就曾说过："天将降大任于斯人也，必先苦其心志，劳其筋骨，饿其体肤，空乏其身，行拂乱其所为，所以动心忍性，增益其所不能。"

在求人帮忙的过程中也是这样，不管别人是否尽力，都不要责怪，应以宽厚的胸怀对待。这样才能建立好人缘，以后办事才会变得更容易。

荀子认为："君子贤而能容罢，知而能容愚，博而能容浅，碎而能容杂。"在生活中，我们随时都会遇到一些人说对不起自己的话或做对不起自己的事，当别人对不起我们时，我们应当怎么办呢？是针锋相对，以怨报怨呢？或是宽容为怀，原谅别人呢？最好的回答应当说容之，理解之，原谅之，并以实际行动感化之。

有这样一个例子，说的是一个卖保险的业务员。有一天，他到一家餐厅拜访店主，店主一听是保险公司的人，笑脸倏地收了起来。

"保险这玩意儿，根本没用。为什么呢？因为必须等我死了以后才能领钱，这算什么呢？"店主气冲冲地说。

"我不会浪费您太多的时间，您只要给我几分钟的时间让我为您说明就好了！"业务员笑着说。

"我现在很忙，如果你的时间太多，何不帮我洗洗碗盘呢？"

店主原是以开玩笑的口吻戏谑他，没想到年轻的业务员真的脱下西装外套，卷起袖子开始洗了。他的这一举动，把一直站在旁边的老板娘吓了一跳，她大喊："你用不着来这一套，我们实在不需要保险！所以，不管你怎么说，怎么做，我们绝不会投保的，我看你还是别浪费时间和精力了！"

出人意料的是，业务员每天都来洗碗盘，但店主依旧是铁石心肠地告诉他："你再来几次也没用，你也用不着再洗了。如果你够聪明，趁早找别家吧！"

每天都面对这位店主的奚落，但是年轻的业务员忍住了，他依然天天到店里洗盘子，承受老板一家的刻薄言语。10 天、20 天、30 天过去了。到了第 40 天，这个讨厌保险的店主，终于被这个青年的耐心感动了，最后还心甘情愿地投了保险，不仅如此，店主还替这位年轻的保险业务员介绍了不少桩生意呢！

这些无疑都要归功于年轻的保险业务员的忍让。如果他开始面对店主那刻薄的话语火冒三丈、甩手而去，也就不会赢取后来那么多的保险业务了。

可是我们也知道忍让并不是件容易的事。别人冤枉了你，你感到深受伤害，那你如何去忍让这个人呢？

首先，你应该从对方的立场看问题。这么做，也许会使你看到自己的观点不完全是客观的。其次，不要愤怒，不要嫉妒。你受到愤怒的折磨，你用敌视坑害自己，而你恨之入骨的人甚至根本不知道你在恨他。

所以，忍让他人不仅是为了你的尊严和价值，而且也是为了保护自己不受伤害，更是为了以后办起事来更加顺利。

放低自己的架子

在求别人帮忙时，不论你地位多高，身份多尊贵，你都应该放低架子。因为你是在求别人，而不是别人求你，如果还摆出一副高高在上的架势，谁都不会买你的账，即便是至高无上的皇帝都不例外。

在办事过程中，那些谦让而豁达的人总能赢得更多的成功。反之，那些妄自尊大、不肯放低自己架子的人必然会引起别人的反感，最终使自己处于孤立无援的境地。

1860 年，林肯作为美国共和党候选人参加总统竞选，他的对手是大富翁道格拉斯。

当时，道格拉斯租用了一辆豪华富丽的竞选列车，车后安放了一门大炮，每到一站，就鸣炮 30 响，加上乐队奏乐，气派不凡，声势极大。道格拉斯得意扬扬地对大家说："我要让林肯这个乡下佬闻闻我的贵族气味。"林肯面对此情此景，一点儿也不在乎，他照样买票乘车，每到一站，就登上朋友们为他准备的耕田用的马拉车，发表这样的竞选演说："有许多人写信问我有多少财产。其实我只有一个妻子和三个儿子，不过他们都是无价之宝。此外，我还租有一个办公室，室内有办公桌一张，椅子三把，墙角还有一个大书架，架上的书值得我们每个人一读。我自己既穷又瘦，脸也很长，又不会发福，我实在没有什么可以依靠的，唯一可以信赖的就是你们。"

选举结果大出道格拉斯所料，竟是林肯获胜，当选为美国总统。

人生一世，存活下去，需要办数不清的事，需要请无数人帮忙。万事不求人是不可能的，既然要求人，架子大了是不行的。

"人在屋檐下，不得不低头"，这句话有其合理性。初涉世事的年轻人，往往"脸皮薄"，放不下"清高"的架子，自然也就不能为社会所接纳，不能与环境相适应，也就难以真正迈出走向社会的第一步。

当然，我们说脸皮薄了不行，绝不是要大家放弃原则和人格尊严。厚颜过度则曰无耻。但对于我们所说的"脸皮特薄者"而言，懂得"脸皮薄了不行"，洗掉身上的迂腐与矜持，才能锲而不舍，以柔克刚，取得求人帮忙的成功。

面对冷遇不灰心

与人交往，遭人冷面相对的事几乎是家常便饭。有的人会拂袖而去，有的人会心存怨恨。这样的反应虽在情理之中，受人同情，却不利于办事。有时还会因小失大，耽误办事的进程。因此，遇到了冷遇，要研究对策，具体问题具体分析。了解受到冷遇的具体情况再做不同的反应，是十分必要的。若按遭冷遇的成因而分，不外乎三种情况：

第一种是由于自我估计错误造成的冷遇。无论是对自己估计过高还是过低，都容易给对方造成错觉，认为你不诚实，从而遭到冷遇。在这种情况下，应首先对自己重新分析、判断，摆正自己的位置，及时纠正对方的看法，这样冷遇就会缓解。

第二种是由于对方考虑欠佳，不经意造成的冷遇。如果受到这种冷遇，你不应过分计较，因为每个人平时都生活在多重人际关系中，你无权要求别人随时照顾到你的感受。毕竟人们难以面面俱到，遭受这种冷遇是难免的，你应充分理解感受，千万不要因此弄僵与对方的关系。

第三种是对方故意给你冷遇和难堪。对于这种情况，你应努力克制愤怒，使自己看上去满不在乎，不论对方如何冷落你，你仍然热情地与之交往，使对方受到感动，从而慢慢对你的态度好起来。

在求人办事，遭受冷遇的时候，千万不能灰心气馁，而是要区别对待，弄清原委，再决定对策。下面就是针对 3 种不同原因所造成的冷遇而做出的不同策略，希望会对那些求人帮忙屡遭冷遇的人有所帮助。

1. 由于自我估计错误造成的冷遇

就像上面所说的那个青年人一样，其实，这种冷遇是对彼此关系估计过高，期望太大而形成的。这种冷遇是"假"冷遇，非"真"冷遇。如遇到这种情况，应自己检点自己，重新审视自己的期望值，使之适应彼此关系的客观水平。这样就会使自己的心理恢复平静，除去不必要的烦恼。

2. 由于对方考虑欠佳所造成的无意性冷遇

对于无意性冷遇，则应采取理解和宽容的态度。在交际场上，有时人多，主人难免照应不周，特别是各类、各层次人员同席时出现顾此失彼的情形是常见的。这时，照顾不到的人就会产生被冷落的感觉。

当你遇到这种情况，千万不要责怪对方，更不应拂袖而去。相反，应设身处地地为对方想一想，并给予充分的理解和体谅。

比如，有位司机开车送人去做客，主人热情地把坐车的迎进去，却把司机忘了。开始司机有些生气，继而一想，在这样闹哄哄的场合下，主人疏忽是难免的，并不是有意看低自己，冷落自己。这样一想，气也就消了。他悄悄地把车开到街上吃了饭。

等主人突然想起司机时，他已经吃了饭又把车停在门外了。主人感到过意不去，一再检讨。见状，司机还说自己不习惯大场合，且胃不好，不能喝酒。这种大度和为主人着想的精神使主人很感动。事后，主人又专门请司机来家做客。从此，两人关系不但没受影响，反而更密切了。

3. 对方故意给你冷遇

遇到故意的冷遇时也要做具体分析，必要时可采取针锋相对的手段，给予适当的回击。

有这样一个例子：一天，纳斯列金穿着旧衣服去参加宴会。他走进门时，没有人理睬他，更没人给他安排座位。于是，他回到家里，把最好的衣服穿起来，又来到宴会上。主人马上走过来迎接他，安排了一个好位子为他摆了最好的菜。

纳斯列金把他的外套脱下来，放在餐桌上说："外衣，吃吧！"

主人感到奇怪，问："你干什么？"

他答道："我在招待我的外衣吃东西。你们的酒和菜，不是给衣服吃的吗？"

主人的脸刷地红了。纳斯列金巧妙地把窘迫还给了冷落他的主人。

总之，在办事过程中遇到冷遇时，不可主观臆断，而应具体问题具体分析，否则只会造成不必要的损失。

耐心才能办成事

办事时，无论遇到多么困难的事情都要有耐心，这是一种基本的要求。只有忍耐，才能将求人办事的殷切之情表现出来。

有一位先生是一家汽车轮胎公司的经理，有一次他在酒吧饮酒，无意中碰撞了一位喝得酩酊大醉的青年人，结果这位醉汉借酒撒疯，对他大打出手。

事后，这位先生从店主那里了解到，那位青年发明了一种能增加轮胎强度的方法，而且申请到了专利。但他找了好几家生产汽车轮胎的厂商，要求他们购买他的专利，都碰了壁，而且被他们视为异想天开。所以，他感到怀才不遇，整日忧郁不乐，来这里借酒消愁。

当这位先生得知这些情况后，不但不介意这位青年对他的不恭，而且决定聘请他来自己公司做事。

一天早晨，他在工厂的门口等到了这位青年人，但青年人却心灰意冷，不愿向任何人谈起他的发明。他没有理睬这位先生，径自进工厂干活儿去了。但是，这位先生一直等在工厂的大门口。

中午，工人下班了，却不见那位青年的踪影。有人告诉这位先生，那个青年人干的是计件工作，上下班没有固定的时间。

天气很冷，风也很大，但这位先生一直没有离去。就这样，他从早上8时一直等到下午6时。那位青年走出厂门，他一见这位先生的面，便爽快地答应与他合作。

原来吃午饭时，那位青年出来看到这位先生等在门口，便转身回去了。但后来，当他知道这位先生一天不吃不喝，在寒风中等了10个小时之久，不禁动心了。

当然，这位先生正是求得了这位青年才俊后，才推出了新的汽车轮胎产品，并很快在竞争激烈的市场上站稳了脚跟。

这位先生以他的忍耐之心表达了他求才的殷切之情，并获得了那位青年人的理解，从而使他答应了自己的请求。

每一个人都有这样的经历，那就是当人们不耐烦时，往往变得粗鲁无礼，固执己见，使人感觉难以相处。这种行为是有害无益的，尤其在求人帮忙的过程中，俗话说："心急吃不了热豆腐。"当一个人失去耐心时，同时也就失去了理智的头脑去分析事物。

怎样使自己变得有耐心，在紧张的情况下也能心平气和呢？对情绪有所控制呢？你应当给自己来一些心理暗示。

比如说，如果你觉得自己异常急躁，就不妨对自己说"没什么可急躁的，平静下来"。同时，去想一些非常平静的画面或事，将思绪带离现在的处境，你就会非常有耐心，保持平静，成功的把握也就多了几分。

要记住，急躁使人失去正确的判断，容易给人造成不易接近的印象，当你丧失耐心时，同时也丧失了别人对你的支持。不要总是暴躁易怒。暴躁易怒的人，朋友会越来越少。

保持平静的心态还有另一个诀窍，那就是充满幽默感。善于将尴尬转化为幽默的人不但聪明，而且招人喜爱。

有耐心的人向人显示的不仅是平静，而且还是一种修养。

当你求人帮忙时，表现出足够的耐心与人家"磨"，这不是要无赖，而是一种静静的、礼貌的等待。不要让对方感到你是故意找麻烦，故意影响他的工作和休息。要尽量通情达理，尽量减少对对方的干扰，只有这样，才能磨成功。磨可以不露锋芒，不提要办的事，只是不间断地接近对方，使双方关系渐近，让对方更多地了解你、同情你，从而产生帮助你的愿望。

所以，要想将事办成，你就要锻炼自己的耐心。

向不可能挑战

下面的这个例子与求人帮忙虽没有多少直接的关系，但这其中所表现出的向不可能挑战的心态却是值得我们学习的。它对办事能否成功是至关重要的。如果在求人帮忙时，也能像下面故事中的女士那样勇于向不可能挑战，那么还有什么事情办不成呢？

故事是这样的：一天，有位住在爱达荷州的妇女在杂志上看到一则消息："寻求能够培养纯白的金盏花的主人，经查验属实，可获得本公司奖金1万美元。"当时，金盏花的颜色大部分都是黄色、金色或是棕色。至于纯白色的金盏花，这几乎不可能，也许那则消息只是为公司做宣传。

然而，这位女士却对这个消息深感兴趣，虽然她对植物的遗传学并不清楚，但是她尚能了解配种的方法，当她在犹豫不决时，有一个声音从她内心响起："你怎么了，试试看不就行了吗？"

于是，她很快就展开行动，首先，她去购买最大的黄色金盏花来种植，经由她细心的灌溉、施肥，终于开出了太阳般的纯黄金盏花，她再从中选择了几朵颜色最淡的花朵，等花枯萎之后收集种子，第二年再将收集的种子加以播种。她下定决心，不论花多少时间与精力，都一定要获得最后的成功，即使面对家人的怀疑和反对，她仍然持续地播种，虽然金盏花的颜色愈来愈淡，但还是无法变为纯白的。

时间已经过去了很多年，她的孩子渐渐长大，有的结婚生子，有的搬出去住了，最后她的丈夫也去世了，坚强的她一度沉陷于悲伤的情绪中，对于任何事情都无精打采。但这终究并非长远之计，于是她再度鼓起勇气回到了金盏花的世界里。虽然后来她都已做了祖母，她却仍坚信20年来的辛勤耕耘。

终于，在某一天的早上，她突然看到一朵雪白的金盏花，而且是真正的雪白，正直挺挺地站在枝头上，她脸上露出了笑容。

等花枯萎后，她从这朵花里收集了一些种子，寄给种子公司。经过仪器检验后，种子公司终于兴奋地打电话来告诉她说："我们要把奖金颁给你，感谢你所栽种的金盏花！"她终于如愿以偿获得了奖金，多年的心血也总算有了回报。

本来，培育纯白色的金盏花在别人看来是不可能的，但那位女士还是勇敢地接受了挑战，并最终获得了成功。

拿破仑曾说过："成功就是向不可能挑战。"事实上不论在哪个领域，成大事的人都是些"向不可能挑战"的人。当然，因此而失败的人也不少。但是，若不接受挑战，是绝对无法把"不可能"变成"可能"的。

向任何人都认为不可能的事挑战，一定会遇到很多的困难。这样做会受人嘲笑、非难，甚至会遭到镇压。但是，来自社会的压力越大，成功时的喜悦也就越大。求人帮忙同样如此，向你原本认为不可能的人求助，所收获的惊喜也就越多，这是成正比的。

持之以恒，坚持到底

要办好一件事，很多的时候都不是一帆风顺的，当我们在办事的过程中遇到挫折时，应该持之以恒，坚持到底。

办事的结果无非有两种，一种是成功，一种是失败。而那些善于把握时机的办事人员，在对待挫折时，有着一种不屈不挠的精神，正是这种精神激励着他们努力尽责地做好每一件事并最终获得成功。

俗话说："精诚所至，金石为开。"坚持是办事成功的要素之一。当前进受阻出现僵局时，人们的直接反应通常是烦躁，恼火甚至发怒，这根本无助于事情的解决。在日常生活和工作中，个人与事业同样都不可避免地要遇到各种各样的挫折，我们去求人时，也会遇到许多障碍。但如果我们对于要实现的目标有坚定的信仰和不断向前的决心，我们便能战胜逆境。要是能够树立起一种"持之以恒"的个人哲学观，那么，我们便会把挫折仅仅看成我们要越过的障碍，看成对我们的智慧的挑战。相反，如果缺乏这种坚强的力量，挫折就会变成摧毁我们自我信念的工具，变成我们前行道路上不可逾越的难关。

跌倒后立刻站起来

办事之前你也许会这样想："如果我被拒绝，该怎么办?"有很多人一旦遭人拒绝，就会唉声叹气或大骂对方混蛋。

对待挫折，不同的态度会带来不同的结果：当你遭人拒绝时就放弃努力，你得到的只能是失败；继续尝试，下定决心去获得成功，才是避免办事失败的最好办法。

对于那些自信而不介意暂时失败的人，没有所谓的失败；对于怀着百折不挠的意志的人，没有所谓的失败；对于别人放弃，他却坚持，别人后退，他却前进的人，没有所谓的失败；对于每次跌倒却立刻站起来，每次坠地反而像皮球那样跳得更高的人，没有所谓的失败。

1832 年，美国有一个人和大家一道失业了。他很伤心，但他下决心改行从政，当个政治家，当个州议员。糟糕的是，他竞选失败了。一年遭受两次打击，这对他来说痛苦是接踵而至了。

但是他并没有灰心，接下来他着手开办自己的企业，可是，不到 1 年，这家企业又倒闭了。此后 17 年的时间里，他不得不为偿还债务而到处奔波，历尽磨难。

他再次参加竞选州议员，这一次他当选了，他内心生起一丝希望，认定生活有了转机："可能我可以成功了！"

第二年，即 1851 年，他与一位美丽的姑娘订婚。没料到，离结婚日期还有几个月的时候，未婚妻却不幸去世。这对他的精神打击太大了，他心力交瘁，数月卧床不起，因此患上了精神衰弱症。

1852 年，他觉得身体康复过来，于是决定竞选美国国会议员，可是又失败了。

一次次尝试，一次次失败，你在求人办事时碰到这种情况会不会万念俱灰放弃新的尝试？

但他没有放弃，1856 年，他再度竞选国会议员，他认为争取自己作为国会议员的表现是出色的，相信选民会继续选举他。可是，机遇好像总是想捉弄他，他落选了。

之后，为了挣回竞选中的花销，他向州政府申请担任本州的土地官员。州政府退回了他的申请报告，上面的批文："本州的土地官员要求具备卓越的才能、超常的智慧，你的申请未能满足这些要求。"

在他一生经历的 11 次较大事件当中，只成功了两次，然后又是一连串的碰壁。可是他始终没有停止自己的追求，他一直在做自己生活的主宰。1860 年，他最终当选为美国总统。

他，就是后来在美国历史上创建丰功伟绩的亚伯拉罕·林肯。

很显然，林肯的成功是与他的坚持不懈分不开的，于是在美国白宫的总统办公室里，他的肖像被悬挂在显眼的位置上，罗斯福总统曾告诉别人说："每当我碰到犹疑不决的事，便看看林肯的肖像，想象他处在这个情况下应该怎么办，也许你会觉得好笑，但这是使我解决一切困难最有效的办法。"

林肯在屡遭失败后，如果他放弃了尝试，美国历史就要重新改写了。然而，面对艰难、不幸和挫折，他没有动摇，没有沮丧，他坚持着，奋斗着。他根本没有想过放弃努力。他不愿在失败之后放弃。正是这种精神促成了他最后的成功。

你为什么不去试用一下林肯的办法呢？如果你在办事的时候碰到了困难，请不要气馁，你可以想一下，当年的林肯要比你困难得多！林肯竞选参议员失败后，他告诉他的朋友说："即使失败 10 次，甚或 100 次，我也绝不灰心放弃！"

著名心理学家詹姆斯有一段名言，希望你每天清晨都诵读一遍——"年轻人不必烦恼自己所受的教育毫无用处，不论你做什么事业，只要你忠于工作，每天都忙到累了为止，总有一天清晨醒来，你会发现自己是全世界能力最强的人。"

在求人帮忙的过程中，如果有永不言败的勇气，那么一切事情都会迎刃而解。

胆识是一种办事的能力

办事并不是一种凭空而起的想法，只想想就可以了，他要你脚踏实地，真正地去做。因此，要想办成一件事，对于一般人来说，也许不是很容易，你除了真正的使命感之外，还需要胆识。我们常常将胆识与勇敢联系在一起，尽管两者之间有着密切的联系，但勇敢可能更多地表现为生活处于危险境地时而自然产生的非同寻常的个人反应。这种勇敢在我们的生活中可能是永远都无法加以验明的东西；相反，胆识则是我们人人具有、每天都要用到的一种品质，认识到这一点并付诸行动，我们就能在办事方面有很大的进步。

毫无疑问，胆识是一种能力，它帮助我们去做一些我们不明原因的、在本能上感到害怕的事情，这些事情可能是我们每天都会经历的，比如，害怕被人嘲笑，害怕失败，害怕意想不到的变化，或是其他什么使我们内心想要退缩的事情。如此一来，尽管我们得到的不是我们内心期待的东西，但它至少是令我们感到舒适并为我们所熟悉的事物。

然而，当我们对周围的一切熟视无睹时，周围的一切却在发生着飞速的变化。我们越来越感到自己不合时宜，这进一步强化了生活中的障碍，使我们心甘情愿地任凭事情自由发展。只有对成功充满自信和激情，并总结经验战胜恐惧时，成功才会出现。

罗伯特·F. 肯尼迪曾说："只有敢于面临巨大失败的人才能取得巨大成功。"为了到达目的地，我们常常要运用自己的胆识去处理我们面对的问题，要无所畏惧，并从失败中吸取教训。开展业务、开垦处女地，或是单纯地学习一项新的技术，都需要我们的胆识，胆识来源于坚强的信念：不仅可以取得成功，而且有保障取得成功。

如果你是一个商人，假设你现在要开始你自己的业务，于是你在办公室里安上了传真机，印好了你的信笺信封，分发了很多小传单，向潜在的客户送出了上百封的信函。但一切都是白费功夫。于是你决定把与客户见面当作下一个步骤，无事先接触或任何缘由而径自给潜在的客户打电话。问题是你虽然努力去试验了，但你却干不成事，因为每次打电话你都是半途而废。有时即使你遇到了成功的机会，也会特别紧张，说话不得要领，为自己冒昧的电话而抱歉，无法获得见面的机会。为什么？因为对被人拒绝、被人瞧不起的恐惧使我们退缩。想象中的失败感超出了想象中的成就感。要知道，克服这种恐惧心理所需要的胆识与个人英雄主义没什么两样，它需要毅力、确定的目标、对成功的坚定信念，以及一心致力于目标，无论遇到何种情况都不放弃。

当你对打这类电话感到极为恐惧时，每天先打 5 个，然后换成 20 个，再下去是一天 50 个，直到你解除了自己的心理恐惧，这时你便会发现给客户打电话是一个必要的过程，坚持下去你就能成功。

办事高手应该了解，生活中要战胜的最主要的恐惧是对失败本身的恐惧。失败既然已经发生，就要从中吸取教训，失败并不能证明你总是要走向失败。

我们必须懂得，失败是进步曲线的一个组成部分：失败只是意味着我们做得不对，无论我们做的是什么事。考察一下成功的推销员，高销售额的推销员的一个共同之处是，只是在有了六七次接触之后，他们才开始与人约见并卖出产品；这些推销员并不是什么幸运者，他们只是具备了充分的信心和胆识，战胜了被人拒绝的恐惧心理。

如何发现自己的胆识？答案很简单。一心致力于自己的目标，把通向成功的每一步都看成是必要过程的一个组成部分。

克服阻碍成功的心理障碍

心理障碍对一个人的工作、生活都是极其不利的，在办事的过程中，也是如此。所以，我们要想让事情办成功就要努力克服这道障碍。

每个人都有能力发展自己，取得更大的成功，不幸的是人们在开发自己潜能、取得成功的过程中常会遇到一种自身的心理障碍，这就是所谓的"约拿情结"。"约拿"是圣经中的人物，上帝给了他机会，他却退缩了。这是个怀疑甚至害怕自己的智力所能达到的光辉水平，心理软弱到甘愿回避成功的典型。

回避成功的心理障碍，主要有意识障碍、意志障碍、情感障碍和个性障碍等。

1. 意识障碍

所谓意识障碍，指由于人脑歪曲或错误地反映了外部现实世界，从而影响以至减弱人脑自身的辨认能力和反映能力，阻碍着人们对客观事物的正确认识，从而影响了在事业上的成功。主要表现在：

（1）"自卑型"心理障碍：因生理缺陷，或心理缺陷即自认为智力水平低，或家庭、社会条件不如人。

（2）"闭锁型"心理障碍：不愿表现自己，把自我体验封闭在内心，因而缺乏自我开发的积极性。

（3）"厌倦型"心理障碍：是一种厌恶一切、对什么都不感兴趣或感觉无能为力的心理状态。

（4）"习惯型"心理障碍：习惯是由于重复或练习巩固下来的并变成需要的行为方式，习惯形成一是自身养成；二是传统影响。

（5）"志向模糊型"心理障碍：是指对将来干什么，成为何类人才的理想不明确，因此不能进行自我能力开发。

（6）"价值观念异变型"心理障碍：是指对作用于人的客观事物的价值量进行了不正确的或者错误的心理评估，形成了一种畸形的价值意识，最突出的表现为贬低自己目前所从事的职业，因而不能结合工作开发自身能力的。

2. 意志障碍

所谓意志障碍，指人们在自我能力开发中，确定方向、执行决定、实现目标的过程中起阻碍作用的各种非专注性、非持恒性、非自制性等不正常的意志心理状态。主要表现在：

（1）"意志暗示型"心理障碍：是指在制订和执行目标时，易受外界社会风潮和他人意向的直接的或间接的影响，而产生的一种摇摆不定的意志心理状态。比如，"三天打鱼，两天晒网"。

（2）"意志脆弱型"心理障碍：表现在没有勇气去征服实现目标道路上的困难，只是被动地改变或放弃自己长期进取的既定目标。

（3）"怯懦型"心理障碍：这种人过于谨慎、小心翼翼，常多虑、犹豫不决，稍有挫折就退缩，因而影响自我开发目标的完成。

3. 情感障碍

所谓情感障碍，指人们在能力的自我开发中，对客观事物所持态度方面的不正确的内心体验。主要表现为麻木情感，即人们情感发生的阈限超过常态的一种变态情感。所谓情感阈限，就是引起感情的客观外界事物的最小刺激量。麻木情感的产生主要是由于长期遇到各种困难，受到各种打击，自己又不能正确地对待和加以克服，以致对客观外界事物的内心体验阈限增高，形成一种内向封闭性的心理态势。它使人们丧失对外界交往的生活热情和对理想及事业的追求。

4. 个性障碍

所谓个性障碍，指人们在自我开发中常常出现的气质障碍和性格障碍，如抑郁质的人易表现孤僻乖戾、不善交际的弱点；黏液质的人易表现优柔寡断、缺少魄力的弱点；多血质的人缺乏毅力；胆汁质的人多表现出办事武断、鲁莽等弱点。

5. 其他障碍

除了意识障碍、意志障碍、情感障碍和个性障碍外，还有影响智力开发的几种心理障碍。包括感觉加工中的心理错觉、知觉中的错觉和偏见，思维定式的障碍等。这些心理障碍主要属于认识上的主观片面性、表面性以及思想僵化凝固等原因。这些和回避成功、害怕成功的心理障碍是两种性质不同的心理障碍，但同样对人的事业成功有着巨大影响，特别是当这些心理障碍互相影响时，会形成一种强大的负效应，导致一个人的事业失败。

上述的这些心理障碍还会使人在与他人交往的过程中产生一种社会恐惧，存在社会恐惧对办事情很显然是非常不利的。

社交恐惧，简单地说，就是在社交场合，怕被别人注意或稍有差错就产生极度恐惧的情绪。据专家调查发现，社交恐惧症是最常见的神经紧张和失调的病症，它是一种对难堪或出丑表现的强烈反应和令人身心疲惫的恐惧感。拥有这种症状的人害怕在公共场合讲话，不愿意接触人，不愿意求人办事，与人共事。

当你发现自己存在着社交恐惧时就应该及时克服，下面的几种方法不妨一试。

1. 平衡心理，主动出击

对社交出现恐惧根源在于害怕交往中出现棘手、无法应付的情况，让自己难堪、出丑。当一个人对外界不确定时，就会出现恐惧的心理。与其害怕不如主动面对。因此，不妨主动寻求外界的刺激，以提高你的心理素质和解决问题的能力。要勇敢地迈出第一步，也就是一个勇气的问题。当你迈出第一步以后，你会发现你所恐惧的其实根本不值得一提。

2. 给自己松绑

社会交往过程中不要背包袱，学会轻松、坦然地面对一切。

要忘掉自我。有社会恐惧的人都过分注意自我：我这样说话好不好？我的衣着打扮是否得体？满脑子转着这样的念头，结果越想越紧张，越紧张越拘谨，如不及时摆脱这种窘境，势必导致交往失败。如果换一个角度想问题：眼前的交往对象未必比自己高明，或许他也羞怯和害怕。在这种充满信心的情况下，我们就能够变得泰然自若、镇定沉着，而精神上的忘我和放松一旦形成，也就没有那么多的顾忌了。

不否定自己，不断地鼓励自己"我是最好的""天生我材必有用"。

不苛求自己，能做到什么地步就做到什么地步，只要尽力了，不成功也没关系；不回忆不愉快的过去，过去的就让它过去，没有什么比现在更重要的了。

每天给自己 10 分钟思考，只有不断反省自己才能够不断面对新的问题和挑战。

找个倾诉对象，有烦恼是一定要说出来的，找个可信赖的人说出自己的烦恼。可能他人无法帮你解决问题，但至少可以让你发泄一下。

很明显，有些人办事总是差强人意，这不是说他智力不够，很大一部分原因是他没有克服自己心理上的弱点。因此，只有不断向自己挑战，认真克服以上心理障碍，才能取得办事的成功。

挺直腰杆办大事

挺直腰杆即为不卑不亢。在求人帮忙中存在一个态度与姿态问题。这态度与姿态又总是与身份、地位、角色和自身的个性息息相关，通常情况是身份较高、地位较高的人，容易表现出高傲的情绪，这种情绪是不易为他人所接受的，一旦地位或角色发生了变化，他们便在这种落差中尴尬起来了。还有另外一种人，他们出身卑微、地位低下或性格懦弱，常常表现出自卑落魄的姿态，这种姿态令人轻蔑和瞧不起，致使很多人不屑于与之为伍。以上这两种处世态度，一者为亢，一者为卑，两者都不利于人际关系的正常发展。可以说，这两种态度是办事的大敌，不仅造成彼此相处的心理障碍、精神障碍，而且也给办事气氛笼罩了一层乌云，使彼此相处不愉快、不和谐、不融洽。一般而言，人们大多喜欢在彼此平等的正常状态下进行交往。由"卑"或"亢"所产生的距离和办事的鸿沟，使彼此无法构建友谊的桥梁。所以，在求人帮忙中应该保持的最良好的态度是不卑不亢，挺直腰杆去办事。

很多人不是因为别人看不起而垂头丧气，而是因为自己总是爱贬低自己，所以变得无精打采，毫无斗志。这些人失败在自己身上存在的缺点和毛病上。如果你认为自己满身缺点和毛病；如果你自认为是一个笨拙的人，总是一个面临不幸的人；如果你承认你绝不能取得其他人所能取得的成就，那么，你只会因为自我贬低而失败。

有这样一个童话故事，说有一只黄鹂鸟，生着一副极好的歌喉，但就是胆子小，不敢在大家面前唱歌。黄鹂鸟也知道自己的缺点，于是它便去寻找有学问的伙伴，向它们求教如何才能把胆子练大。黄鹂鸟先后找了老乌龟、猫头鹰、长颈鹿，直到找到了老松鼠。可是每个伙伴都让它先唱一首歌来听听，然后再帮助它。为了求到胆大的学问，黄鹂鸟找到老松鼠的时候，它已经可以当着所有伙伴的面唱歌而没有感到丝毫胆怯了，于是老松鼠对它说："你已经找到了把胆子练大的方法了。"

这个故事所说的，其实就是一种自信。黄鹂鸟虽有一副好歌喉，但因缺乏自信，不敢在大家面前唱歌，等到它找到了自信，就不仅敢唱，同时也得到了动物们的喜欢和尊重。李白诗中有这么一句："安能摧眉折腰事权贵，使我不得开心颜。"如果面对"权贵"心生畏惧而自卑，那么你就不可能使自己办事时大方果断起来，能办的事也难以办成。所以我们在平时就应该摆正自己的位置，只要我们将心理上的那份胆怯收起来，充分显示出自己的自信，就会在办事过程中游刃有余。

为什么我们要亦步亦趋、畏首畏尾地追随别人，做人家的跟屁虫呢？为什么我们总是模仿他人，而不敢求助于我们本身的灵魂或思想呢？挺起胸来，昂起头来，学会善待自己，正确评价自己，相信自己有能力干好自己决心从事的任何事业。

有调查发现：今天，在西方一些国家中，工薪阶层之所以贫困和社会地位低下，大部分原因在于他们自己有低人一等的感觉。他们想当然地认为自己低人一等，而不是以勇敢和独立的心态站立在人们面前。如果说有一种做法是被任何明智的雇主轻视的，那它肯定就是雇员对他的唯命是从、唯唯诺诺、百依百顺和卑躬屈膝的讨好心态。明智的雇主常常更喜欢他周围那些能以平等身份接近他的人。他会本能地蔑视那种点头哈腰、卑躬屈膝和唯唯诺诺的人。他绝不可能去尊重那些自我贬低的雇员，他喜欢那些有骨气的人、使他觉得具有人格尊严的人和渴望获得尊重的人。

我们应该意识到，我们绝不可能完成自信心所不能承受的事情。

通常，一个人最大的缺点就是缺乏自信心。

绝大多数人的自信心都不足。许多失败者如果在年轻时使自信心得到适当的调整和加强，那么他们是完全能够成为成大事者的。

就拿一个胆怯、害羞、敏感和畏缩的人来说，如果不断地教他相信自己，开导他不要陷入自我贬低的泥潭，让他相信会有光辉灿烂的前途，那么他一定能成为有用之才。对他进行训练、调教，就可以使他充满坚定的信心。这种坚定的信心不仅能增加他的勇气，同样也能加强他其他方面的能力。

其实，我们的整个生命过程一直都在复制我们心中的理想图景，一直都在复制我们心中为自己所描绘的画像。没有哪一个人会超越他的自我评价。如果一个巨人相信他会变成一个侏儒，并且一直那么想，那么他就会真的成为一个侏儒。一个人目前的整体能力是不是很强这一点倒不大重要，因为他的自我评估将决定他的努力结果，将决定他能否成为成大事者。

所以，如果你想让自己的事业更辉煌，让自己的生活更美满，那就挺直腰杆，大大方方地去办大事吧！

缠着对方不放

俗话说："好事多磨，水滴石穿。"求人帮忙很多时候就是靠"磨"出来的，缠着对方不放是一种特殊的求人术，它以消极的形式争取积极的效果，既表现出毅力，又给对方增加压力。

"人心都是肉长的"。不管朋友之间认识距离有多大，只要你善于用行动证明你的诚意，就会促使对方去思索，进而理解你的苦心，从固执的框子里跳出来，那时你就将"磨"出希望了。

日本"推销之神"原一平，小时候是村里的"混世魔王"，人见人怕。由于自己声名狼藉，23岁那年他便只身一人来到东京开始创业。到了35岁的时候，他已经成为日本保险界赫赫有名的人物，阔别家乡十几年的他，终于高高兴兴地回去探家。

原一平这次回家有两个目的，一是想让家乡人都知道当年的"混世魔王"已经改好了；二是想在自己的家乡开展保险工作。所以回到家乡不久，便大力宣扬保险知识。遗憾的是村民根本不相信当年的"混世魔王"，怕吃亏，谁也不愿参加。原一平明白要想在村里开展保险工作，最重要的是先求助于村长的帮忙才能顺利进行。

现在的村长是当年和原一平一起玩的朋友，而且当时的原一平经常欺负他，如今要想取得村长的帮忙，肯定很不容易。不过，原一平没有放弃，找了时间提了点儿礼物来到村长家，村长一看是当年的"混世魔王"回来了，不禁想起了他以前在村里做的坏事，不由自主地吃了一惊。

当原一平提及让村长帮忙动员村民一起学习、参加保险的时候，村长一口回绝了。

第二天，原一平提着礼物又来了，村长好像有点儿不好意思，但是依然拒绝了他。

第三天，原一平又来了。不过这次村长的家人告诉他说，村长到几十里外的邻县亲戚家帮助盖房。原一平得知这个消息后，明白村长是故意不肯见他。于是原一平骑车按照村长家人说的地点追了去，车子一放，袖子一挽就干活儿，干完活儿还和村长"磨"。

为了找一个长谈的时机，原一平干脆天不亮就起床，冒雨赶到村里，在村长家门外一站就是两个钟头，村长起床开门愣住了，见原一平淋得像落汤鸡，只好答应了他的请求。

村长这个堡垒一被攻破，这个村参加保险工作的局面就打开了。

但是，这种缠着对方不放的求人术并不是人人都能做得很好的，只有控制好自己，才能充分发挥作用，为此你必须掌握以下几点：

第一，要有足够的耐心。

当求人过程中出现僵局时，人的直接反应通常是烦躁、失意、恼火甚至发怒。然而，这无助于事情解决。你应理智地控制自己，采取忍耐态度。这时，忍耐所表现的是对对方处境的理解，是对转机到来的期待，有了这种心境，你就能在精神上使自己处于强有力的地位。能够方寸不乱，调动自己全部的聪明才智，想方设法去突破僵局。

第二，要能抓住时机办事。

"磨"不是消极地耗时间，也不是硬和人家要无赖，而是要善于采取积极的行动影响对方、感化对方，促进事态向好的方向转化。只要你善于用行动证明你的诚意，就会促使对方去思索，进而理解你的苦心，从固执的框子里跳出来，那时你就将"磨"出希望了。磨功，也是一种韧劲，一种谋略。在求人帮忙中，谁磨的功夫高，谁就是胜者。

很多时候人们认为缠着对方不放求人是一件很为难的事。但事情不办是不行的，对方有意推托、拒绝，那我们只能靠缠着对方来达到目的了。所以有耐心也是求人的基本功夫。

第四章　宴请学问：助你成功

开门见山直接发出邀请

"民以食为天"，就连平时见面寒暄，有时也这样打招呼："吃了吗?"
于是，求人帮忙，请客吃饭，在老百姓中间就变得十分普遍。

宴请是求人最常用的一种手段，恰当的宴请可以为求人顺利和成功提
供条件、奠定基础。

但是，宴请的时候采取何种方式发出邀请，就要具体问题具体分析，
根据办事的性质、对象而定。学者、专家、领导等，大多工作忙、时间
紧，对他们最好提前相约，以便他们做好工作调整、时间安排；对某团体
的要人，公开邀请，甚至借助传播媒介，既能体现公正无私，光明磊落，
又有利于引起关注，促进宣传，扩大影响。

你可开门见山地直接对别人发出邀请。例如，当你想邀请刘经理吃饭
时，你就可以直接对他提出邀请，说出自己的目的。例如你可以说："刘
经理吗？我们现在在海天酒楼吃饭，过来认识几个朋友吧，我们等你
来啊。"

这种开门见山直接发出邀请的方式，既显示出了关系的亲近，又能活
跃气氛，也能使求人办事变得很自然。

借花献佛邀请他人

宴请别人时，如果邀请方式得当，当然会皆大欢喜。但邀请不当，不仅会让别人挡回，更会觉得堵心。

你不妨采用借花献佛的方式邀请他人，一般说来这种方式可使受邀请者因盛情无法回报的拒请心态得到缓和，会接受你的邀请。

你不妨以自己有什么喜庆作为"花"来借一下。

有一个年轻人，胸怀大志，他很想自己开一个小公司，但资金却是大问题。后来，他想到可以求同学的父亲帮忙，于是打听到其父喜食海鲜，便决定到附近一家海鲜馆宴请同学的父亲。这位年轻人也从同学口中得知其父不轻易赴宴，可是年轻人思前想后终于想出一个方法。

在酒桌上，年轻人和同学的父亲谈起自己的生意，并说了自己眼前遇到的困难，并希望对方能帮助自己。没想到，第二周同学就告诉这位年轻人自己的父亲打算帮助他办公司。

从这个例子中可以看出，那个年轻人能得到同学父亲的资助，还真是多亏了借花献佛的邀请方式得当，否则事情就不会变得那么容易了。

喧宾夺主发出邀请

在宴请他人时，还有一种喧宾夺主的邀请方式，这种方式需要你事先调查一下要邀请的人所在的环境，就近选择一家有特色的酒店，然后开始发出邀请。

例如你可以说："吴院长，中午有空儿吗？一起吃饭好吗？我在你这边发现了一家烤味店，就在对面小巷中，距离你这里走路也就 3 分钟就到了，那里的烤蚝烙真的是一流，而且环境也不错……真的是休闲饮食的好地方!"

"哦！你中午没有时间啊？没有关系，这样吧，下午我去定个位置，然后晚上你带上你的家人，我们一起去吃怎样啊？晚上我给你电话哦!"

这样发出去的邀请，别人就很难再有借口推辞了。你也就有了接近对方、求其帮忙的机会了。

请同事吃饭

毫无疑问，请同事吃饭，可以加深彼此的感情，为以后寻求帮助奠定坚实的基础。如何与同事相处是一门艺术，如何请同事吃饭也是一门艺术。

与同事吃饭时，最好注意以下两个方面：

1. 邀请同级同事进餐

(1) 邀请跟你有直接业务关系的同事在餐厅吃午餐。

(2) 邀请与你有个人关系的同事，带配偶在餐厅吃午餐。

(3) 邀请与你是好朋友或有交情的同事，带他或她的配偶或同事，在你家吃晚餐。

(4) 在职场中单身或已婚的妇女，单独应邀与一位单身或已婚的经理共进午餐，是很正常的。然而，两位结了婚的异性单独进晚餐，即使他们的晚餐约会只谈公事，但别人却不那么想，正所谓"众口铄金"。

（5）女性经理邀男同事共进午餐，这时候极有可能犯的错误就是让男同事付账，因为那违反工作交往的常规。

（6）若同事邀你到朴实的餐厅吃午餐，别邀请他到昂贵的餐厅回报。那会使他觉得比不上人家。

（7）若双方配偶都不上班，你邀请另一对夫妇共进晚餐，即使认识对方的丈夫或妻子，也应该正式发出邀请。

2. 与同级同事进餐注意事项

（1）许多公司有不成文的习惯，就是升职要请客。你若身处这样的公司，当然要入乡随俗。至于请客请些什么呢？那要视加薪额和职级而定，一则是量入为出；二则是身份问题。如果你只是一名小职员，却动辄请同事吃海鲜，未必个个会欣赏，可能有人认为你太"招摇"。所以，一切最好依照旧例，人家怎样，你就怎样。有人当面恭维你："你真棒，什么时候再请第二次？"你可微笑地回答："要请你吃东西，什么时候都可以呀！"

相反，有同事表示要请客贺你，你也要答应，否则就是不给面子，不接受人家的好意。不过，答应之余，需考虑：对方是否一向与你投契得很，纯是出于一片真心？还是彼此只属泛泛之交，此举只是"拍马屁"？前者你自然可以开怀大嚼，至于后者，吃完之后你最好反过来做东，这样既没接受他的殷勤，又没有得罪对方。

（2）不谈同事的隐私。即使闲聊也不可以谈论同事的隐私，如被心怀不轨的同事听到，很可能会加油添醋地到处宣扬。这样，别的同事会怨恨你，你就会处于非常不利的境地。

（3）不要在同事面前批评上司。有人在白天被上司毫无道理地斥责一通之后，喜欢晚上约个同事喝一杯，然后对着同事发牢骚。这种事情一定要避免。不论多么值得信赖的同事，当工作与友情无法兼顾的时候，朋友也会变成敌人。在同事面前批评上司，无疑是自丢把柄给别人，有一天身受其害都不自知。

所以，请同事吃饭时也要多留意，否则不只是办不成事，还可能使事情朝着更糟的方向发展。

请下级吃饭

即使你是别人的顶头上司，有很大的权力，你也总有可能请求你的下级帮忙办事。所以请下级吃饭也是一个非常重要的环节。

兵法有云："攻心为上。"要想当好上司，就一定要善于笼络下属。不要以为"笼络"两个字难听，"笼"，罩也，"络"，网也。试想，你如果真能成为一位罩得住人心又善于笼络感情的上司，还有什么事情办不成呢？

要照看好一个团队需要足够的"外交"技巧、亲和力、公平性和策动力。你要鼓励你的团队成员努力工作，在他们取得成绩时还要给予奖励。如果公司不能为他们提薪，你不妨掏掏自己的腰包请大家出去吃一顿午餐或晚餐。当然，在你请别人吃饭时，不要摆出一副施恩者的嘴脸，要把你的下属想成是跟你一样有价值、有智慧的人，他们只是目前的资历不如你，或者具有不同的优势。

请下级吃饭时，还应该注意防止那些觊觎你权力的人有可乘之机。即使在你酒后迷蒙的眼神里，他看起来似乎顺眼多了，也不能允许有什么事情发生。

请客户吃饭

同客户办事，邀请客户吃饭是很正常的事情。也许是因为这个原因，有很多人忽视了请客户吃饭必须注意的事项。如果你想同客户保持良好的合作关系，你最好多加注意以下几个方面。

（1）邀请。尽量不要带着你的爱人，因为他或她不是所有人都认识的，你会整晚都夹在他们之间。如果你跟你的爱人并非从事同一个职业，还是不要带他或她去了。

（2）迎客。如果你先到，那就应该让客户感到宾至如归，把他们引荐给重要人物。进入酒店随员和上司一样要尽地主之谊，以目光和手势示意客户，请他走在前面，同时可以配合语言提示："刘经理，您先请!"

（3）就座基本原则。面对大门的位子为主位，就是主人坐，客户要坐在主人右手的第一个位子，随员要坐在主人左手的位子。随员要等上司和客户先落座后再坐下，至于是否需要给客户拉椅子，则不一定，因为随员如果是年轻女性，客户反而会很不自在。

（4）点菜"客随主便"。客人一般不了解当地酒店的特色，往往不点菜，那么，上司就有可能示意随员点菜。此时，随员要同时照顾上司和客户的喜好，也可以请服务生介绍本店特色，但切不可耽搁时间太久，过分讲究点菜反而让客户觉得你做事拖泥带水。点菜后，可以请示"我点了菜，不知道是否合二位的口味""要不要再来点其他的什么"等。如果事前能与酒店打过电话联络，提前拟订菜单，那就更加周到了。

（5）添茶。如果上司和客户的杯子里需要添茶了，随员要义不容辞地去做。你可以示意服务生来添茶，或让服务生把茶壶留在餐桌上，由你自己亲自来添则更好，这是不知道该说什么好的时候最好的掩饰办法。当然，添茶的时候要先给上司和客户添，最后再给自己添。

（6）离席。用餐完毕，大家还要聊会儿天，这时是去洗手间的最好时机，尤其是你发现上司和客户的谈话比较深入的时候。

（7）结账。此时，不要让客户知道用餐的费用，否则也是失礼的。因为无论贵贱，都是主人的心意。

尊重民俗惯例宴请

宴请别人就要尊重别人的民俗惯例，具体可从以下两个方面着手。

首先，根据人们的用餐习惯，中餐依照用餐的具体时间的不同，可以分为早餐、午餐、晚餐等 3 种。至于在宴请他人时，究竟应当选择早餐、午餐或晚餐，不好一概而论。不过，在绝大多数情况下，确定正式宴请的具体时间，主要遵从民俗惯例。

例如，在国内外举办正式宴会，通常都要安排在晚上进行。因工作交往而安排工作餐，大都选择在午间进行。而在广东、海南、港澳地区，亲朋好友聚餐，则多爱选择"饮早茶"。

其次，根据不同民族的风俗宴请。比如，你要是请回族的朋友吃饭，就不该用猪肉等制品招待。

总之，在宴请时，一定要尊重别人的民俗惯例。否则，只会闹得不欢而散，甚至会发生冲突。

主随客便的宴请

宴请是针对别人进行的，就要最大化地满足别人的需求与方便，所以宴请的时机与地点就要尽可能地遵守主随客便的原则。

在决定社交聚餐的具体时间时，主人不仅要从自己的客观能力出发，更要讲究主随客便，即要优先考虑被邀请者，尤其是主宾的实际情况，切勿对此不闻不问，勉强从事。如有可能，应先与主宾协商一下，力求双方方便，达成一致。至少，也要尽可能地为之多提供几种时间上的选择，以显示自己的诚意。

现实生活中有很多人在宴请他人时都没能做到这一点，因此而造成的求人不成、办事无果的例子有很多。

有一次，小孙因为工作上的事想请主管帮忙，于是就和妻子商量着要请主管吃一顿饭。小孙想到省城新开了一家韩国饭店，那里的烧烤做得不错，就决定请主管到那家饭店吃一顿。妻子想了想觉得那家饭店离公司太远，交通又拥挤，主管能欣然赴宴吗？小孙却始终想要去那家，最后妻子也勉强同意了。

第二天，小孙十二万分诚意地邀请主管吃饭，没想到主管很干脆地就拒绝了。他告诉小孙烧烤的确不错，但是自己最近很忙很累，所以不能去那边吃饭了。

结果可想而知，小孙没能邀请到主管，也没能办好自己的事。

所以，你在宴请时一定要做到主随客便，不能仅凭自己的感觉就断定别人会喜欢你的安排。

根据宴请的对象和事由确定地点

在宴请别人时，选择宴请地点，要考虑到被宴请的对象和事由。选择宴请的地点，要根据主人意愿、邀请的对象、活动性质、规模大小及形式、商谈的内容等因素来确定。一场宴会，你所宴请的对象可能不止一个两个，要想让一种宴会环境满足所有与宴者的心理要求是很难的，这就要求我们在尽量满足大多数与宴者的客观要求的同时，侧重迎合其中少数特殊人物的心理要求。

根据惯例，举行工作餐的地点应由主人选定，客人们应当客随主便。具体而言，举行工作餐的地点可选择饭庄、酒楼、宾馆、俱乐部，也可选择高档的咖啡厅、快餐店等。或事先与单位的食堂联系好，订几种菜及主食，每人一份。

从总体上讲，选择工作餐的地点一定要考虑就餐环境，要高雅、安静。地点的选择要有助于各方能很好地发表自己的看法。

敬酒有序，主次分明

宴请别人时，为了表示自己的诚意，就需要向别人敬酒。敬酒也是一门学问。

一般情况下，敬酒应以年龄大小、职位高低、宾主身份为序。一般来说，要遵循先尊后长的原则，按年龄大小、辈分高低分先后次序摆杯斟酒。

另外在同领导一起喝酒时，最大特点就是秩序，这跟开会一样，官大的自然上座，然后按级别、所在部门依次落座。敬酒的次序仍依座位次序进行。小人物要是不小心坐错了位置或者敬错了酒，必然惊出一身冷汗。小官敬大官要一干到底。做下属的在敬酒时是机遇与挑战并存，所谓机遇是零距离接触领导；所谓挑战是因为人一喝酒思维和平时就不一样，搞不好也是最容易得罪领导的时候。敬酒前一定要充分考虑好敬酒的顺序，分清主次，即使与不熟悉的人在一起喝酒，也要先打听一下身份或是留意别人如何称呼，这一点心中要有数，避免出现尴尬或伤感情的事情。

敬酒时一定要把握好敬酒的顺序。要注意：如果在场有更高的身份的人或年长的人，则不应只对能帮你忙的人毕恭毕敬，要先给尊者、长者敬酒，不然会使大家都很难为情。

总之，在宴请时你一定要注意敬酒的次序，做到主次分明，这样才有利于你求人帮忙。

举止有度，恰当表现

酒席宴会上要看清场合，正确估计自己的实力，不要太冲动，尽量保留一些酒力和说话的分寸，既不让别人小看自己，又不要过分地表露自身，选择适当的机会，逐渐显露自己的锋芒，才能稳坐泰山，不致使别人产生"就这点能力"的想法。

那么怎样做到举止有度，恰当表现呢？你不妨参考下面的做法：

1. **面带笑容，好话说尽**

如果你觉得不胜酒力，就要学会拒酒。有相当多的"酒精（久经）考验"的拒酒者，任凭你劝得天花乱坠，他就是笑眯眯地频频举杯而不饮，而且振振有词。例如，何先生乔迁之日，特邀亲朋祝贺，小胡也在其中，然而小胡素来很少饮酒，且酒量"不堪一击"。酒宴上，小马提议和小胡单独"意思"一下，小胡深知自己酒量的深浅，忙起身，一个劲地扮笑脸，一个劲地说圆场话：

"酒不在多，喝好就行。"

"经常见面，不必客气。"

"你看我喝得满面红光，全托你的福，实在是……"结果使小马无可奈何，只好作罢。

2. **实话实说，求得谅解**

事实胜于雄辩。拒酒时，若能突出事实，申明实际情况，再配上得体的语言，就能令劝酒者欲言又止，就此罢手。

比如，你可以说："你的厚意我领了，遗憾的是我最近一段时间身体不适，正在吃药，好久已是滴酒不沾，只好请你多关照。好在来日方长，后会有期，日后我一定与你一醉方休，好吗？"

此言一出，相信别人是不会拿你的健康开玩笑的。

3. 强调后果，表示感谢

有时，面对别人的盛情，你可以采取"强调后果，表示感谢"的方法来拒酒。当酒喝到一半有余时，应向东道主或劝酒者说明情况。如：

"感谢你对我的一片盛情，我原本只有 3 两酒量，今天因喝得格外开心，多贪了几杯，再喝就'不对劲'了，还望你能体谅。"

如此开脱以后，你就再也不要喝了。这种实实在在地说明后果和隐患的却酒术，只要劝酒者明白"乐极生悲"的道理，善解人意者，就会见好就收。

4. 把握分寸，注意酒德

说酒话的时候要注意不要超过必要的限度，切忌感情用事，胡说乱侃，否则将适得其反，得不到预期的效果。

只有在酒宴上保持恰当的举止，才能使酒宴气氛既融洽，又不失活跃。这样一来，也才能使想办的事顺利办成。

如何辨别对方的酒后之词

除了特殊的人以外，大多数人喝多了酒，在酒精的影响下，会失去常态，所以，醉汉的话是不能全信，不可深信，但又不能不信的。这就要求我们在听的方面，需多进行一些讲究。尤其在求人帮忙时，更应辨别清楚对方的酒后之词，否则事情可能会变得很糟糕。

　　人们常说"以酒遮脸，无话不谈"，或者"酒后吐真言"，这种情况当然存在，但是不可否认的是在更多情况下，由于酒精的作用，使得不少人酒后出狂言，所以酒后之词不可一概全信，而要认真分析，根据不同情况，加以取舍，或者凭自己的判断，去伪而存真，这才是正确的办法。

　　要想正确地辨别对方的酒后之词。首先，我们必须认真观察，仔细判别酒后说话之人醉到了一种什么程度。事实上，醉酒的程度大体可以分成5个等级，即微醉、初醉、深醉、大醉、沉醉。

　　对于微醉的人，由于其头脑依然十分清楚，所以其言谈并未受酒精的影响，思路也清楚，所不同者，有酒助兴，神经略显亢奋而已。此时，谈话者一般表现为神采奕奕，谈锋颇健，而且思路清晰，逻辑性严密。对于一些平时少言寡语、城府较深的人来说，这时可能大异于平时。所以，可以认为这是听话、交谈的大好时机。尤其当你有求于人时，此时对你大有帮助。但是，也要记住，此时说话人醉酒极轻，思想活跃，完全能够控制自己，所以不该把他所说的全都认为是"真言"，要知道，说不定由于他们此时的思想活跃，反而在语言中运用了更多的技巧和隐语。因此，必要的"去粗取精，去伪存真，由表及里"的功夫仍不可少。如果要开诚布公，那么，对于平日讲话较少、城府较深的人，这倒是一个与之促膝谈心，进一步窥视其内心隐秘的大好时机。

　　初醉者在醉酒程度上已较微醉更进一层，此时，说话人在思路上，交谈的欲望上已出现不受主观意念支配的现象，可以说，这才是"以酒遮脸"。一般情况下，这也是"酒后吐真言"的前期阶段。

　　正因为如此，所以初醉者此时谈话的特点是，或者滔滔不绝，不让别人插言；或者神情激奋，表情认真；或者斩钉截铁，一言九鼎；或者态度神秘，令人莫测；或者思路灵活，大异往时；甚至语惊四座，极度坦诚。总之，此时人由于酒精作用，大脑的活动已进入亢奋时期，在较大程度上，已不受日常习惯和顾虑的限制。虽然语言是清晰的，逻辑是合理的，情绪是兴奋的，态度是诚恳的，但是却已异于平时，再不受脸面、环境、关系、礼俗等的约束，可以说，他已经到了道平时所不想道，言平时所不肯言，破除情面关系，扫除世俗障碍，照理而言，据实陈述的时候。所以，这是听话的千金难买的大好时机，也是你求人办事的大好时机，切不可轻易放过。

人超过初醉，到了大醉就已经开始失去理智，此时，人的思维已经紊乱，意识已经模糊，判定能力已经失去。所以已经说不出什么有逻辑、有思想的谈话，从这种意识几近模糊的谈话中，已经很难获得说话的真实含义以及真实思想，故此也就谈不上什么真言假言了。

人进入沉醉状态时正常意识已基本消失，大多沉沉入睡，即使未曾入睡，也完全失态，即使尚能发声，也是语无伦次，彼此全不连贯的胡言乱语，既谈不上什么语言，更谈不上传达什么思想和信息了。

综上所述，初醉、微醉乃是谈话和听话的黄金时间，所谓"酒后吐真言"者，当其时也。所以，在这种情况下，听者应当集中精力，努力获取信息，万勿以酒后之词无足轻重而弃之。如果说话人已进入大醉的阶段，则听者必须注意，万勿随意地把"酒后吐真言"的说法滥推到这个阶段。如果人已进入大醉、沉醉，则此时之言，多不足信，听不听都可。

确定宴请地点要考虑周边情况

确定宴会地点时，一定要考虑周边环境、卫生、设施和交通状况等问题。这样，于己、于人，都会提供方便。

1. 选择环境幽雅的地方

对现代人来讲，宴请不仅仅是为了"吃东西"，而且也讲究环境。如果用餐地点档次过低，环境不佳，即便菜肴再有特色，也会令宴请大打折扣。

这里的环境既包括宴会举办场地的自然环境（如湖边、闹市、船上等），也包括宴会所在的建筑环境（如酒店建筑风格、餐厅装修特点等），同时也包括宴会举办场地—餐厅的大、小，空气状况和环境布置等。

（1）就宴会自然环境来说。宴会在餐厅里举行，而每一个餐厅或酒店又都是融于特定的自然环境之中的。不同的自然环境会带来不同的效果。良好的环境气氛，可以增强人在宴饮时的愉悦感受，使宴饮效果锦上添花。

（2）就餐厅建筑风格来说。我国餐厅根据其风格的不同，主要有宫殿式、园林式、民族式、现代式（或称西洋式）、综合式 5 种形式。其中，园林式餐厅又可分为园林中的餐厅、餐厅中的园林、园林式餐厅 3 种类型。此外，还有一种移动式餐厅，如飞机、火车、轮船、高楼旋转餐厅等。一般来说，一个酒店的餐厅风格在一定时期内基本上是固定的。宴会要根据其主题和与宴者的审美心理，选择合适风格的餐厅与之相匹配。

（3）就宴会场地环境来说。它会对与宴者产生最直接影响，主要由场地大小和虚实、室内陈设和装饰、餐厅灯光和色彩、场地清洁卫生、室内空气质量与温度以及餐厅家具陈设等因素组成。

2. 选择卫生良好的饭店

外出用餐时，人们最担心的往往就是"病从口入"的问题。所以确定宴请的地点时，一定要看其卫生状况如何。倘若用餐地点过脏、过乱，不仅卫生问题令人担忧，而且还会破坏用餐者的食欲。

3. 选择设施完备的饭店

确定较为正规的宴请的用餐地点时，还须注意其设施是否完备的问题。这个问题具体来说又分为两个侧面：一是该有的设施是不是有；二是已有的设施能不能用。对这两点，都不能漠不关心。

4. 选择交通方便的地方

选择用餐地点，对于交通方便与否，也要高度关注。要充分考虑聚餐者来去交通是否方便，有无停车场所，有无交通线路通过此处，是否有必要为聚餐者预备交通工具等一系列的具体问题。

除此之外，确定宴请地点时还应注意以下问题：

（1）选择一处大家都喜欢的地点就餐，让聚会中的每个人都有宾至如归的感觉也是很重要的。比方说，要事先问清楚有没有适合素食者的选择、小孩子用的高凳，还有那些对某些食物过敏的人能吃的东西。如果聚会上的人有需要的话，甚至还要看看有没有足够的车位。

（2）轻松的或者便宜的环境，并不代表食物和服务就不好。

（3）在做决定之前，不妨让值得信任的人向你推荐几家。

（4）请熟悉的人去不熟悉的饭店，请不熟悉的人去熟悉的饭店。对熟人（包括家人、朋友等），可以去以前没去过的饭店尝尝鲜、探探路，熟人在一起就不必拘束，可以随心而为，可畅心问价、调换等。而请不熟悉的和重要的客人则要求对整个点菜服务质量等了然于胸，这样就需要去一个熟悉的饭店。

只有认真做好以上的准备，才能让宾客有一种被重视且极舒服的感觉，也会为他们留下一个很好的印象，以后求他们帮忙情就容易多了。

宴会结束时的相关细节

宴会虽然结束了，但这并不意味着你就可以完全放松下来了，你还需要做好很多细节性的事情，才能让你的好形象留在宴请对象心里。有很多人就是因为不重视宴会结束时的几个小细节，因此使得自己之前费尽心思保持的好形象瞬间崩溃。

那么，宴会结束时应该注意哪些细节呢？

1. 结束的时间

一般宴会，女主人（或男主人）把餐巾放在桌子上或者从餐桌旁站起身来—这就表明，宴会结束了。只有看到这种信号以后，宾客才可以把自己的餐巾放下，站起身来。

出席鸡尾酒会的客人应按请帖上写明的时间起身告辞。如果接到的是口头邀请（因此没有说明时间），则应该认为酒会将进行两个小时。如果有一位客人迟迟不走，而女主人又另有晚餐之约，那她就应该婉转说明。确实，她别无良策。也许，她可以友好地说："我得跟您分手了，因为我不得不……"

正餐之后的酒会的告辞时间按常识而定，如果酒会不是在周末举行，那就意味着告辞时间应在晚间 11 时至午夜之间。若是周末，则可更晚一些。除非客人是主人的亲密朋友，一般都不应在酒会的最后阶段还心安理得地坐在那里。

2. 离席

离席时让身份高者、年长者和妇女先走，贵宾一般是第一位告辞的人。当宴会结束，离开餐桌时，不应把坐椅拉开就走，而应把椅子再挪回原处。男士应该帮助身边的女士移开坐椅，然后再把坐椅放回餐桌边。要注意，有些餐厅比较拥挤，贸然起身，或是手提包、衣服等掉得满地，或是碰到人，打翻茶水、菜肴，失礼又尴尬！

3. 热情话别

当与宴的客人离去时，应像迎接与宴者一样地站在门口与他们依依握别。当与宴者成群离去时，也应送至门口，挥手互道晚安，并应致意说："非常感谢各位的光临，真谢谢你们把宴会的气氛维持得这样好。"不要以时间过早挽留客人，如果是星期天晚上，你尤其不宜说："现在还早得很吗，你绝不能这么早走，太不给我面子了！"要知道多数人次晨都要上班的。对于迟迟还不离去的客人，他们明显地热爱这气氛，这时你可以停止斟酒或停止供糖果瓜子等，来暗示客人该是离去的时候了。

4. 纪念物品

有的主人为每位出席者备有小纪念品或一朵鲜花。宴会结束时，主人招呼客人带上。

除主人特别示意作为纪念品的东西外，各种招待品，包括糖果、水果、香烟等都不能拿走。

总之，宴会结束时你应该做的与宴会开始时你该做的同样重要，你必须注意到每个细节，把它们做得尽善尽美。

下篇

会做人

第一章　糊涂做人，高明做事

糊涂是自我保全的大手段

中国有句古话叫作"聪明反被聪明误"。有的人一世聪明，到头来却没有落得好的下场。其实，官场也好，商场也罢，或者在日常生活中的种种细琐之处也是，该糊涂的时候就不要顾忌自己的面子、学识、地位、权势，一定要糊涂。只有会糊涂，才能不为烦恼所扰，不为人事所累。这样才会有一个幸福、快乐、成功的人生。

朱元璋打败陈友谅、张士诚，定鼎南京，建号称帝，并由刘伯温亲自选定风水宝地，开工兴建宫殿。朱元璋住进建好的皇宫后，没事便到处走走，四处逛逛。

一天，他走到一间刚完工的大殿里，回想自己当年当和尚的情景，一时百感交集，见四下无人便忍不住将心声脱口而出："唉，我当年不过为饥寒所迫，只想当个盗贼，沿江抢掠些金银财物而已，哪曾想能有今日这番气象。"

说完后，他仰面观看棚壁，却吓了一跳。原来有一个漆匠正在一个大梁上聚精会神地刷漆，由于梁木宽大，朱元璋先前竟没发现他。

朱元璋马上意识到这漆匠已经听得了他的秘密，如果不杀人灭口，势必会传扬得四海皆知，那可是丢人丢脸又不利于自己以天命愚弄百姓的大事。

这样想着，他便开口让那名漆匠下来。谁知连喊了几遍，那漆匠竟充耳不闻，继续慢条斯理地做着手中的活儿。朱元璋大怒，加大了音量喊，那名漆匠才仿佛听到声音，忙下来跪在朱元璋面前叩头说："小人不知陛下驾到，没有及时避开，冒犯了陛下，请陛下恕罪。"

朱元璋怒声道："你耳聋了怎的？我叫了你几遍你都不下来？"

漆匠叩头说："陛下真是英明皇帝，连小人耳朵有点儿聋都知道。陛下圣明，这是小人和万民的莫大福分。"

朱元璋生性多疑，但看漆匠脸上神色并无太大变化，心想他骤然听到这样大的秘密，自然知道厉害，不吓得掉下来也会面无人色，不会如此平静，看来他真是耳朵有些不灵敏的人呢。

也是那漆匠运气甚佳，那天恰逢朱元璋兴致好，又见他的刷漆手艺很不错，活儿也细致用心，又很会说话，便摆摆手让他继续干活儿。这名漆匠当晚便找个借口逃出皇宫，连夜逃回家中，携带妻小躲避到了他乡。而朱元璋后来因为国事繁忙，根本记不得这件事了。

愚、挫、屈、讷都给人以消极、低下、委屈、无能的感觉，但愚、挫、屈、讷却是人为营造的假象，目的是为了迷惑外界，以达到自我保全或养精蓄锐的目的。因此，糊涂其实是一种积极上进的谋略，这其中的博大与精深之处，有待我们每个人去体悟与学习。

糊涂是聪明人的百变战术

糊涂是一门处世艺术，假装愚钝，让人以为自己浅显无能，让人忽视自己的存在，这样在必要时，便可不动声色地先发制人。

汉献帝建安十三年（208年），曹操亲率大军攻打江南。当时东吴的孙权在战与和之间举棋不定。

周瑜是吴军的大都督，掌握着吴国的军事大权。因此，诸葛亮非常明白，要想说服孙权奋起联合抗曹，必须先说服周瑜。可是当时诸葛亮还不太了解周瑜的个性和态度，于是就想试投"一石"以观效果。

一天晚上，诸葛亮由鲁肃引见去会周瑜。鲁肃问周瑜："如今曹操驻兵南侵，是战是和，将军欲如何？"周瑜说道："操挟天子以令诸侯，难以抗命。而且兵力强大，不可轻敌。战则必败，和则易安。我们的意见是和为上策。"鲁肃大惊道："将军之言错矣！江东三世基业，岂可一朝白白送给他人？"周瑜说道："江东六郡，千百万生命财产，如遭到战祸之毁，大家都会责备我的。因此，我决心讲和为好。"诸葛亮听完，觉得周瑜若不是抗曹的决心未定，就是一种有意试探。此时如果不另辟蹊径，只是讲一通孙刘联合抗曹的意义，或是夸耀周瑜盖世英雄，东吴地形险要，战则必胜的道理，肯定难以奏效。于是，他采用迂回战术旁敲侧击，激怒了周瑜，让他下了联合抗曹的决心。诸葛亮是这样说的："我有一条妙计，只需差一名特使，驾一叶扁舟，送两个人过江。曹操得到那两个人，百万大军必然卷旗而撤。"周瑜急问是哪两个人。诸葛亮说道："曹操本是一名好色之徒，打听到江东乔公有两位千金，大乔和小乔，都长得美丽动人，便发誓说：我有两个志向，一是要扫平四海，创立帝业，流芳百世；二是要得到江东二乔，以娱晚年。现在他领兵百万，进逼江南，其实就是为乔家的两位千金而来的。将军何不找到乔公，花上千两黄金买到那两个女子，差人送给曹操？江东失去这两个人，就像大树飘落一两片黄叶，大海减少一两滴水珠一样，丝毫无损大局；而曹操得到两人，必然心满意足，欢欢喜喜班师北返。"周瑜说道："曹操想得到二乔，有什么证据可说明这一点？"诸葛亮答道："有诗为证。曹操的儿子曹植十分会写文章。曹操在漳河岸上建造了一座铜雀台，雕梁画栋，十分壮丽，并挑选许多美女安置其中，又令曹植做了一篇《铜雀台赋》。文中之意就是说他会做天子，立誓要娶'二乔'。"周瑜问："那篇赋是怎么写的，你可记得？"诸葛亮说道："因为我十分喜爱赋中的华丽文笔，曾偷偷地背熟了。"周瑜便请诸葛亮背诵。赋略云："从明后以嬉游兮，登层台以娱情……临漳水之长流兮，望园果之滋荣。立双台于左右兮，有玉龙与金凤。揽'二乔'于东南兮，乐朝夕之与共……"

周瑜听罢，勃然大怒，霍地站立起来指着北方大骂道："曹操老贼欺我太甚！"诸葛亮见状急忙阻止，说道："都督忘了，古时候单于多次侵犯边境，汉天子许配公主和亲，你又何必可惜民间的两个女子呢？"周瑜说道："你有所不知，大乔是孙伯符将军的夫人，小乔就是我的爱妻！"诸葛亮佯作失言请罪道："真没想到有这回事，我真是该死！"周瑜怒道："我与曹操老贼势不两立！"诸葛亮却故作姿态地劝道："请都督不可意气用事，望三思而后行，世上绝无卖后悔药的！"周瑜说道："承蒙伯符重托，岂有屈服曹操之理？我早有北伐之心，就是刀剑架在脖子上也不会变卦的。劳驾先生助我一臂之力，同心合力共破曹操。"就这样，在周瑜等人推动下，孙、刘结成的抗曹联盟得到了巩固，赢得了赤壁之战的重大胜利，奠定了三国鼎立的基础。

其实，"揽二乔于东南兮"为诸葛亮篡改原名所得，但为了达到目的，他巧装糊涂，故意曲解，终于把周瑜引上了钩。

"装糊涂"重在一个"装"字，用"装"来掩饰一个巨大的骗局，掩盖其才华、声望、感情和意图，从而收到以静制动、以暗处明、以柔克刚、以反处正的功效。

小事糊涂，大事清楚

郑板桥在潍县做官时题过几幅著名的匾额，其中最为脍炙人口的是"难得糊涂"这一块。

据考，"难得糊涂"这4个字是郑板桥在山东莱州的云峰山写的。那一年郑板桥专程至此观郑文公碑，因盘桓至晚，不得已借宿于山间茅屋。屋主为一儒雅老翁，自命糊涂老人，出语不俗。他室中陈列了一方桌般大小的砚台，石质细腻，镂刻精良，板桥大开眼界。老人请板桥题字以便刻于砚背。板桥以为老人必有来历，便题写了"难得糊涂"4个字，用了"康熙秀才，雍正举人，乾隆进士"的方印。

因砚台过大，尚有余地，板桥便说老先生应写一段跋语。老人便写了："得美石难，得顽石尤难，由美石而转入顽石更难。美于中，顽于外，藏野人之庐，不入富贵之门也。"他用了一块方印，印上的字是"院试第一，乡试第二，殿试第三"。板桥大惊，知道老人是一位隐退的官员，细谈之下，方知原委。

有感于糊涂老人的命名，板桥当下见还有空隙，便也补写了一段："聪明难，糊涂尤难，由聪明而转入糊涂更难。放一著，退一步，当下安心，非图后来报也。"这就是"难得糊涂"的由来。

难得糊涂，糊涂难得，人的一生不必太较真，遇大事的时候分清轻重，小事糊涂一点儿，这样必能活得自在坦然。

　　吕端，北宋初期幽州人。他幼时聪明好学，成年后风度翩翩，对于家庭琐碎小事毫不在意，心胸豁达，乐善好施。一次，吕端奉太祖赵匡胤之命乘船出使高丽，途中突然海上狂风大起，巨浪滔天，飓风吹断了船上的桅杆。船上其他人十分害怕，吕端却毫无反应，仍然十分平静地在那里看书。

　　宋太宗时代，吕端被任命为协助丞相管理朝政的参知政事。当时老臣赵普推荐吕端时，曾对宋太宗说："吕端不管得到奖赏还是受到挫折，都能够十分冷静地处理政务，是辅佐朝政难得的人才。"

　　宋太宗听后，便有意提拔吕端做丞相。有的大臣认为吕端"平时没有什么机敏之处"，太宗却认为："吕端大事不糊涂！"

　　终于，吕端成为了宋太宗的宰相。在处理军国大事时，吕端果然充分体现出机敏、果敢的才能。每当朝廷大臣遇事难以决策时，他总能较圆满地解决问题。

　　公元998年，太宗驾崩，李皇后与内侍王继恩等密谋废太子。"端知有变"，即将王继恩拘禁起来，辅佐宋真宗即位，挫败了李皇后等人的阴谋。可见吕端的确"大事不糊涂"。

　　后来，"大事不糊涂"就成了典故，"大事清楚，小事糊涂"，也成了人们处世的一个黑色智慧。

　　唐代武将郭子仪因屡立战功，唐代宗李豫很器重他，并把女儿升平公主嫁给了他的儿子郭暧。

　　一天，郭暧因一件小事同公主吵起嘴来。郭暧这个人性子很直，火气很大，没好气地数落了公主几句："你以为你父亲是皇帝就了不起吗？我父亲是因为瞧不起皇帝这个职位才不做的呢！"公主从小就娇惯，父母什么事情都依着她，没尝过委屈是啥滋味，一气之下坐着轿子回娘家"告状"去了。

　　皇上看到女儿回来，很高兴，老远就起身迎接。而公主见到父亲，脸上并没有笑容。皇上问她为何不高兴，公主便一把眼泪一把鼻涕地把丈夫说的话重复了一遍。

皇上听完后，哈哈大笑道："你丈夫讲的话的意思你不明白，如果他父亲真的做了皇帝，天下岂不就是你家所有了吗？"安慰一番后，皇上劝女儿回了家。

郭子仪得知儿子与公主吵架，并说了些有辱皇上的话后很恼怒，立刻派人把郭暧囚禁起来，带回宫中等候判罪。代宗听说女婿被他父亲囚禁了起来，连忙前去圆场。代宗说："儿女们的事，父母何必那么认真？民间有句俗话：'不装聋卖傻、假装糊涂，是不能当好家长的。'儿女们闺房中的话，怎么能相信呢？"

郭暧同妻子吵架时，说了些有辱皇上的话，如果代宗火上浇油，不仅仅郭暧夫妻关系会恶化，而且郭子仪一家也会性命难保。然而，聪明的代宗却假装糊涂，用简单几句话便巧妙化解了一场家庭纠纷。

其实"大事不糊涂"者怎么可能"小事糊涂"呢？须知大事就是小事积聚起来的啊。所谓小事糊涂，只是装糊涂而已，因为真正的智者不屑在小事上浪费时间和精力。

在处理大事与小事的关系上，有人提出了一种论点：大事小事都精明——少；大事精明，小事糊涂——好；大事糊涂，小事精明——糟。在现实生活中，不仅仅是大人物、领导者，普通人也时时面对自己的大事和小事，所以我们没有必要在鸡毛蒜皮的事情上浪费时间和精力了。

何为大事？影响全局的事为大事，决定整体的事为大事，范围内的工作之重为大事。也就是说，应以结果来评价事之大小。对于一个企业管理者来讲，不管其工作性质如何，内容多寡，其工作程序和本质都是不变的。工作的关键环节和关键行为应视为大事，在这些问题上，思路必须清楚，不能糊涂。

从另一个角度来说，一个人大事不糊涂，小事也精明，事事都按照自己的方式算计，就不可能拥有很多朋友，也不可能在团队中发挥最好的作用。

糊涂要装得不露痕迹

装糊涂是一门高超的处世艺术，它需要超然的表演才能。拿出来表演的，是为了愚人耳目，真功夫、真目的却不大白于天下。装糊涂，说到底宗旨只有一个，那就是掩藏真实意图；要求也只有一个，即逼真，使旁观者深信不疑。

日本某公司与美国某公司进行一次重大的技术协作谈判。谈判伊始，美方首席代表便拿着各种技术数据、谈判项目、开销费用等一大堆材料，滔滔不绝地发表本公司的意见，完全没有顾及日本公司代表的反应。实际上，日本公司代表一言不发，只是在仔细地听、认真地记。

美方讲了几个小时之后，终于想起要征询一下日本公司代表的意见。不料，日本公司的代表似乎已被美方咄咄逼人的气势所慑服，显得迷迷糊糊、混沌无知，所以只会反反复复地说"我们不明白""我们没做好准备""我们事先未搞技术数据""请给我们一些时间回去准备一下"。第一轮谈判就在这不明不白中结束了。

几个月以后，第二轮谈判开始。日本公司似乎认为上次的谈判团不称职，所以全部予以更换。新的谈判团来到美国，美方只得重述第一轮谈判的内容。不料结果竟与第一轮谈判一模一样，由于日方对谈判项目"准备不足"，日本公司又以再研究为名，毫无成效地结束了谈判。

经过两轮谈判后，日本公司又如法炮制了第三轮谈判。在第三轮谈判不明不白地结束时，美国公司的老板不禁大为恼火，认为日本人在这个项目上没有诚意，轻视本公司的技术和基础，于是下了最后通牒：如果半年后日本公司依然如此，两公司间的协定将被迫取消。随后，美国公司解散了谈判团，封闭了所有资料，坐等半年以后的最终谈判。

万万没有料到的是，仅仅过了 8 天，日本公司即派出由前几批谈判团的首要人物组成的谈判团队飞抵了美国。美国公司在惊愕之中只好仓促上阵，匆忙将原来的谈判成员从各地找回来，再一次坐到谈判桌前。

这次谈判，日本人一反常态，他们带来了大量可靠的资料、数据，对技术、合作分配、人员、物品一切有关事项甚至所有细节都做了相当精细的策划，并将精美的协议书拟定稿交给美方代表签字。

美国人立马傻了眼，但一时又找不出任何漏洞，所以最后只得勉强签字。不用说，由日本人拟定的协议肯定对日方公司极为有利。

在美日的谈判较量中，日本人巧装糊涂，以韬光养晦的谋略获得了最终的胜利。其实作为一种谋略，"糊涂"不仅能在商场上取得出奇制胜的效果，也能在关键时刻让人逢凶化吉、转危为安。

陈平在当初投奔汉王刘邦的时候，曾发生过这样一宗险事。

那是春夏之交的时节。一天中午，天空阴沉沉的，碧绿的田野一片寂静。这时，从楚王项羽的军营里走出一个人，他身穿将军服，佩戴一把宝剑，一路十分警觉地顺着田间小路向黄河岸边赶去。这个人就是陈平，他想偷渡黄河去投奔汉王刘邦。

陈平赶到河边，上了一艘渡船。船上共有四五个人，都是虎背熊腰，一脸凶相。陈平心知不妙，但担心误了时间，楚兵会很快追赶上来，只好见机行事。

船只慢慢离开了岸，陈平总算松了口气。但他敏锐地观察到，船上这几个人窃窃私语，相互递着眼色，流露出不怀好意的举动。

"看来是个大官，偷跑出来的。"

"估计他怀里一定有不少珍宝和钱，嘿嘿。"

坐在舱内的陈平听到船尾两个人这样低声议论，并发出阴险的笑声时，不禁有些紧张。他心想："他们要谋财害命！我身上虽然没有什么财物和珍宝，只是孤身一人，只有一把剑，肯定敌不过他们。如何安全地摆脱危险的困境呢？"

这时船已到了河中央，速度明显地减缓了。

"他们要下手了，怎么办？"望望阴霾的天空，陈平从船内站了起来，走出船舱。他说了句："舱内好闷热啊！热得我都快要出汗了。"

陈平边说边佯作若无其事地摘下宝剑，脱掉大衣，倚放在船舷上，并伸手帮他们摇船。这一举动出乎他们的预料，使他们一时不知道该怎么办才好了。陈平很用力地摇船，过了一会儿他又说："天闷热，看来要来一场大雨了。"说着，又脱下一件上衣，放在那件外衣之上。过了一会儿，他又脱下一件。最后，他索性脱光了上衣，赤着身子帮他们摇起船来。船上那几个人看见陈平没有什么财物可图，也就打消了谋害他的念头，很快把船划到对岸了。

在这样的情况下，陈平不论是向船家极力辩解，还是凭一时血气之勇拔剑与船家展开搏斗，恐怕都难以逃脱被船家杀害的悲惨结局。但他却能够假装糊涂，以机智善变为自己化解了杀身之祸。

装糊涂，除了演技之外，还需要自信。相信自己会成功，相信自己确实能掩人耳目，这样，演起戏来才能面不改色心不跳，沉着冷静，应对自如。

装糊涂要能够灵活变通

装糊涂没有固定的模式，而是应根据具体的情况灵活变通，使自己的行为能够合乎时宜，不至于弄巧成拙、适得其反。这个道理就跟江中行船一样，逆水行舟不如顺风扬帆，又轻便又快捷。

明朝张崛嵊任滑县县令时，有两名江洋大盗任敬、高章冒充锦衣卫的使者拜见他。于是，他们3人一同进入内室。任敬摸着鬓角胡须笑着说："张公不认识我吧！我是灞上来的朋友，要向张公借用公库里面的金子。"于是两人取出匕首，架在张公的脖子上。

张公强抑心头的慌乱，装出替他们着想的样子说："你们不是为了报仇，我也不会因为财物牺牲性命。你们这样暴露自己的真实身份，如果被别人发现，对你们可相当不利！"

两个强盗觉得有道理。

张公又进一步说："公库的金子有人看管，容易被发觉，对你们不利。有一个办法，我向县里的有钱人借贷，这样你们既可以安然无事，也不至于连累了我的官职，岂不两全其美。"

两个强盗听了更加赞同张公的办法。就这样，张公不露声色地稳住了强盗，并取得了他们的信任与合作。

于是张公就叫高章传令，要属下刘相前来。

刘相是张公的心腹，两人向来十分默契。

刘相到后，张公依计行事，说：

"我不幸发生意外，如果被抓去，就会很快被处死。现在锦衣卫的两位先生很有手腕，愿意放我一马。我非常感激他们，想拿出5000两黄金当他们的寿礼，以表示我的心意。"

刘相听了目瞪口呆，说："5000两实在不是小数目，到哪里去弄这么多钱？"

张公用手轻轻敲了桌子一下说："我知道县里有的人很有钱，而且急公好义，我请你替我去向他们借。"

说完，张公煞有介事地拿出笔来，写某人最有钱，可以借多少；某人中等，可以借多少。最后一共写了9个人，正好数量符合。他所写的这9个人，实际上都是大力士。

刘相看了以后恍然大悟，便出了屋子。当时天寒地冻，张公借口说暖暖身子，拿出酒菜与他们应酬。他自己先吃先喝，好让两位强盗放心。两位强盗果然吃喝起来。酒刚喝完，名单上列出的9个人便一个个穿着锦衣，手里捧着用纸包着的铁器先后来到门口了。他们假装说："张公要借的金子拿来了，但是因为时间太紧迫，没有办法凑足所要的数目，实在过意不去。"一边说，他们还一边装出哀求的样子。

两位强盗听说金子到了，又看到这些人果然都像有钱的样子，就很高兴地说："张公真的没骗我们。"

而张公则装着要给他们金子的样子，叫人拿来秤和小桌子。这时任敬坐在客位，张公坐在主位，中间隔着长桌子，如此一来，张公和任敬隔着一些距离。可是高章却一直拥着张公的背，彼此贴得很近。

张公必须稍微离开高章，但又不能让他疑心。于是他站起来拿起秤的砝码对高章说："你的长官正和我饮酒行主客之礼，哪有空看砝码。所以看砝码轻重，就只好偏劳你了。"

高章于是稍微靠近桌子，去看砝码。

此时9个人则捧着包裹的铁器一起拥向前去，故意做出打开包裹取出金子的样子。张公趁此脱身，离开高章几步就大喊9人抓贼。看张公向前堂奔跑，任敬起身扑向张公，却赶不及，于是他举刀自杀。高章也准备自杀，但却被捕快抓住，拷问之后处死了。

明朝都御史韩永熙在江西为官时，江西地面太平无事，百姓都称赞韩永熙的德政比皇上还要高。而韩永熙却不敢居功自傲，反倒做了几件有辱声名的事，任人议论。

有人问他："你何必败坏自己的名声呢？这对你有什么好处吗？"韩永熙答道："天子是天下第一，谁超过他，谁还能活吗？"

一次，手下来报说宁王朱宸濠的弟弟来了。韩永熙大吃一惊，朱宸濠手握重兵，朝廷对他的态度一向是压制与拉拢并施。韩永熙知道，宁王的弟弟无故前来，绝非好事。

果然，朱宸濠的弟弟一见到他便屏退左右，单独对韩永熙说道："宁王要谋反，你要小心啊！他的军队离你这里非常近，他若起兵，最先遭殃的是你！"

韩永熙愣愣地听着，一副百思不得其解的模样，用手指着自己的耳朵，大声问："什么？啊？大声点儿！"

宁王的弟弟又高声重复了一遍。

韩永熙还是皱着眉，大声说："我的耳朵前些日子被雷击中了，听不太清你说的话。"

宁王的弟弟愕然道："怎么会被雷击中呢？"

"你说什么呢？"韩永熙继续问。

"我说你这个老乌龟！"宁王的弟弟不太相信韩永熙是聋子，故意用话激他。

韩永熙摇摇头道："不行，不行，你说的话我一句也听不见。这样吧，"说着，他搬来一张白木小桌，"你把要说的话写在这上面，我看了就知道了。"

宁王的弟弟只好将宁王想谋反的事全写在那白木小桌上面。

韩永熙边看边故意显出惊讶的神情，大喊可恶。可宁王的弟弟写完便走了。

韩永熙立即把宁王欲谋反之事上奏朝廷。可朝廷派人去调查了很久，一点儿证据也没有找到。当时宁王与弟弟关系非常密切，他们推说根本就没有此事，并说韩永熙有意诬陷王爷，当处斩刑。

朝廷立即逮捕了韩永熙，欲定其罪。

韩永熙将白木小桌拿出来作证，这才免于一死。

装糊涂，如若能灵活应变，不但会给各种繁杂的事情涂上润滑油，使得其顺利运转，还能让生活中充满笑声。当然，装糊涂不是真糊涂，这是一种外在的处世态度。我们在装糊涂的同时也应把握好糊涂与认真的界限，以防弄巧成拙。

智者守愚

清代著名的扬州八怪之一——郑板桥的一生中，皓首穷经，从世态炎凉和官场丑恶中总结出了一句至理名言——难得糊涂。

中国古代的道家和儒家都主张"大智若愚"，而且要"守愚"。孔子的弟子颜回会"守愚"，深得其师的喜爱。他表面上唯唯诺诺、迷迷糊糊，其实他在用心功，所以课后他总能把先生的教导清楚而有条理地讲出来，可见若愚并非真愚。大智若愚的人给人的印象是虚怀若谷、宽厚敦和、不露锋芒，甚至有点儿木讷。其实在"若愚"的背后，隐含的是真正的大智慧、大聪明。

孔子年轻气盛之时，曾受教于老子。老子对孔子说："良贾深藏若虚，君子盛德容貌若愚。"即善于做生意的商人，总是隐藏其宝货，不叫人轻易看见；君子之人，品德高尚，容貌却显得愚笨拙劣。

因此，老子警告世人："不自见，故明；不自是，故彰；不自伐，故有功；不自矜，故长。""企者不立，跨者不行，自见者不明，自是者不彰，自代者无功，自夸者不长。"

老子是第一个推崇"愚"的含义的人——宽容、简朴、知足的最高理想。

这种处世态度包括了愚者的智慧、隐者的利益、柔弱者的力量和真正熟识世故者的简朴。这种境界的达到，往往是一个高尚的智者在人生的迷恋中幡然悔悟后得来的。

即使在儒家思想中，没有任何东西比炫耀、漂亮、有意显示更遭批评的了。

金熙宗时期，石琚任邢台县令时，官场腐败、贪污成风，独石琚洁身自好，还常告诫别人不要见利忘义。

石琚曾经面对邢台守吏规劝说："一个人到了见利不见害的地步，他就要大祸临头了。你敛财无度，不计利害，你自以为计，在我看来却是愚蠢至极。回头是岸，我实不忍见到你东窗事发的那一天。"

邢台守吏拒不认错，私下竟反咬一口，向朝廷上书诬陷他贪赃枉法。结果，邢台守吏终因贪污受到严惩，其他违法官吏也一一治罪，石琚因清廉无私，虽多受诬陷却平安无事。

石琚官职屡屡升迁，有人便私下向他讨教升官的秘诀，石琚总是笑一笑说："我不想升迁，凡事凭良心无私，这个人人都能做到，只是他们不屑做罢了。人们过分相信智慧之说，却轻视不用智慧的功效，这就是所谓的偏见吧。"

金世宗时，任命石琚为参知政事，万不想石琚却百般推辞，金世宗十分惊异，私下对他说："如此高位，人人朝思暮想，你却不思谢恩，这是何故？"

石琚以才德不堪作答，金世宗仍不改初衷。石琚的亲朋好友力劝石琚道："这是天下的喜事，只有傻瓜才会避之再三。你一生聪明过人，怎会这样愚钝呢？万一惹恼了皇上，我们家族都要受到牵连，天下人更会笑你不识好歹。"

石琚长叹说："俗话说，身不由己，看来我是不能坚持己见了。"

石琚无奈地接受了朝廷的任命，私下却对妻子忧虑地说："树大招风，位高多难，我是担心无妄之灾啊。"

他的妻子不以为然，说道："你不贪不占，正义无私，皇上又宠信于你，你还怕什么呢？"

石琚苦笑道："身处高位，便是众矢之的，无端被害者比比皆是，岂是有罪与无罪那么简单？再说皇上的宠信也是多变的，看不透这一点，就是不智啊。"

石琚在任太子少师之时，他曾奏请皇上让太子熟习政事，嫉恨他的人便就此事攻击他别有用心，想借此赢取太子的恩宠。金世宗听来十分生气，后细心观察，才认定石琚不是这样的人。

金世宗把别人诬陷他的话对石琚说了，石琚所受的震撼十分强烈，他趁此坚辞太子少师之位，再不敢轻易进言。大定十八年，石琚升任右丞相，位极人臣，前来贺喜的人络绎不绝。石琚表面上虚与委蛇，私下却决心辞官归居。他开导不解的家人故旧说："我一生勤勉，所幸得此高位，这都是皇上的恩典，心愿已足。人生在世，祸在当止不止，贪心恋栈。"

他一次又一次地上书辞官，金世宗见挽留不住，只好答应了他的请求。世人对此事议论纷纷，金世宗却感叹说："石琚大智若愚，这样的人才天下再无二人了，凡夫俗子怎知他的心意呢？"

装"糊涂"有时候也是一种无奈之举，特别是当弱者面对强大的敌人时，装糊涂就成为一种重要的智慧了。

一个人应该有远大的志向，你看伟人从来都是志向远大而豪爽的。与他人交谈，尤其谈论的主题令人不快时，你最好不要过于注重一些不必要的细节，即使是需要注意的一些事情也应该随意一点儿，因为把谈话变成琐碎的询问总是不好的。在与人交往的时候，需要的是彬彬有礼和高贵的宽宏大量，因为这是一种高雅的风度。善于支配他人的一大要诀就在于对事情表现出漠不关心。学会忽视发生在好友、熟人，特别是对手中的大多数事情，因为过分的谨小慎微是令人不快的。

每个人都有缺陷，对于别人的缺点，我们有时候需要"糊涂"一点儿。这种对人们缺点的"糊涂"，是一种难得的糊涂。有时候"糊涂"是日常生活中不可缺少的一个音符，"糊涂"是为人处世时刻都用得上的。

这里所说的"糊涂"，是指在待人接物时，装装糊涂，讲点儿艺术。

苏轼在《贺欧阳少师致任启》中说："力辞于未及之年，退托以不能而止，大勇若怯，大智若愚。"对于那些不情愿去做的事，可以以智回避。有大勇，却装出怯懦的样子，聪敏，装出很愚拙的样子，如此可以保全自己的人格，同时也可不做随波逐流之事。真正的大智大勇者未必要大肆张扬，徒有其表，而要看其实力。李贽也有类似的观点："盖众川合流，务欲以成其大；土石并砌，务以实其坚。是故大智若愚焉耳。"百川合流，而成其大；土石并砌，以实其坚，这才是大智若愚。

人们在追求成功的过程中，并不是笔直平坦的，它是由许多曲折和迂回铸成的。聪明的人在不能直达成功彼岸的时候，就会采取迂回前进的办法，不断克服困难，最终走向成功。当我们面临困难，面对无奈和尴尬时，不妨学糊涂一些，只有这样，成功才会最终属于你。

为人切莫太聪明

伊索寓言里有一篇是关于鸟、兽和蝙蝠的寓言。

鸟族与兽类宣战，双方各有胜负。蝙蝠总是站在胜利的一方。经过一段时间，鸟族和兽类宣告停战，争取和平，交战双方最终知道了蝙蝠的欺骗行为。双方都把很多罪名加在蝙蝠头上：内奸、叛徒、间谍……

因此，双方一致决定把蝙蝠赶出日光之外。从此以后，蝙蝠总是躲藏在黑暗的地方，只是到了晚上才能独自出来觅食果腹。

这则寓言告诉我们一个道理，为人切莫太聪明，巧诈不如拙诚。真正会圆润为人的人不会让自己的聪明太外露，聪明过了头，反而会招来大麻烦。

　　三国时期，杨修在曹操手下任主簿，起初曹操很重用他，杨修却不安分起来，起先还是耍耍小聪明，如有一次有人送给曹操一盒奶酪，曹操吃了一些，就又盖好，并在盖上写了一个"合"字，大家都弄不懂这是什么意思，杨修见了，就拿起匙子和大家分吃，并说："这'合'字是叫人各吃一口啊，有什么可怀疑的！"

　　还有一次，建造相府，才造好大门的构架，曹操亲自来察看了一下，没说话，只在门上写了一个"活"字就走了。杨修一见，就令工人把门造窄。别人问为什么，他说门中加个"活"字不是"阔"吗，丞相是嫌门太大了。

　　总之，杨修其人，有个毛病就是不看场合，不分析别人的好恶，只管卖弄自己的小聪明。当然，光是这些也还不会出什么大问题，谁想他后来竟渐渐地搅和到曹操的家务事里去了。

　　在封建时代，统治者为自己选择接班人是一个极为严肃的问题，而那些有希望成为接班者的人，也不管是兄弟还是叔侄，简直都红了眼，所以这种斗争往往是最凶残、最激烈的。但是，杨修却偏偏不识时务地挤到这场危险的赌博里去，而且还忘不了时时地卖弄自己的小聪明。

　　曹操的长子曹丕、三子曹植，都是曹操选择继承人的对象。曹植能诗赋、善应对，很得曹操欢心。曹操想立他为太子。曹丕知道后，就秘密地请歌长（官名）吴质到府中来商议对策，但害怕曹操知道，就把吴质藏在大竹片箱内抬进府来，对外只说抬的是绸缎布匹。这事被杨修察觉，他不加思考，就直接去向曹操报告，于是曹操派人到曹丕府前盘查。曹丕闻知后十分惊慌，赶紧派人报告吴质，并请他快想办法。吴质听后很冷静，让来人转告曹丕说："没关系，明天你只要用大竹片箱装上绸缎布匹抬进府里去就行了。"结果可想而知，曹操因此怀疑是杨修帮助曹植来陷害曹丕，十分气愤，就更讨厌杨修了。

还有，曹操经常要试探曹丕、曹植的才干，每每拿军国大事来征询他们的意见，杨修就替曹植写了十多条答案，曹操一有问题，曹植就根据条文来回答，因为杨修是相府主簿，深知军国内情，曹植按他写的回答当然事事中的，曹操心中难免又产生怀疑。后来，曹丕买通曹植的随从，把杨修写的答案呈送给曹操，曹操气得两眼冒火，愤愤地说："匹夫安敢欺我耶！"

又有一次，曹操让曹丕、曹植出邺城的城门，却又暗地里告诉门官不要放他们出去。曹丕第一个碰了钉子，只好乖乖回去，曹植闻知后，又向他的智囊杨修问计，杨修干脆告诉他："你是奉魏王之命出城的，谁敢拦阻，杀掉就行了。"曹植领计而去，果然杀了门官，走出城去，曹操知道以后，先是惊奇，后来得知事情真相，愈加气恼，于是开始找岔子要除掉这个不识趣的家伙了。

最后机会果然来了，建安 24 年（公元 219 年），刘备进军定军山，他的大将黄忠杀死了曹操的爱将夏侯渊，曹操亲自率军到汉中来和刘备决战，但战事不利，要前进害怕刘备，要撤退又怕被人耻笑。一天晚上，护军来请示夜间的口令，曹操正在喝鸡汤，就顺便说"鸡肋"，杨修听到以后，便又耍起自己的小聪明来，居然不等上级命令，只管叫随从军士收拾行装，准备撤退。曹操知道以后，他竟说："魏王传下的口令是'鸡肋'，可鸡肋这玩意儿，弃之可惜，食之无味，正和我们现在的处境一样，进不能胜，退恐人笑，久驻无益，不如早归，所以才先准备起来，免得临时慌乱。"曹操一听，差点儿气炸，大怒道："匹夫怎敢造谣乱我军心！"于是喝令刀斧手，推出斩首，并把首级悬挂在辕门之外，以为不听军令者戒。

虽然曹操事后不久果真退了兵，但平心而论，杨修之死也确实罪有应得。试想两军对垒，是何等重大之事，怎么能根据一句口令，就卖弄自己的小聪明，随便行动呢？无论有没有前面所说的那些芥蒂，单这一点也足以说明杨修其人是恃才傲物，我行我素，只相信自己，不考虑事情后果的人。杨修的办事为人，确实值得考虑，我们只应把他作为前车之鉴，切不可把他当成聪明的楷模。

每个人都有自己的做人原则，有些人可能喜欢平淡从容，有些人可能喜欢锋芒毕露。我们会发现踏踏实实的人很容易与人共处，而一些锋芒毕露的人则没有什么太好的人缘。人缘可不是小问题，它的好坏有时影响着你社交的成败。因此，要学会控制住你的聪明。

凡事不要太较真

处理事情的时候，一味地强调细枝末节，以偏盖全，就会抓不住问题的要害，没有重点，头绪杂乱，不知道从哪里下手才是正确的。因此，无论是用人还是做事，都应注重主流，不要因为一点儿小事而妨碍了事业的发展。须知金无足赤，人无完人，我们要用的是一个人的才能，不是他的过失，那为什么还总把眼光盯在过失上呢？忍小节，就是不去纠缠小节、小问题，要宽恕待人，用人之长。

《劝忍百箴》中认为：顾全大局的人，不拘泥于区区小节；要做大事的人，不追究一些细碎小事；观赏大玉圭的人，不细考察它的小疵；得巨材的人，不为其上的蠹蛀而怏怏不乐。因为一点儿瑕疵就扔掉玉圭，就永远也得不到完美的美玉；因为一点儿蠹蚀就扔掉木材，天下就没有完美的良材。

有一则关于"伯乐相马"的故事。秦穆公对伯乐说："您的年纪大了，您的家里，有能去寻找千里马的人吗？"伯乐回答说："好马可以从外貌、筋骨上看出来。但千里马很难捉摸，其特点若隐若现，若有若无，我的儿子们都是才能低下的人，我可以告诉他们什么是好马，但没有办法告诉他们什么才是天下的千里马。我有一个朋友，名字叫九方皋。他相马的本领，不比我差，请您召见他吧!"

于是秦穆公召见了九方皋，派遣他去寻找千里马。三个月之后，九方皋回来了，向秦穆公报告说:"千里马已经找到了，现在沙丘那个地方。"穆公问他:"是一匹什么样的马呢?"九方皋回答说:"是一匹黄色的母马。"秦穆公派人去取，结果是一匹公马，而且是黑色的。秦穆公非常不高兴，于是将伯乐召来，对他说:"真是糟糕极了，您让我派去的那个寻找千里马的人，连马的颜色和雌雄都分辨不出来，又怎么能知道是不是千里马呢?"伯乐长叹一声说道:"他相马的本领竟然高到了这种程度! 这正是他超过我的原因啊! 他抓住了千里马的主要特征，而忽略了它的表面现象;注意到了它的本领，而忘记了它的外表。他看到他应该看到的，而没有看到不必要看到的;他观察到了他所要观察的，而放弃了他所不必观察的。像九方皋这样相马的人，才真正达到了最高的境界!"那匹马牵来了，果然是天下难得的千里马。

很多男人常常会埋怨陪伴女人买东西，既费时间，又很劳累。其实，这些毛病并非只有女人才有，一般人在工作或读书的时候，也会由于某种原因而产生迷惑。

一个人对于某事犹豫不决时，就会发生如上的迷惑或彷徨。这时候，如能针对自己的目的，抓住核心问题来研究，就可以发现一条排除迷惑的大道。例如，你要选购西装，不妨先明确地限定是何种花纹、式样、布料，如果决定以花纹为主，那么，式样和质料就可以作为次要考虑的条件。如果抓住重点来研究，自然能果断地选购，而且，以后也不会遭到别人的埋怨，自己也不会后悔。

俗语说的"眼花缭乱"这句话，正是上述的状况，但只要能有意识地视若无睹，就不会被眼前的情况所迷惑。总之，最重要的是要先抓住问题的核心，其他问题则可列为次要。

我们应该做到下面的几点：

把着眼点放在较大目标上。一个没有做成生意的售货员向经理报告说："买卖没做成，但我和那位客人吵嘴赢了。"在销售中，重要的是做成生意，而不是分辨谁对谁错。

在与员工一起工作中，重要的是发挥他的潜力，而不是就他们犯的小错误大做文章。

在与邻居相处时，重要的是互相尊重与友好相处，而不是总盯着他们是否在说别人的闲话。

如果用部队里的术语来说，我们宁愿失去一场战斗，而赢得一场战争；也不愿因赢得一场战斗而失去战争。

在每次激动之前，问问自己："这事值得我那样大动干戈吗？"没有比这一提问更好地治疗为麻烦事而烦恼、激动的药方了。如果我们碰到麻烦事时，问自己一声："这事真的重要吗？"则最少90％的争吵与不和将不会发生。

不要掉进琐事的圈套中。在解决问题时，多想那些重要的事。不要为一些表象、肤浅的事情所淹没，集中精力于大事上。

另外，爱较真的人，经常没法转变思想，不会圆润说话，这样即使坦诚的话语，也可能招致的是不满。

比如，同事甲认为同事乙小姐的衣服难看，便马上对她说，腿短而粗的人不适合穿这种裙子。结果乙小姐脸一沉，扭头便走，留下甲发愣。或者同事小李当着处长的面指点小王说："你的稿子里错别字很多，以后要仔细些。"实话固然是实话，但不久后公司却隐约有人传言：小李惯于在上司面前打击别人、抬高自己……

　　真诚并不等于不假思索地将自己的感觉说出来，因为你的感觉是否正确尚是一个需要判断的问题。人们对事物的看法都属仁者见仁、智者见智，本没有绝对的对错。所以，有些事其实不用那么去较真，这样的人经常会把自己的生活弄得混乱不堪。圆润为人要学会不较真。

第二章　忍小谋大，以忍图强

忍一时之气，免百日之忧

从某种意义上说，忍耐是保全人生的一种策略，忍一时之气，可免百日之忧。忍耐是一种弹性前进策略，就像战争中的防御和后退，有时恰恰是迎取胜利的一种必要姿态。

汉高祖刘邦去世后，吕后临朝称制。匈奴单于冒顿本已很轻视刘邦，现在一妇人上台执政，他更加肆无忌惮，便想挑起战端。他派使者给吕后送去一封信，信上说："孤独苦闷的君王，生于荒野大泽之中，长于旷野牛马蓄育的区域，多次到达边境，希望能游览中国。陛下独立，孤独苦闷孀居。两位君主都不高兴，也没办法让自己快乐起来，希望以我的所有，换你的所无。"

吕后见信后勃然大怒："好一个不知死活的匈奴冒顿，竟敢调戏到孤家头上，想是活得不耐烦了。"于是，她召集群臣商议，要大举讨伐匈奴以雪此辱，以泄此恨。

吕后的妹父樊哙率先请命道："我愿带 10 万人马，横行匈奴之中。"

吕后大喜，季布却怒声叱道："樊哙理应斩首。"

朝堂上的人都吓了一跳，季布撞邪了吧，竟要斩元勋国戚。

季布接着说："当年高帝率 30 万精兵讨伐匈奴，却被围困在平城 7 日 7 夜。那时樊将军也在军中，却无计可施。今日为何就能以 10 万人马横行匈奴之中呢？这不过是当面阿谀陛下，犯了欺君之罪，按律当斩。"

樊哙无言以对，其他众将也纷纷附和说，以高帝之英武，尚被困于平城，匈奴势力强盛，委实不宜挑起战端。

吕后见众将意思一致，回头细想也确实如此，便忍下这口恶气，退朝回到宫内，不再提讨伐匈奴的事了。

过后吕后为安抚单于冒顿，居然放下架子卑词婉约地写了一封和解信，说："单于不忘我中国，赐给书信，我等国人都很恐惧，我自思自忖，身体老迈，气息也衰弱，牙齿也脱落得差不多了，走路的步子都不均匀，单于听信了传言，我实在不足以使您自污。我国无罪，应在您赦免之列。我有自己坐的车 2 辆、马 8 匹，送给您平时乘坐。"然后她派宦官张泽送去。

单于冒顿原以为汉朝一定会倾竭国力攻击自己，所以严加戒备，没想到等来的却是这般礼遇。再想想，如若自己与汉硬拼，实在也占不得什么便宜，便派使者送给吕后好马，回信说："我生长荒野，没听过中国的礼仪，多亏陛下赦免了我。"便又和汉朝和亲。

吕后性格刚毅、心狠手辣，汉初三大功臣有两位直接死在她手上，即韩信和彭越。然而面对匈奴单于的侮辱和挑衅，她不但采纳众将的意思忍耐住了，而且还以谦卑的姿态回了一封信，倒使得冒顿心生惭愧，回信谢罪，并达成了和亲。吕后执政时边塞得以无事，民众得以休养生息，就是因为吕后能够忍下单于之气。

王林从单位辞职以后来到深圳打工，他在一家私人企业做了几天文员后，就被解雇了。过了一段时间他仍然没有找到工作，已经到了山穷水尽的地步。

　　一天，他身无分文，坐在街心公园歇息。忽然间想到这里还有一个老乡在某个报社做编辑，于是他强打精神去找那个老乡借钱。他好不容易找到了那位老乡，但老乡一见他的狼狈样就知道是来借钱的，于是就故意装作没有看见他。在王林小心地打了招呼后，老乡才问他有什么事。于是王林更加小心地讲明了自己的困境。老乡不耐烦地掏出 10 元钱扔在桌子上，说自己今天身上没有多带钱并且马上要出差。王林知道这是在下逐客令，心里气急了，真想把那 10 元钱抓起来砸在对方的脸上。但现实的残酷让他强压住怒火，拿起那 10 元钱，默默地转身走了。

　　王林先用 2 元钱买了 1 千克馒头，然后用 1 元钱买了 1 支圆珠笔，用 2 元钱买了一叠稿纸。他待在自己租的房子里，用了 1 天 1 夜的时间写了 4 篇反映自己打工经历的稿子，次日早上亲自将这些稿件送到一家专门发表打工者故事的杂志社。负责该栏目的编辑看了稿件后决定 4 篇都采用，并先付给了王林一半的稿费。拿着这些稿费，王林维持了一段时间，并在此期间找到了一份工作。

　　事物总是在不断地运动和变化，机会存在于忍耐之中。对于垂钓者来说，最好的进攻方式就是忍耐。大机会往往蕴藏在大忍耐之中，所谓"天将降大任于斯人也，必先苦其心志，劳其筋骨，饿其体肤……"就是这个道理。大丈夫志在四方，岂可为鸡毛蒜皮的小事而误了大谋！春秋末期最后一个霸主越王勾践卧薪尝胆的故事正好诠释了忍耐保全人生的要义——忍耐不是停止、不是逃避、不是无为，而是守弱、蓄积、迂回前进。当命运陷入不可掌控之时，就要心平气和地接纳这种弱势，坚强地忍耐弱者的地位，在守弱的基础上累积实力、发愤图强，使自己脱离弱者的不利地位，并适时出击，争取赢得新的成功机会。

　　懂得忍耐有利于成就事业，意气用事只会错失良机。面对别人的侮辱和伤害，我们没必要急急忙忙以一种对抗的方式来证明自己并非软弱可欺。因为路遥知马力，日久见人心，有效地忍耐，会使我们获得更多的收益。

忍辱方能负重

忍可以促使一个人的身心成熟，以便大展宏图。昔日韩信受"胯下之辱"的时候显示了巨大的忍耐力，尔后才官拜淮阴侯。司马迁虽受宫刑，遭受了生理上与心理上的双重打击，但他却表现出了超人的忍耐力，完成了旷世之作《史记》。

老子曰："大直若屈，大智若拙，大辩若讷。"因此身处逆境之时，应通晓时事，沉着待机，这才是智者的做法。"伏久者飞必高，开先者谢独早"。只有长久潜伏修智，才能成就大事，才能一鸣惊人。如果不能控制住自己情感的冲动而鲁莽行事，就可能会进一步陷入苦痛与困难中。懂得了这个道理，也就通晓了忍的功效。杜牧之《题乌江亭》诗对此很有见解："胜败兵家事不期，包羞忍耻是男儿。江东子弟多才俊，卷土重来未可知。"此诗是婉转地批评了项羽，说这位大英雄如果当时知忍能忍，抱定这种信念，忍而后发，卷土重来未必不成。

《说苑·丛谈篇》写道："能够忍耻的人安全，能够忍辱的人可以生存。"其实忍辱不仅能平安，而且能成名。

西汉时的韩信是淮阴人，他家里贫穷，没有事干，便在城下卖鱼。肉铺里有个人欺侮韩信说："虽然你长得高高大大，还老喜欢带着把剑游来荡去的，其实只是个胆小鬼罢了。"并且当众辱骂韩信说："你如果不怕死，就刺我一剑；如果怕死，就乖乖地从我裤裆下钻出去。"此时周围的人都非常气愤，纷纷叫嚷着让韩信宰了这狂妄的小子。韩信看看周围，想了一下，俯身从那人裤裆下爬了过去。全街的人都笑韩信怯懦。

后来，滕公向汉高祖刘邦说起韩信，开始时刘邦对他并没有很好的印象，因而也就没有重用他。韩信感到无用武之地，就偷偷地逃跑了。萧何亲自追他，并对汉高祖说："韩信是无双的国士，你要争得天下，非要韩信不可。如用他为大将，就要拜请他，选一个日子，要斋戒、设立坛位、完备礼教才行。"刘邦答应了他，拜韩信为大将军。等到刘邦取得天下之后，韩信又被封为齐王。

忍辱负重的故事不仅中国有之，国外亦不少见。

1076 年，德意志神圣罗马帝国皇帝亨利与教皇格里高利争权夺利，斗争日益激烈，发展到了势不两立的地步。亨利想摆脱罗马教廷的控制，教皇则想把亨利所有的自主权都剥夺殆尽。

亨利首先发难，召集德国境内各教区的主教们开了一个宗教会议，宣布废除格里高利的教皇职位。格里高利针锋相对，在罗马拉特兰诺宫召开全基督教会的会议，宣布驱逐亨利出教。他不仅要德国人反对亨利，还在其他国家掀起了反亨利浪潮。

一时间德国内外反亨利的力量声势震天，特别是德国境内大大小小的封建主都兴兵造反，向亨利的王位发起挑战。

亨利面对危局，被迫妥协。1077 年 1 月，他身穿破衣，骑着毛驴，冒着严寒，翻山越岭，千里迢迢前往罗马，向教皇忏悔请罪。

格里高利故意不予理睬，在亨利到达之前躲到了远离罗马的卡诺莎行宫。亨利没有办法，只好又前往卡诺莎拜见教皇。

教皇紧闭城堡大门，不让亨利进来。为了保住皇帝宝座，亨利忍辱跪在城堡门前求饶。

当时大雪纷飞，天寒地冻，身为帝王之尊的亨利屈膝脱帽，一直在雪地上跪了 3 天 3 夜，教皇才开门相迎，饶恕了他。

亨利恢复教籍保住帝位返回德国后，集中精力整治内部，曾一度危及他王位的内部反抗势力逐一告灭。在阵脚稳固之后，他立即发兵进攻罗马，以报跪求之辱。在亨利的强兵面前，格里高利弃城逃跑，客死他乡。

中国有句俗语"大丈夫能屈能伸"，说的便是忍辱负重。试想，假如当时韩信逞一时之勇而与对方打斗，哪还有后来的"常胜将军"称号呢？假如亨利放弃信念"破罐子破摔"，哪还有日后的至尊荣耀呢？

小不忍则乱大谋

"小不忍则乱大谋"这句话我们都听说过，它的道理是生活中，有些东西我们只有去忍一时，才会见到等在后面的成功。

如果能忍这一时，能将痛苦忍一忍，能将小事忍一忍，那么就不会有"小不忍则乱大谋"这样的失败之事了。

能够忍让的人，事情一般都能够做好。至于别人是否正确，那也是无所谓的事。能够宽容待人，忍一时风浪，迎来广阔天空，这是古人的经验，也是今人欲成大事需养成的习惯之一。

在楚汉相争中，刘邦由于势单力薄，经常吃败仗。汉高祖四年（前203年），刘邦兵败，被项羽围困在荥阳。而他的大将韩信自领一军，北上作战，捷报频传，攻下魏、赵、燕诸王国，最后又占领了齐国全境。

五月，韩信派使者来见刘邦，说："齐人狡诈反复，齐国又与强楚为邻，如果不设王威慑，不足以镇抚齐地，请大王允许我暂代齐王。"

刘邦一听，当然不依，如今大敌当前，这小子竟敢"趁火打劫"，胁迫我分权与他！刘邦气愤不过，便破口大骂："我坐困荥阳，日夜盼望你韩信带兵来增援，你不但不来，反要自立为王！我……"

正骂着，刘邦感到自己的脚被人踩了一下。他恶狠狠的目光一扫，张良向他示意了一下。刘邦知道他一定有重要的话要告诉自己，便打住了话题。

张良清楚地知道韩信是当世首屈一指的将才，目前又拥有强大的兵力，处在举足轻重的地位上。刘邦如与韩信翻脸，轻则形成刘邦、韩信、项羽三强鼎立，重则导致项羽、韩信联合攻汉。无论出现哪一种情况，都于刘邦大为不利。反之，如果能调动韩信的兵马，就能拖住楚军，重创楚军。于是，张良果断地用脚踩刘邦，制止他骂出那些无法收场的话来。

张良靠近刘邦，悄声说："大王，韩信手握重兵，右投则大王胜，左投则项羽胜。我们对他的要求要慎重考虑。"

刘邦是个个性坚忍的人，他压住怒火，当即下令派张良为使节，带着印绶到齐地去，立韩信为齐王，并征调韩信的军队。结果战争形势很快便发生了重大转折：汉军由劣势向优势转变，逐渐对楚形成了包围之势。

经过几年激战，刘邦终于在垓下全歼楚军，取得了战争的最后胜利。

君子有所忍有所不忍，在利于大局的情况下，忍是一种智慧；在鸡毛蒜皮的小事上，忍是一种涵养；在人际交往中，忍是一种气度。有修养的人，从来不会在毫无意义的事情上发火动怒。只有生活中的智者，才能品味出忍的力量。

隋朝末年，李渊从太原起兵后不久，便选准关中作为长远发展的基地。因此，借"前往长安，拥立代王"为名，他率军西行。

李渊西行入关，面临的困难和危险主要有三个：第一，长安的代王并不相信李渊会真心"尊隋"，于是派精兵予以坚决阻击；第二，当时势力最大的瓦岗军半路杀出，纠缠不清；第三，瓦岗军还用一方面主力部队袭奔晋阳重镇，威胁着李渊的后方根据地。

这三大危险中，隋军的阻击虽已成为现实，但军队数量有限，且根据种种迹象判断，隋廷没有继续派遣大量迎击部队的征兆。但后两个危险却是主要的，瓦岗军的人数在李渊的 10 倍以上，第二种或者第三种危险中，任何一个的进一步演化都将使李渊进军关中的行动夭折，甚至全军覆没。

为了能扭转形势，李渊急忙写信给瓦岗军首领李密，详细通报了自己的起兵情况，并表示了希望与瓦岗军友好相处的强烈愿望。

不久，使臣带着李密的回信又来到了唐营。李密在信中劝说李渊应同意并听从他的领导，并速速表态。

当时，李密拥有洛口要隘，附近的仓中粮帛丰盈，控制着河南大部。向东可以阻击或奔袭在扬州的隋炀帝，向西则可以轻而易举地进取已被李渊视之为发家基地的关中。

李渊深知此时情况于己十分不利，如若此时再与李密树敌，后果将是"灭顶之灾"。眼下之计，只有先假意屈服于李密，日后再与他算账不迟。于是，李渊对次子李世民说："李密妄自尊大，绝非一纸书信便能招来为我效力的。我现在急于夺取关中，不能立即与他断交，增加一个劲敌。"于是，李渊回信道："天生庶民，必有司牧，当今为牧，非子而谁？老夫年逾知命，愿不及此。欣戴大弟，攀鳞附翼，唯弟早膺图箓，以宁兆民。宗盟之长，属籍见容。复封于唐，斯荣足矣。擅商辛于牧野，所不忍言；执子婴于咸阳，未敢闻命。汾晋左右，尚需安缉，盟津之会，未有卜期。谨此致覆！"大意是当今能称皇为帝的只能是你李密，而我则年已 50 有余，无此愿望，只求到时能再封为唐公便心满意足，希望你能早登大位。因为附近尚需平定，所以暂时无法脱身前来会盟。这封信巧妙地掩藏了李渊争夺天下的野心，使李密放下了心。

李世民看了信说："此书一去，李密必专意图隋，我可无东顾之忧了。"果然，李密得书之后十分高兴，对将佐们说："唐公见推，天下不足定矣！"

李渊授李密之好，卑词推奖，不仅消除了李密争夺关中的危险，而且还为李渊西进牵掣住了洛阳城中可能增援长安的隋军，从而达到了

"乘虚入关"的目的。李密自以为聪明，实际自己中了李渊之计。他对李渊信任有加，常给李渊通信息，更无攻伐行为，只专力与隋朝主力决斗。之后几年中，李密消灭了隋王朝最精锐的主力部队。而自己也被打得只剩2万人马。而李渊则利用有利时机发展成了最有实力的势力，不费吹灰之力便收降了李密余部。

"小不忍则乱大谋"，这句话在民间极为流行，甚至成为一些人用以告诫自己的座右铭。有志向、有理想的人，不应斤斤计较个人得失，更不应在小事上纠缠不清，而应有开阔的胸襟和远大的抱负。只有如此，才能成就大事，从而实现自己的梦想。

克制自己的不良情绪

古人说："自行本忍者为上。"做人要忍，尤其是那些性情暴躁之人，一定要控制好自己的不良情绪。当然在人生当中，不良的情绪有很多种类，我们在此暂不一一而论，只谈谈愤怒对于人生的不利影响。

遇事不要轻易发火，要学会自制，得罪的人多了，将不利于自己日后的发展。现实生活中，一时愤怒酿成大错或大祸的事绝非少见。其中，美国著名的巴顿将军就有过这么一次。

巴顿将军某日来到前线医院看望伤员。他走到一病号前，病号正在抽泣。

巴顿将军问："为什么抽泣？"病号抽泣说："我的神经不好。"巴顿又问："你说什么？"病号回答说："我的神经不好，我听不得炮声。"

巴顿将军立刻毫无理智地大发雷霆："对你的神经我无能为力，但你是个胆小鬼，你是混蛋！"之后，巴顿依然难以泄恨，又给了这个病号一个耳光，并喊道："我不允许一个王八蛋在我们这些勇敢的战士面前抽泣。"他又毫不犹豫地给了那个病号一耳光，还把病号的军帽丢至门外，接着大声对医务人员说："你们以后不能接受这种龟儿子，他们一点儿事也没有。我不允许这种没有半点儿男子汉气概的王八蛋在医院内占位置。"

临出门前，巴顿将军转头又对病号吼道："你必须到前线去，你可能被打死，但你必须上前线。如果你不去，我就命令行刑队把你毙了。说实话，我真想亲手把你毙了。"

这件事很快被披露，并在美国国内引起了强烈的反响。好多母亲要求撤巴顿的职，有一个人权团体还要求对巴顿进行军法审判。尽管后来马歇尔从大局出发，巧妙化解了这件事，但巴顿还是因为打骂士兵而声名狼藉。这种轻率、浮躁的作风以及政治上的偏见，也为他战后被撤职埋下了祸根。

轻易动怒，既伤身又损财，明智的人是不会那么冲动，随便宣泄自己愤怒的情绪的。因为一些小事而跟人争斗甚至打官司，是不利于延年益寿的。

对待别人的小过失，我们不能斤斤计较，而应该采取忍耐、宽容的态度。

一个人，如果身为领导而不能克制自己的情绪的话，就会危害到他手下的人；如果作为一个普通员工而不能克制自己的情绪的话，就会冲撞到他的上司；一个家庭，如果成员之间不能互敬互爱、相互理解，就会导致家庭的混乱甚至破裂；国家之间，如果不能互相谅解和宽容，就会引发战争，使老百姓蒙受灾难，生灵涂炭。

轻易发怒有百害而无一利。为此，我们可以学学古人，看看他们是怎么做的。

富弼是北宋仁宗时一位品行优良的宰相，然而富弼年轻的时候因能言善辩在无意间得罪了不少人，从而给自己的事业、生活带来了不利影响。经过长时期的自省，他的性格逐渐变得宽厚谦和。后来当有人告诉他谁在说他的坏话时，他总是笑着回答："怎么会呢，他怎么会随便说我呢?"

一次，一个穷秀才想当众羞辱富弼，便在街心拦住他道："听说你博学多识，我想请教你一个问题。"

富弼知道来者不善，但也不能不理会，只好答应了。

秀才问富弼："请问，欲正其心必先诚其意，所谓诚意即毋自欺也，是即为是，非即为非。如果有人骂你，你会怎样?"富弼想了想，答道："我会装作没有听见。"秀才哈哈笑道："竟然有人说你熟读四书，通晓五经，原来纯属虚妄。富弼才智弩钝，充其量不过是个庸人而已!"说完，大笑而去。

富弼的仆人埋怨主人道："您真是难以理解，这么简单的问题我都可以回答，怎么您却装作不知呢?"

富弼说道："此人乃轻狂之士，若与他以理辩论，必会剑拔弩张、面红耳赤，无论谁把谁驳得哑口无言，都是口服心不服。书生心胸狭窄，必会记仇，这是徒劳无益的事，又何必争呢?"

几天后，那秀才在街上又遇见了富弼。富弼主动上前打招呼，秀才不理，扭头而去。走了不远，他又回头看着富弼大声讥讽道："富弼乃一乌龟耳!"

有人告诉富弼那个秀才在骂他。

"是骂别人吧!"

"他指名道姓骂你，怎么会是骂别人呢?"

"天下难道就没有同名同姓之人吗?"

他边说边走，丝毫不理会秀才的辱骂。秀才见无趣，也不白费力气，便走开了。

人的一生谁都难免遇上难堪的误解，遭到他人不公正的批评甚至辱骂。不论是卑鄙的、恶毒的、残酷的，你都千万不要被对方一句不公正的批评或难听的辱骂而激得像对方一样失去理智。获胜的唯一战术，就是保持沉默，不和别人发生正面冲突，就连多余的解释也没必要。因为在这种情况下，相互争吵、辱骂既不会给任何一方带来快乐，也不会给任何一方带来胜利，只会带来更大的烦恼、更大的怨恨、更大的伤害。退一步讲，在对骂中没有占上风的一方，必会因当众出丑而对自己的鲁莽行为深感悔恨。而占了上风的一方虽然把对方骂得体无完肤，但结果又能怎么样？只能加深对方的对立情绪，加深对方的怨恨。

清朝光绪年间流行一首歌曲："他人气我我不气，我本无心他来气。倘若生气中他计，气出病来无人替。请来大夫将病医，他说气病治非易。气之为害太可惧，不气不气真不气。"这首歌通俗易懂，寓意深刻，其中虽然有消极的一面，但仍不失为有益的养身之道，尤其对那些一遇事就跳、一说就叫的人，可算是一剂良方。

行事不可放纵

人生于天地之间，要想成就一番大事业，不是轻而易举的。这要求我们能够不断战胜人自身所具有的各种劣根性，克服各种不良嗜好，严格地约束自己，以求更大的发展。

秦朝末年，陈胜、吴广在大泽乡揭竿起义以后，各地的英雄豪杰纷纷响应。没多久，反秦的风暴便席卷了大半个中国。

公元前 206 年，刘邦率领着一帮人马最先开进了秦王朝的首都咸阳。都城中恢宏壮丽的建筑群、珠宝充盈的仓库使大家大开眼界，众人纷纷钻进皇宫和仓库中抢金夺银，闹得咸阳城内鸡犬不宁。刘邦在卫士们的簇拥下，进了占地数十里的秦宫殿。他先来到前殿阿房宫，看见雕梁画栋的巨大殿堂、奢华无比的陈设、数以千计的美丽宫女，喜得头晕目眩、忘乎所以。

刘邦正浮想联翩之时，他的部将樊哙闯了进来。一见刘邦那神不守舍的样儿，樊哙便直着嗓子喊了起来："沛公！"

"什么事？"刘邦头也不回，心不在焉地问道。

樊哙说："你是要打天下，还是只想当个富家翁？"

"我当然想打天下。"刘邦口中说着，眼睛却没有离开婀娜娇羞的宫女。

樊哙说："臣下跟着沛公进了秦皇宫，您留意的不是珠玉珍宝，就是美娇娃，而这正是秦朝皇帝丢失天下的原因。沛公留此，就是重蹈亡秦的覆辙！恳请沛公立即出宫，到郊外驻扎。"

樊哙虽是刘邦的患难兄弟和亲戚，刘邦却认为他只不过是一员有勇无谋的战将，所以根本听不进去他的话。刘邦很不高兴地说："我们从关东打到关中，太累了。我只想在这儿歇几天，你就把我比作亡国的秦朝皇帝，真是胡说八道！"

樊哙又急又气，找来张良。张良对刘邦说："沛公，您想过没有，您是怎样得以进入这座宫殿的？"

刘邦说："是举义旗，兴义兵，一路攻杀换来的。"

张良说："这正是秦王朝君臣荒淫无度、声色犬马，触怒了天下的老百姓，才使您得到举义旗、兴义兵的机会啊。秦朝皇帝因为骄奢失去了民心，沛公想取秦而代之，就要反其道而行，以节俭有度来争取民心。现在，我们的人马刚刚进入秦朝首都，沛公就带头享乐，老百姓会怎么看？他们会认为我们与秦朝君臣是一丘之貉，就会转而憎恨我们、反对我们。失去民心，您就失了天下啊！"

刘邦听了悚然动容。

张良又说："上行下效，沛公要享用秦宫殿中的财产、美人，将士们就会抢劫仓库与民宅。他们腰囊填满之日，也就是我们这支军队瓦解之时。如今，素来忌恨您的项羽正率领 40 万大军，日夜兼程、过关斩将地逼近咸阳。一旦双方干戈相见，我方军心涣散，如何抵挡得住项羽的 40 万强兵悍将？那时，沛公纵然愿意放弃天下，想去做个富家翁，也欲求无门了！"

刘邦听了，惊得一身冷汗，问："照你说，该怎么办？"

张良说："'良药苦口利于病，忠言逆耳利于行'，樊将军的话说得很对，希望您听从他的劝告，立即离开宫殿，赶快好好考虑一下，采取一些措施来安抚关中人民，争取天下的民心。"

刘邦听完张良的话，马上醒悟过来。他立即下令撤出宫殿，封闭仓库，并命所有部队都回到郊外的灞上驻扎。

世界上唯有自己最可怕，也唯有自己最难以对付。那些体悟佛理的人都知道，佛学的道理并不高深，也不需要特别去做。这样说起来似乎得道成佛很简单，可实际上却几乎没有人能做得到，其中原因就在于没有人能够把自己完全控制住，人们难免会放纵自己的欲望。

为佛之道，在一"空"字。功名利禄、酒色财气，说放下就放下，从此不再留恋牵挂。这就是四大皆空的"空"。

七情六欲固然乃人之常情，但人也有些想法超出了自身条件所许可的范围。自制，就是要控制住自己的这种过分欲望。食色美味、高屋亮堂，凡人即使想得也应得之有度，更何况远景之事，不可操之过急，须知欲速则不达也。否则，举自身全力，力竭精衰，事不能成，耗费枉然。又有些奢华之事，如着华衣、娱耳目，实乃人生之琐事，但又非凡人所能自克。而一旦沉溺其中而不能自拔，就不是力竭精衰的小事了，人必然会颓废不振、空耗一生。

所以，尽管我们总说"放下屠刀，立地成佛"，但是真正能立地成佛的却没有几人。非不能也，是不为也。

学会约束自己的欲望

汤玛斯·富勒说："满足不在于多加燃料，而在于减少火苗；不在于累积财富，而在于减少欲念。"

贪欲会使人的精力和体力双重透支。放下贪欲，追求平实简朴的生活，是获得快乐的最简单的方法。

当欲望产生时，再大的胃口都无法填满，贪多的结果只会是无穷尽的烦恼和麻烦；学会接纳自己，欣赏自己，使自己从欲念的无底深渊中得到释放与自由，是快乐的始发站。

古人云"人心不足蛇吞象"，私欲的沟壑是填不满的。如果每天都去注意自己的欲望是否得到满足，那么我们将时刻处在痛苦的煎熬之中。因为旧的欲望满足了，新的欲望又会出现，而且会一次比一次大、一次比一次难以满足。所谓欲壑难填，就是这个道理。这样一来，人生哪里还有什么快乐、幸福可言？

有一位禁欲苦行的修道者准备离开他所住的村庄，到无人居住的山中去隐居修行。他只带了一块布当作衣服，就一个人到山中居住了。

后来他想到，当他要洗衣服的时候，他需要另外一块布来替换，于是他就下山到村庄中，向村民们乞讨一块布当作衣服。村民们都知道他是虔诚的修道者，于是毫不犹豫地就给了他一块布，当作换洗穿的衣服。

这位修道者回到山中之后，发觉在他居住的茅屋里面有一只老鼠，常常会在他专心打坐的时候来咬他那件准备换洗的衣服。可由于他早就发誓一生遵守不杀生的戒律，因此他不愿意去伤害那只老鼠。但是他又没有办法赶走那只老鼠，所以他回到村庄中，向村民要一只猫来饲养。

得到了一只猫之后，他又想了——"猫要吃什么呢？我并不想让猫去吃老鼠，但总不能跟我一样只吃一些水果与野菜吧！"于是他又向村民要了一只乳牛，这样那只猫就可以靠牛奶维生。

但是，在山中居住了一段时间以后，他发觉每天都要花很多的时间来照顾那只母牛，于是他又回到村庄中，找到了一个可怜的流浪汉来帮他照顾乳牛。

那个流浪汉在山中居住了一段时间之后，跟修道者抱怨说："我跟你不一样，我需要一个太太，我要过正常的家庭生活。"

修道者想一想也有道理，他不能强迫别人跟他一样，过着禁欲苦行的生活……

这个故事就这样继续发展下去，结果你可能也猜到了：到了后来，整个村庄都搬到了山上。而这个修道者最初的愿望也不可能实现了。这一切都是因为欲望。欲望就像是一条锁链，一个连着一个，永远都不能满足。

我们每个人都有欲望，但欲望太多了，人生就会变得疲惫不堪。每个人都应学会轻载，更应该学会知足常乐，因为心灵之舟载不动太多的重荷。

《菜根谭》中指出："人生减省一分，便超脱一分。"在人生旅程中，如果什么都减省一些，便能超越尘事的羁绊。一旦超脱尘世，精神便会更空灵。简言之，即一个人不要太贪心。洪自诚曾说："减少实际应酬，可以避免不必要的纠纷；减少口舌，可以少受责难；减少判断，可以减轻心理负担；减少智慧，可以保全本真。不去减省而一味地增加的人，可谓作茧自缚。"

人们无论做什么事，均有不得不增加的倾向。其实，只要减省某些部分，大都能收到意想不到的效果。倘若这里也想插手，那里也要兼顾，就不得不动脑筋，过度地使用智慧，而这就容易促生奸邪欺诈。所以，只有凡事稍微减省些，才能回复本来的人性，即"返璞归真"。

《呻吟语》的作者吕坤说过："福莫大于无祸，祸莫大于求福。"意即没有不幸的灾祸降临，就是最大的幸福；一天到晚四处钻营的人，比任何人都更加不幸。

所以，人一定要忍耐住自己的欲望，不要为欲望所驱使、所奴役。心灵一旦被欲望侵蚀，就无法超脱红尘，而只能被欲望所吞灭。只有降低欲望，在现实中追求真正有意义的人生目的，人才会活得快乐。

隐忍待机，在逆境中壮大势力

《周易》说："天行健，君子以自强不息。"就是说天道运行强健不息，君子也应该积极奋发向上，永不停止进步。

人的一生中，总会遇到各种各样不尽如人意的事，无论是来自自身的，还是来自外界的，都会令你烦闷不堪。能不能忍受一时的不顺利，这就要看你是否具有百折不挠的雄心与意志。一个真正想成就一番事业的人，面对挫折必然会忍辱负重，以坚忍不拔之气克服重重障碍，直至梦想成真。

西汉时期，北方匈奴冒顿单于执政时，匈奴尚国力衰弱。东胡国王想趁机灭掉匈奴，便故意找碴儿。他听说匈奴有一匹千里马，便派使者来索要。冒顿单于知道东胡国的阴谋，对手下那班愤愤不平的群臣说："东胡跟我国十分友好，所以才向我们索要宝马。我们怎么能因为一匹马而影响与邻国的关系呢？"于是，他将宝马拱手送给东胡。

东胡国王一计不成，又生一计，派使者索要冒顿的妻子为妃。这个要求太过分了，就算一个普通男人，也不能忍受这般蛮横无理的羞辱！匈奴的文臣武将忍无可忍，表示要好好教训一下东胡。冒顿却十分冷静，对那些喊打喊杀的臣子们说："天下女子多的是，东胡却只要一个。

为了与东胡国睦邻友好，我愿意献出我的妻子。"

东胡国王得到宝马与美妻后，暂时没再给冒顿找麻烦。趁此时机，冒顿励精图治，使匈奴国力渐强。东胡国王得知后顿感不安，又来挑衅。他派使者求见冒顿，说："你我两国边境之间有块空地，有1000多里，你匈奴也到不了那里，就把这块地送给我吧。"

冒顿又问左右大臣该如何。

左右大臣们见冒顿从前事事懦弱忍让，也全无斗志，便说："这本来就是块无用的土地，给他也可以，不给也可以。"

冒顿闻言大怒，说道："土地是国家的根本，怎么能把土地送给别人？"

于是，凡是说可以把地给东胡的大臣都被他斩首。然后他传令集中兵马，有敢迟到者一律斩首，后亲率大军袭击东胡。东胡素来轻视匈奴，全然不加防备。结果冒顿一举消灭了东胡，把东胡占为己有。

"忍"有时候会被认为是屈服、软弱的投降动作，但若从长远来看，"忍"其实是非常务实、通权达变的智慧。凡是智者，都懂得在恰当时机忍耐，毕竟获取胜利靠的是理性，而不是意气。忍耐常有附带条件，如果你是弱者，并且主动提出忍耐，那么虽然可能要付出相当大的代价，但却可以换得"存在"的空间和余地。"存在"是一切的根本，没有"存在"，就没有明天，没有未来。也许这种附带条件的忍耐对你不公平，让你感到屈辱，但用屈辱换得存在，换得希望，显然也是值得的。

忍是一种强者才具有的精神品质。那些表面上气势汹汹、不可一世的人，其实是色厉内荏、不堪一击。忍，有时看似是吃了亏，其实一个人敢于吃亏，不去占眼前的便宜，大多是因为他们有更高的境界和更高的追求。而那种事事处处都想占别人便宜、不愿吃亏的人，到头来往往只能收获些蝇头小利，从大处看则反而是吃了大亏。

"忍"是一种做人的智慧，即使是强者，在问题无法通过积极的方式解决时，也应该采取暂时忍耐的方式处理。这可以避免时间、精力等

"资源"的继续投入。在胜利不可得而资源消耗殆尽时，忍耐可以立即停止消耗，使自己有喘息、休整的机会。也许你会认为强者不需要忍耐，因为他们资源丰富而不怕消耗。虽然理论上是这样，实际上问题却是，当弱者以破釜沉舟之势咬住你时，强者纵然得胜，也是损失不小的"惨胜"。所以，强者在某些状况下也需要忍耐，因为这可以借忍耐的和平时期来改变对你不利的因素。总而言之，无论是谁，在局势不利的情况下都要善于忍耐，正所谓"识时务者为俊杰"，与其做无谓牺牲，不如在逆境中养精蓄锐，发展壮大自己。这样一旦时机来临，你就能拥有足够的力量，扭转"颓势"，改写人生。

忍人所不能忍，始成人所不能成之事

一个人生活在社会中，就不可避免地要同其他个体发生千丝万缕的联系。事物总是相互制约的，人在社会上同样不能随心所欲、无拘无束。大到参政议政，小到柴米油盐的芝麻小事，要想"顺风顺水"一些，都离不开一个"忍"字。而一个人想成就一番事业，就更要能够吃常人不能吃之苦，流常人不愿流之汗。这就好比体育竞技中的世界冠军，没有平时的吃苦忍耐，哪来冠盖群雄的风采？因此，要想成功，一定要能忍。

东汉建安六年（201年），司马懿在河内郡被举为上计掾。此时他年仅23岁，但已是声名远播。当时曹操在汉献帝朝廷中担任司空，极需网罗人才为其效力。他听说司马懿是个青年才俊，很想请他出山，授以要职。但司马懿对此时的曹操并不看重，所以不愿过早地将自己的命运交付给曹氏，而只想等待观望，看准可投之主。

为了不开罪于曹操而招致杀身之祸，司马懿使出韬晦手段，推辞说自己身患风痹，不能起居。曹操乃老谋深算之辈，他秘密派刺客假装行刺，以探察司马懿生病的真情。当夜深人静之际，刺客偷偷潜入司马懿的内房，手持利剑，装出要行刺司马懿的姿势。机警的司马懿很快觉察到这是曹操派来探听虚实的探子，因而他仍然直挺挺地躺着，根本不加反抗。刺客由此认定司马懿真的患了严重的风痹病，便收起利剑，回去向曹操如实禀报了。曹操一时被蒙骗过去，而司马懿得以逃避了曹操的第一次征用。

建安十三年（208年），曹操担任了献帝的丞相，他四处物色贤士，又决定请司马懿担任文学掾，并严厉地对使者说："如果司马懿还是推三阻四，再耍花招，就把他绑来见我！"此时曹氏已今非昔比，他独揽汉室大权已成事实，即便逐鹿中原也稳操胜券，所以中原许多大族名士均已投靠曹操，并视其为实际君主，认为曹氏代汉只是时间问题了。

看清了形势的司马懿应召前往。曹操对司马懿的应召固然十分高兴，但他一向认为此人城府很深，不容易被人探知其内心活动，所以对他既使用又疑忌。司马懿虽然谨慎小心，但仍被曹操所深深猜忌。

一天晚上，曹操梦见3匹马共食一槽。因"槽"与"曹"同音，曹操遂产生了"马"吃"曹"的联想，认为司马氏终有一天会侵蚀曹氏的权柄，所以心里更加不快。

司马懿对自己的处境当然明了。为了消除曹操的猜疑，他假装对权势地位无所用心，只是勤勤恳恳、恪尽职守，埋头于日常公务，为人也注意谦恭抑损，这才逐渐淡化了曹操的敌视态度。

曹丕即位后，虽然司马懿与曹丕关系不错，得到曹丕的重用，地位日益显赫，但他的防范心理并没有因此懈怠。在征辽东公孙渊凯旋而归时，一些士兵因天气寒冷，乞求司马懿赏给襦衣。这本来不算过分的要求，但他却未答应。当别人对此表示不解时，他表白自己，说是不能让皇帝认为他是用国库的衣物为自己收买人心。可见他为人十分精细。

20余年后，到了魏明帝曹睿的儿子曹芳登位时，司马懿已官至太尉，与宗室曹爽同为顾命大臣，辅助魏王曹芳。二人实际共同掌握了曹魏的军政大权。

当时，曹爽门下有清客 500 人，其中毕轨、何晏、邓扬、丁谧等常在曹爽周围，为他出谋划策。他们不断向曹爽进言，认为司马懿有一定野心，而且在社会上有很高声望，对皇室是潜在的威胁，不可对他推诚信任。

曹爽遂于景初三年（239 年）2 月使魏帝下诏使司马懿从太尉升为太傅。这一明升暗降的办法，使司马懿的兵权被剥夺，实际权势被架空。

司马懿为曹家天下立过汗马功劳，德高望重，此次被架空实权，虽然大为不满，但他深知曹爽重权在握，自己难以抗衡，所以只好暗中组织人马，以待机行事。为防不测，他称病居家，对朝政不闻不问，并告诫二子司马师和司马昭安分守己，不可争强斗胜。

时隔不久，传来边境告急的军情。东吴军队分兵两路进攻六安和淮南，边境请求朝中发兵边关救急。一时间曹爽急得不知所措，赶紧召集众臣商议对策。可退兵之计还未落实，又有人传来急报，说樊城又遭东吴攻击，连连告退。这时曹爽已如同火上浇油，无计可施之下，他只好以皇帝的名义派人去请司马懿来朝议事。

司马懿老谋深算，对战局了如指掌，同时也料定曹爽必来相请。他认为借此时机出战，一来可以打击曹爽的气焰；二来可以树立自己的威望，所以二话不说就答应了。司马懿来到朝中后，决定亲自带兵出征。无计可施的满朝文武见司马懿亲征边关，深信定可退敌，所以人心振奋，为司马懿举行了隆重的出征仪式。曹爽亲自将他送出津阳门外。司马懿率军直奔樊城，对东吴部队采取出其不意的突袭，很快打败了围城的吴军。然后他又转战六安，解了重围。前后不足 1 个月，司马懿就解了边关之危。班师回朝后，他的声望更是大增。

曹爽为了夺取皇位，进一步独专朝政，排斥异己，并在军机要地安置亲信。朝中大臣对曹爽的专横和野心看得清楚，但却敢怒不敢言。曹爽唯一的顾忌就是司马懿。于是，他命心腹河南尹李胜出任荆州刺史，并借向司马懿辞行之机前去探听虚实。

自上次边关出征得胜回朝后，司马懿兵权又被曹爽剥夺，他一直采取忍耐退让的策略，称病居家，不问政事。得知李胜来访，深知其实质用意的他做了一番苦心安排。

当李胜被引到司马懿的卧室时，只见司马懿病容满面，头发散乱地躺在床上，并由两名侍女服侍着。李胜说："好久没来拜望，不知您病得这么严重。现在我被任命为荆州刺史，特来向您辞行。"司马懿假装听错了，说道："并州是近境要地，一定要抓好防务。"李胜忙说："是荆州，不是并州。"司马懿还是装作听不明白。这时，两个侍女给他喂药，他吞得很艰难，汤水还从口中流出。他装作有气无力地说："我已命在旦夕，我死之后，请你转告大将军，一定要多多照顾我的孩子们。"

李胜回去向曹爽做了汇报，曹爽喜不自胜，说道："只要这老头一死，我就没有什么好担心的了。"

不久，魏少帝曹芳前往洛阳南山拜谒魏明帝高平陵，曹爽以及他的弟弟曹义、曹彦和心腹亲信一同随行。

司马懿见时机已到，就以太后的名义传布诏令闭锁城门，发动了兵变。他派其子司马师、司马昭统领数千禁军占领城中要害部位，解除了曹爽和其亲信的兵权。控制城中以后，他又亲自出城劝降曹爽，并向曹爽保证只要投降，绝不伤害他的性命。曹爽部将力劝曹爽调兵平叛司马懿，曹爽犹豫再三，终究投降。曹爽自以为免除官职后也可当个富家翁，坐享清福。然而事与愿违，时过不久，司马懿便以曹爽大逆不道、图谋篡位的罪名将其连同亲信党羽全部诛杀了。

这场为期长达数年的争权，最终以曹爽惨败而告终。曹爽失败的致命错误是紧要关头缺乏冷静，过于轻信司马懿的计谋。但司马懿以忍为退的策略也巧妙地迷惑了曹爽，使其解除戒心，疏于防范，从而为自己赢得了时间。而不失时机地断然起事，则是他制胜的关键所在。

人生在世，谁都会有不顺遂的时候，但身处逆境正是促使自己身心成熟、准备大展宏图的机会。

身处逆境中最忌讳的反应：第一意志消沉；第二焦躁不安；第三惊慌失措，盲目挣扎。若是犯了这三项大忌中的任何一项，则不仅无法自逆境中脱困，反而会堕入万劫不复的深渊中。

而最关键的是要沉着地等待时机。就像《菜根谭》中所讲的那样，"伏久者飞必高，开先者谢独早。知此，可以免蹭蹬之忧，可以消躁急之念"。长久潜伏林中的鸟一旦展翅高飞，必然一飞冲天；迫不及待绽开的花朵，必然早早凋谢。了解了这个道理，就会知道凡事焦躁是无用的，身处横逆之中，只要能储备精力，重展身手的机会一定会来临，所以能够使自己的力量持久才是最重要的。只有抱着这种信念，才会安全跑完人生这段漫长的旅程。

忍亦有度，忍无可忍则无须再忍

在人与人之间的日常交往中，宽容忍让是一种可取的人生态度。正是这种精神，使我们家庭关系稳定、人际关系和谐。

不过，虽然做人处世要忍，但忍让也要有度，倘若一味忍气吞声、逆来顺受，就变成了一种懦弱，特别是在原则问题和大是大非面前，切不可缩手缩脚。

齐国的相国晏子将出使楚国。楚王知道这个消息后，便对他左右的人说："晏婴是齐国很善于言辞的人，现在正动身来我国。我想侮辱他，用什么办法呢？"左右的人出了个主意。

晏子来到了楚国，楚王举行酒宴来招待他。正当大家酒兴正浓的时候，两个差人捆着一个人，走到了楚王的面前。楚王故意问道："你们捆绑的这人是干什么的？"差人回答说："他是齐国人，犯了偷盗罪。"

楚王笑嘻嘻地望着晏子，说："齐国人本来就善于偷盗，是吗？"

晏子站起来离开席位，郑重其事地回答说："我曾听说橘树生长在淮河以南是橘树，生长在淮河以北就成了枳树。橘树和枳树虽然长得很像，但它们结出的果实味道却大不相同，橘子甜，枳子酸。为什么呢？由于水土不同啊！如今，在齐国土生土长的人在齐国时不做贼，一到楚国就又偷又盗，莫不是楚国的水土使老百姓惯于做贼吗？"

楚王听后苦笑着说："德才兼备的人，是不能同他开玩笑的。我现在是有些自讨没趣了。"

为人不可过于宽厚，面对他人的无理挑衅时，不要一味忍让，要懂得捍卫自己的尊严与利益。

那么，如何掌握忍让这个度呢？它要求有一种对具体环境、具体事情做出具体分析的能力。

比如，在牵涉个人尊严、人格、权益的事情上不要忍让。当别人出于恶意损害了你的个人利益时，你还一味地忍让，他打你的左脸，你还送上右脸，这便是缺乏自尊、软弱无能的表现了。在现代社会，我们每个人都应当学会利用法律、政策以及其他有效办法来维护自己的合法权益、捍卫自己的尊严，这是现代人在社会上求生存、求发展必须学习的新内容。比如老板无理扣压薪金、遭遇上司猥亵、物业管理乱收费、居住环境受污染等，都是不应该忍让的事情。从大的方面来说，每个人在维护自己合法权益的同时也是在捍卫法律的尊严，只有全民大众都这样做，法律才能真正地服务于社会，社会才能更完善，而个人的人际关系也才能更融洽。

以忍图强，在磨难中铸就摧枯拉朽的才干

忍让不是一个抽象的概念，而是内涵丰富的一种谋略，忍让不是消极沉默，而是蓄势待发。忍让实质上是一种动态的平衡，当量积累到一定的时候必然会发生质的转换。忍让是意志的磨炼、爆发力的积蓄，忍让是无奈时的智慧选择，是暴风雨中明丽彩虹的酝酿，在忍耐时最重要的是我们要耐得住寂寞、失落，甚至屈辱和辛苦，等待和把握好进攻的最佳时机。

周敬王二十四年（前496年），吴王阖闾统领大军亲征越国，越王勾践迎战。这次战争以吴王阖闾大败而告终。阖闾在退兵回吴的途中，由于病情恶化，命殒黄泉。

阖闾死后，按照遗嘱，太子夫差接替了王位。夫差将阖闾葬于海涌山。

服丧期间，夫差念念不忘杀父之仇，并对天盟誓："一定要灭掉越国，为父报仇！"

为了早日实现复仇的愿望，夫差日夜操练兵马，储备粮草，铸造武器。经过3年多的充分准备，夫差于周敬王二十七年（前493年）进攻越国，由大将伍子胥和伯嚭率军30万，向越国进发。

吴越两军相距10里，摆开了阵式。吴王夫差亲自擂鼓助威，吴国将士士气高涨。此时，吴军又处顺风，如同猛虎下山，杀得越军只有招架之功，没有还手之力。激战良久，越军兵士死伤无数，吴军则越战越勇，势如破竹，穷追不舍，将勾践藏身的会稽山围得水泄不通。勾践走投无路，只得束手就擒。

后来双方达成了和议。议和的条件是，勾践和他的妻子到吴国来

做奴仆，大夫范蠡随行。吴王夫差让勾践夫妇到自己的父亲吴王阖闾的坟旁，为自己养马。那是一座破烂的石屋，冬天如冰窟，夏天似蒸笼，勾践夫妇和大夫范蠡一直在这里生活了 3 年。除了每天一身土、两手粪以外，夫差出门坐车时，勾践还得在前面为他拉马。每当从人群中走过的时候，就会有人唧唧喳喳地讥笑："看，那个牵马的就是越国国王！"

这实在是够能屈的了，由一国之君变成奴仆了，还为人养马、备受奴役。而他之所以会强忍着这所有的一切屈辱，为的就是日后的崛起。

一次，夫差病了，勾践在背地里让范蠡预测一下，知道此病不久就会好。于是他就亲自去见夫差，探问病情，并亲口尝了尝夫差的粪便，然后向夫差道贺，说他的病很快就会好的。夫差问他怎么知道。勾践就胡编说："我曾经跟名医学过医道，只要尝一尝病人的粪便，就能知道病的轻重。刚才我尝了大王的粪便，味酸而稍微有点儿苦，用医生的话说是得了'时气之症'，所以病会好。大王不必担心。"果然不出几天，夫差的病就好了。由此，夫差认为勾践比自己的儿子还孝顺，所以深受感动，就把勾践放回了国去。

越王深为会稽山之耻而痛苦，一心伺机报仇。他睡不好觉，吃不好饭，不亲近美色，不看歌舞。他苦心劳力，对内安抚群臣，对下教养百姓，历时 3 年，终得民心。

为了更好地笼络群臣百姓，每当有甘美的食物，如果不够分，勾践自己就不敢独吃；有酒，则把它倒入江中，与人民共饮。勾践靠自己耕种吃饭，靠妻子亲手织布穿衣，吃喝不求山珍海味，衣服不穿绫罗绸缎。为了坚持锻炼自己的斗志，勾践不过舒服的生活，连褥子都不用，床上铺的是柴草。他还经常预备一个苦胆，随时尝一尝苦味，以提醒自己不忘所受之苦。他还经常外出巡视，并让随从车辆装着食物去探望孤寡老弱病残之人，以送给他们食物吃。最后，他召集诸大夫，向他们宣告说："我准备和吴国开战，拼以死活，希望士大夫们能和我一起战斗。跟吴王决斗，这是我最大的愿望。如果这些办不到，我将抛弃国家，离开群臣，身戴佩剑，手举利刃，改变容貌，更换姓名，去当仆役。我会拿着箕帚侍奉吴王，以便找机会跟吴王决战。我虽然知道这样做危险很大，要被天下人所羞辱，但是我的决心已定，一定要想办法实现！"

经过"十年生聚"（发展生产力和集聚国力），"十年教训"（教育训练和武装百姓），勾践认为时机已经成熟，便出兵伐吴。他一举打败了吴国，雪耻前仇。吴王夫差兵败自杀，越国也因此跃升为当时最强的国家。

古人云："能忍辱者，必能立天下之事。"人的一生像月亮一样有盈有亏，若是不能估测自身实力、审时度势，受一点儿欺侮就"揭竿而起"，势必招来惨痛的灾祸。因此，要想获得成功，一方面我们要能够沉下心来努力地修炼自己，提高自己的才能；另一方面我们也要耐得住性子，以等待合适自己的机会，这样人生才可能取得成功。

退让是"会忍"

善忍是成大事者必备的习惯之一。我们常说"忍一时风平浪静，退一步海阔天空"，可是，又有几个人能真正做到呢？

"忍"其实就是一种自我控制，也是成功的基础，更是经过千锤百炼而形成的一种习惯。"忍"字常是一些有修养的人的一种品质。不仅对他们，对于每一个人，"忍"字都有着它特定的意义。

《涅槃经》云："昔有一人，赞佛为大福德。相闻者乃大怒，曰：'生才七日，母便命中，何者为大福德？'相赞者曰：'年志俱盛而不卒，暴打而不嗔，骂亦不报，非大福德相乎？'怒者心服。"赞佛者以忍之性使怒者心服，不也说明了忍的功用吗？

忍有其功用，但也有其缺点，我们要学会活用"忍"字。其实人生并不能一味地忍，如果人一味地忍那就毫无生气可言了。那"忍气吞声"的原因是什么呢？俗话说："天有不测风云，人有旦夕祸福。""十年河东，十年河西。"事物是不断发展变化的。因此，若忍住了暂时不利的局势，机会总会来临。不要耐不住等待，当你羽翼未丰时，以卵击石，强行对抗，到头来吃亏的总是你。因而我们说，人要"能忍"，更要"会忍"。

公元 1224 年，宋宁宗病死。由于他的 8 个儿子都早早地死了，权相史弥远便千方百计地在绍兴民间找到一个叫赵与莒的 17 岁少年，系宋太祖的第 10 世孙。史弥远把他召到临安，改名赵贵诚，拥立为太子。后来又不顾杨太后的反对，强行拥立赵贵诚为皇帝，并改名为赵昀，这就是宋理宗。理宗青年嗣位，尚未成婚，直到服丧告终后才议选中宫。一班大臣贵戚听说皇上选中宫，都将生有殊色的爱女送入宫中。左相谢深甫有一孙女，待人谦和，贤淑宽厚。杨太后当年在做皇后时曾得到过谢深甫的不少帮助，因此她想立谢氏为皇后。除了谢氏外，当时被选入宫的美女共有 6 人。宁宗时的制置使贾涉的女儿长得颇有姿色，而且还善解人意，理宗对他十分满意，一心想册立她为皇后。

可是杨太后却说："立皇后应以德为重，封妃可以色为主。贾女姿容艳丽，体态轻盈，但尚欠庄重。而谢氏则丰容端庄，理应位居中宫。"理宗听后马上表现出醒悟的样子，非常高兴地顺从了杨太后的意愿，册立谢氏为皇后，另封贾女为贵妃。其实，理宗心里一千个不愿意，但是他为什么又答应了杨太后的要求呢？原来，理宗心想，自己即帝位本就有诸多争议，此时如果不顺从太后的意愿，与她抗争，太后必定会忌恨自己，说不定会废除自己的皇位，另立天子。大丈夫能屈能伸，为什么自己不能忍耐一下，答应她的要求呢？总有一天，她是要死的，到时候，谁还能管得了自己？

宋理宗就是按照这一想法行事的，大礼完毕后，理宗对谢后一直是客客气气，全按礼数办，并能像例行公事似的时时在谢后那儿逗留一晚，使杨太后更加感到自己决定的正确。过了两年，杨太后撒手人寰，此时羽翼已丰的理宗，见此时机，便天天与贾妃在一起，无所忌惮地宠幸贾妃。

忍显示着一种力量，是内心充实、无所畏惧的表现。忍是一种强者才具有的精神品质。"忍"不是目的，而只是手段。忍是因为目前还无力反抗或不必反抗，而当具备了相当实力，就可以一举翻身、扬眉吐气了。

形势不利时，忍为上策

人的一生只有短短数十年，谁不想在这世上干出一番事业，留下一世英名？可是这世界上的人能做事的不少，能成大业者却微乎其微。为何会如此呢？因为能成事者除了要有各方面的主客观条件外，还必须具有过人的心理素质，忍让便是其中之一。

孔子曾说："小不忍，则乱大谋。"意思就是如果不能忍受一时一事的干扰，不能忍住一星一点儿的欲望需求，就会因此而影响全局，以至于扰乱即成的大事。

忍小谋大，就是要用远大的眼光来看待目前的小是小非，不计一时一事的得失，排除各种干扰，忍住各种小功利的诱惑，为实现大目标、成就大事业扫清障碍，铺平道路。

忍小谋大，就是要"一忍制百勇，一静制百动"。不因小失大，也不因大而无谓丧失信心与勇气，由此便放弃努力。更不要慑于市井之言，使自己的目标遥遥无期、终不可及。

米洛斯岛居于地中海心脏地区，它的地理位置具有十分重要的战略意义。斯巴达最初统治了米洛斯。后来，雅典慢慢地成为地中海的主宰。它想要与米洛斯结盟，共同对付斯巴达。但是米洛斯人拒绝与雅典结盟。于是雅典决定攻打米洛斯。在发动全面攻击之前，雅典使节前去劝说米洛斯人投降。米洛斯不肯投降，他们坚信斯巴达人不会坐视不管。雅典使节警告他们："保守又现实的斯巴达民族是绝对不会帮助米洛斯的，你们抵抗只能遭受更多的损失。"雅典人还说："弃暗投明是明智者最好的选择，我们提供的条件是很合理的，屈服于希腊这样伟大的城邦，应该是一种荣耀，而不是耻辱。"但最后，米洛斯还是拒绝了雅典的提议。

之后，在雅典军队入侵米洛斯的斗争中，斯巴达果真没有伸出援助之手。在雅典的猛烈攻击下，米洛斯人最后选择了投降。为了惩罚米洛斯人，雅典人宣布将米洛斯族所有男子一律处死，所有女人和小孩均卖为奴隶。

弱小的势力如果能够正确地把握自己，就可以成为强大的势力。米洛斯人如果顺从了雅典，就能够变得和雅典一样强大，所以结盟对米洛斯人大有好处。但是他们却错过了这样的机会。强者往往在一段时间后就会成为弱者，到那时再报仇雪恨也不晚。事实上雅典在几年后就衰微了，可惜米洛斯人再也没有了复仇的机会。因此，要想使自己取得最后的胜利，识实务是很重要的。

宋代著名大文学家苏东坡在评论楚汉之争时就曾说："汉高祖刘邦之所以能胜，关键在于能忍。项羽不能忍，所以白白浪费了自己百战百胜的勇猛；刘邦能忍，养精蓄锐，等待时机，直攻项羽弊端，所以最后夺取了胜利。"

下面几件事足以说明刘邦与项羽的不同。

　　楚汉战争之前，高阳人郦食其拜见刘邦，献计献策。一进门他却看见刘邦坐在床边，侍女正在为他洗脚，便很不高兴地说："这就是你的待客之礼吗？"刘邦听了并未生气，而是忙起身整装致歉，请郦食其坐上座，虚心求教，并按郦食其的意见去攻打陈留，将秦积聚的粮食弄到手。

　　与刘邦容忍的态度相反，项羽刚愎自用、自以为是。一个有识之士建议项羽在关中建都以成霸业，项羽不听。那人便出来发牢骚："人们说'楚人是沐猴而冠'，果然！"结果项羽知道了大怒，立即将那人杀掉了。楚军进攻咸阳时到了新安，只因投降的秦军有些议论，项羽就起了杀心，一夜之间把20多万秦兵全部活埋了。从此他的残暴名闻天下。他怨恨田荣，因此不封他，致使田荣反叛。他甚至连身边最忠实的范增也怀疑不用，结果错过了鸿门宴杀刘邦的机会。最后范增被气走，项羽成了孤家寡人。

　　刘邦也不是不食人间烟火的圣人，据《史记》记载，刘邦在沛县乡里做亭长时，好酒好色。当刘邦军进了咸阳时，他也曾被阿房宫的富丽堂皇和美貌如天仙的宫女弄得眼花缭乱，有些迈不动步。但在部下张良的提醒下，他立时醒悟，忍住了贪图享乐的念头，吩咐手下封了仓库和宫殿，然后带着将士仍旧回到灞上的军营里。

　　而项羽一进咸阳就杀了秦王子婴，烧了阿房宫，收取了秦宫的金银财宝，掳取了宫娥美女，并带回关东。相比之下，他怎能不失人心呢？

　　楚汉战争中，刘邦的实力远不如项羽，所以当项羽听说刘邦已先入关，怒火冲天的他决心要将刘邦的兵力消灭。当时项羽40万兵马驻扎在鸿门，刘邦10万兵马驻扎在灞上，双方只相隔40里。兵力悬殊，刘邦危在旦夕。但在这种情况下，刘邦能做到"得时则行，失时则蟠"。他先是请张良陪同去见项羽的叔叔项伯，再三表白自己没有反对项羽的意思，并与之结成儿女亲家，请项伯在项羽面前说句好话。然后，第二天一清早，他又带着张良、樊哙和 100 多个随从，拿着礼物到鸿门去拜见项羽，低声下气地赔礼道歉，化解了项羽的怒气，缓和了与项羽的关系。表面上看来，刘邦忍气吞声，项羽挣足了面子，实际上刘邦却是以小忍换来了自己和军队的安全，赢得了发展和壮大力量的时间。甚至是当自己胸部受了重伤时，刘邦也能忍着伤痛，在楚军阵前故意弓着腰、摸着脚骂道："贼人射中了我的脚趾。"他以此来麻痹敌人，回到自己大营后又忍着伤痛巡视军营，以稳定军心。他对不利条件的隐忍，对暂时失败的坚忍，反映了他对敌斗争的谋略，也体现了他巨大的心理承受力，这是成就大业者必备的一种心理素质。

相比之下，项羽则能伸不能屈，赢得起而输不起，所以连连中计。听到"四面楚歌"，他就怀疑楚被汉灭、一败涂地，进而自己先大放悲歌；被刘邦追到乌江时，一亭长要用船送他过河，他却认为"天要亡我，我渡过去有什么用"，遂自动放弃了重整旗鼓、卷土重来的唯一机会，拔剑自刎。这个勇武过人、不可一世的楚霸王，最终被自己打败了。可怜的是，他至死也没明白，他首先是输在自己手里的。

前面我们已经说过，形势不利时要暂时妥协，形势有利时就大踏步前进。以刘邦为例，在楚汉之争的前半期，他明显处于下风，于是他处处忍让退避。当形势一点点扭转，他可以与项羽一较高下时，他便毫不手软地重拳出击，并夺得天下。刘邦以忍图强，他的这种忍术对于政治、军事、商业竞争来说，是尤为重要的。这种战术，我们将其用通俗的方式表述出来，就是"打得赢就打，打不赢就忍"。那么，如何判断"打得赢"还是"打不赢"呢？有位将军说，他从不打没有把握的仗。他判断有无把握是建立在几个基础上面的：

（1）对己方实力的了解。

（2）对敌情的了解。包括敌方实力大小、武器装备、统帅性格等。

（3）对自己有信心。在打不赢也不能走时，要相信自己能创造奇迹，更应全力以赴，以求凭勇气取胜。

（4）知道自己该怎么做。也就是在知己知彼后，知道如何以己之长攻敌之短，打赢这场仗。

（5）理智决策。若是己方实力不足，又找不到制胜之方，就选择退却，不打无把握之仗。

以上 5 条，对我们很有借鉴作用。只要悟其精髓，我们也可以做到不办无把握之事。那么，具体应如何做呢？

（1）对自身条件的了解。如参加比赛，你要了解自己是怎样一个选手；自己的特点是哪些；强项是什么，弱项又是什么等的问题。

（2）增进对自己所做之事的了解。例如你要开发一个新产品，你就要了解这种产品的前景如何，对手如何，需要投资多少。

（3）对自己有信心。"有把握"，自然会有信心。对非做不可的事，如果没有退路，就要相信自己能够创造奇迹。历史上以弱胜强的事例不胜枚举，要相信自己也可能成为其中一分子。

（4）知道自己该怎么做。即应该怎么去进行投资，怎么去说服对方，怎么去打那场球。

（5）理智选择进退之策。如果有胜算，就努力去做；没有胜算，就不要勉强！比如参加田径比赛日程已经定好了，不去不行，除非弃权。但你可以选择输得不那么惨，你可以保持好的状态，放松身心。比赛时尽力去拼，赢了固然好，输了也没关系，问心无愧就好。

以屈求伸，退中求进

在现实生活中，放着直路不走走弯路，无疑是个十足的傻瓜。什么时候应当强硬，什么时候又需要妥协，都不是一成不变的，暂时的妥协不过是为了将来的强硬。因为面对悬崖峭壁，如果直着走过去，不仅不能到达对面，反而会被摔得粉身碎骨。所谓"以屈求伸""以曲为直""以退为进""将欲取之，必先与之"等，都是围绕着"迂"和"直"两个字做文章。

尤其值得注意的是：退却是指半途而止，并不是半途而废，它包含着积极的内涵，而不是消极地夹着尾巴逃跑。为了把握好这一点，让我们再重温一下浪里白条张顺"退中求胜"，智胜黑旋风的故事。

《水浒》第37回有"黑旋风斗浪里白条"的情节，十分精彩。其文描写李逵与戴宗、宋江3人在靠江琵琶亭酒馆饮酒，李逵到江边渔船抢鱼，后趁着酒兴闹将起来：

正热闹时，只见一个人从小路里走出来，众人看见叫道："主人来了，这黑大汉在此抢鱼，都赶散了渔船。"那人道："什么黑大汉，敢如此无礼？"众人把手指道："那厮兀自在岸边寻人厮打。"那人正来卖鱼，见了李逵在那里横七竖八打人，便把秤递与行贩接了，赶上前来大喝道："你这厮要打谁？"李逵不回话，抢过竹篙往那人便打。那人抢过去，早夺了竹篙。李逵一把揪住那人头发，那人便奔他下三面，要跌李逵。可他怎敌得李逵水牛般气力，直被推将开去，不能够拢身。那人又往李逵肋下擂得几拳，李逵哪里看在眼里。那人又飞起脚来踢，被李逵直把头按将下去，提起铁锤般大小拳头，去那人脊梁上擂鼓似的打。那人怎生挣扎？李逵正打得起兴，被一个人在背后劈腰抱住，另一个人也来帮忙，喝道："使不得，使不得！"李逵回头看时，却是宋江、戴宗，便放了手。那人略得脱身，一道烟走了。

戴宗埋怨李逵道："我教你休来讨鱼，又在这里和人厮打。倘或一拳打死了人，你不去偿命坐牢？"李逵应道："你怕我连累你吧？我自打死了一个，我自去承当。"宋江便道："兄弟休要论口，拿了布衫，且去吃酒。"李逵向那柳树根头拾起布衫，搭在胳膊上，跟了宋江、戴宗便走。行不得数十步，只听得背后有人叫骂道："黑杀才，我今番要和你见个输赢。"李逵回头看时，便是那人脱得赤条条的，匾扎起一条水裈儿，露出一身雪练似的白肉……在江边独自一个把竹篙撑着一只渔船赶将来，口里大骂道："千刀万剐的黑杀才，老爷怕你的，不算好汉！走的，不是好男子！"李逵听了大怒，吼了一声，撇了布衫，抢转身来。那人便把船略拢来，凑在岸边，一手把竹篙点定了船，口里大骂着。李逵也骂道："好汉便上岸来。"那人把竹篙去李逵腿上便搠，撩拨得李逵火起，突的跳在船上。说时迟，那时快，那人只要诱得李逵上船，便把竹篙往岸边一点，双脚一蹬。李逵当时慌了手脚。那人更不叫骂，撇了竹篙叫声："你来，今番和你定要见个输赢。"便把李逵胳膊拿住，口里说道："且不和你厮打，先教你吃些水。"说着他用两只脚把船只一晃，顿时船底朝天，英雄落水，两个好汉扑通地都翻筋斗撞下江里去。宋江、戴宗急忙赶至岸边，见那只船已翻在江里，两个便只在岸上叫苦。江岸边早拥上三五百人在柳阴底下看，都道："这黑大汉今番却着道儿，便挣扎得性命，也吃了一肚皮水。"宋江、戴宗在岸边看时，只见江面开处，那人把李逵提将起来，又淹将下去，两个正在江心里面清波碧浪中间，一个显浑身黑肉，一个露遍体霜肤。两个打作一团，绞做一块，看得江岸上那三五百人没一个不喝彩。

　　浪里白条张顺，将"陆战"变成"水战"，在一退一进之间创造战机，扬长避短，找到了战胜李逵的上策。号称"铁牛"的李逵毕竟不是水牛，他被灌饱江水，吃够了苦头。

　　退与进是一对矛盾，二者既相互对立，又相互统一。不能将后退的举动一概视为怯懦和软弱。在无法前进的情况下，适当地后退往往是一种必要的、理智的行为。

　　刘备、诸葛亮火烧博望坡后，曹操发兵数十万，以曹仁为先锋大举南下，兵锋直指刘备的屯兵之地——新野。根据诸葛亮的提议，刘备退据樊城，同时火烧新野击败曹仁。鉴于刘表已死，荆州新主刘琮投降曹操，刘备集团失去了后盾，诸葛亮建议再行后退。刘备率军兵和百姓弃樊城，过汉江，退往襄阳。刘琮拒不接纳刘备入城，诸葛亮主张向江陵撤退。由于刘备不肯舍弃跟随的百姓，退却的速度很慢，致使江陵被曹操抢占。刘备与诸葛亮等商定后，全军退往汉江与长江的交汇处——夏口，取得了休养生息、壮大力量的机会。在休整兵马、加强防备的同时，诸葛亮乘孙权派鲁肃来夏口探听虚实之机，随鲁肃到江东，一番游说使孙刘结成联盟，在赤壁大破曹军，实现了刘备、诸葛亮打败曹操的目的。曹军败退后，刘备集团得以长驱大进，夺取了荆州。至此，半生漂泊的刘备终于得到了一块真正属于自己的地盘。

可见，在前进受阻时，退后一步再图进取，往往能相对容易地达到目的，这就是以退为进。如果刘备不从新野、樊城主动后退，不仅无法打败曹操，而且会使刘备政权无法继续生存下去。因为小小的新野、樊城连同那少得可怜的兵马，根本不在曹操大军的话下。

相比之下，南下的曹操却只知进取，不懂后退。当他进到长江边上，兵马虽多，但都已疲惫不堪，已是"强弩之末，势不能穿鲁缟"。这时候，他本该停顿下来或稍稍后退，但曹操仍然劳师远征，试图将孙权、刘备一举消灭。结果在赤壁以众败寡，狼狈至极。赤壁一战后，曹操不得不退回中原，终其一生，到底未能消灭孙权和刘备。

这无疑是告诉我们必须处理好退与进的关系：退，向对手让步，是避敌锋芒、摆脱劣势的手段，是赢得进的积极行动。可是一般人在谋划时喜进而厌退，认为退是怯弱的表现。殊不知退的软弱正可以被利用来麻痹对手，掩盖自己对进的准备和行动。如此看来，其实在"软弱"中也可能蕴藏着力量。

古代哲学家老子提出"进道若退"，他力主以柔克刚、以退为进，这又岂是只知猛冲猛打的人所能理解的呢？

无论是战场还是商场，也无论是胜利后的退却还是失败后的退却，只要"退"仅是手段，而不是最后目的，只要有利于整体目标的实现，

"退"又何尝不是上策呢？大自然中的狼族有许多的成功猎捕，正是由"退中求胜"所换取的。

因此，退中求胜的积极意义可概括为：保存实力、重整旗鼓以及待机战胜。

第三章　防人之心不可无，学会辨人读心

识人有方

一个人应该有敏锐的观察力与良好的判断力，穿透对方的表面现象，发现对方隐藏在肚子里的实情。测度他人需要很强的判断力和观察力，而观察人的品性、气质比认识一般事物重要得多，也复杂很多。

其实最糟糕的事情莫过于认错人。洞察人的气质，分辨人的性情，不是三言两语能够说清楚的，这也是人生的非常微妙的事情。俗话说："锣鼓听声，听话听音。"一个人的言辞能够透露一个人的品格，一个人的行为能够透露的东西更多希望在某个方面有所收获，特别需要小心谨慎，要具备极强的观察力和鉴别力。

南宋时期，岳飞奉朝廷之命到洞庭湖围剿起义的杨么，军队驻扎在洞庭湖畔。第二天来了两员将领，声称是杨么的手下部将，因慑服于岳家军的声威，特地来投降的，并带给岳飞许多有关杨么的军事情报。

岳飞安置好了二人，便一心一意训练部队。训练中两名降将表现得十分出色，岳飞便把二人都提为总兵之职，让他们带领军队。同时把作战计划告诉二人，声明中秋节全军休整，中秋节后即发兵攻打杨么的水寨。

中秋节之夜，岳飞命人带着另外一支军队突袭杨么的水寨，寨中军队毫无防备，岳家军长驱直入，杨么被打得大败。

原来，岳飞第一次就看出二位降将是诈降，借机来刺探自己的军事情报的，便将计就计，把虚假的情报告诉二人让他们把假情报送回去，麻痹对方，然后趁机突然袭击。以最少的力量牵制对方军队，使其按自己部署行动，这种巧用谎言诈术的手段也成为借力打人的奇效的典范。

将计就计最关键的两个环节首先是要先识破对方的谎言，然后让对方相信自己已被他的谎言骗住了，这样，才可能行使计谋。如果不能识破对方的谎言，就会被对方欺骗；如果不能使对方确信自己已经受骗，对方就会起防备之心，再使计谋就达不到效果了。

识破对方的谎言固然需要智慧、需要机敏，但稍微具备防骗意识和警惕性的人几乎都可以做到。困难在于如何装出一副已受骗的模样来，这是将计就计的关键，那种大智若愚、装傻弄痴的样子可不是人人都能做得天衣无缝的，它需要更加周密的思考、精心的策划、巧妙的掩饰与装扮。因此，它对一个人的心智提出更高的要求。

伊索寓言中有这样一则故事，说明了识人不清的危害：

山鹰与狐狸结为好友，为了更加巩固友谊，他们决定住在一起。于是鹰飞到一棵高树上面，筑起巢孵育后代，狐狸则走进树下的灌木丛中间，挖个洞生儿育女。这样过了很长一段时间。

一天，狐狸外出觅食，鹰也正好断了炊。山鹰就飞入灌木丛中把幼小的狐狸抢走，与雏鹰一起饱餐一顿。狐狸回来后，发现山鹰偷吃了她的儿女，极为悲痛。可是她无法报仇，因为她是走兽，只能在地上跑，不能去追逐会飞的山鹰。

观察一个人，除了他的外貌以外，还包括印象和名气。有的人名气很大却华而不实、徒有虚名，对这种人就要善于识破他。

从一个人的言谈中可以洞察到他的内心世界，一般来说，如果对某人心怀不满，或者持有敌意态度的时候，许多人的说话速度变得很迟缓。相反地，如果有愧于心，或者有意要撒谎，说话速度自然会变快起来。

说话的速度忽然比平常缓慢，那就是表示对方怀有不满或敌意。

说话速度是一种特征，是一个人与生俱来的气质，是在平日与人交往中锻炼形成的，但是异常的说话速度常常与内心的思想有很深的联系。比如，平时能说善辩的人，突然变得口吃下来；或者相反，平时说话不得要领的人，突然说得头头是道，这就要注意，是否发生了什么事情影响他们，以至他们心里面发生了重大变化。

一般人对自己不满或怀有敌意的人，因为不愿交往，说话速度会不自觉地放慢，甚至让人感到好像不大会说话。相反，当有人心怀鬼胎或想要说谎，说话的速度往往会快得吓人，特别是想取得对方的谅解时，不仅速度加快，还会找些话题以图亲近。

此外，我们也应该注意不能简单地以貌取人。

《史记·仲尼弟子列传》中记载了一个小故事：孔子的弟子中有个叫澹台灭明的人，字子羽。此人本来"欲事孔子"，但由于"状貌甚恶"，孔子就以为他"材薄"，不大喜欢他。于是子羽只好退学了。没想到，这位其貌不扬的人却是一个德才兼备、品学兼优的好学生。他离开孔子以后，"南游至江"，竟然"名施乎诸侯""从弟子三百人"。对这件事，孔夫子很后悔，并且总结教训说："以貌取人，失之子羽！"

于细微处观人

看来微不足道的事情，其中都蕴藏着巨大的发现。而天才与凡人的最大区别正是体现在这些微不足道的小事上。

　　世界上最难懂的一个道理就是最伟大的生命往往是由最细小的事物点点滴滴汇集而成的。绝大多数人很少能有机会遇到那种重大的转折，很少有机会能够开创宏伟的事业。而生活的溪流往往是由这些琐屑的事情、无足轻重的事件以及那些过后不留一丝痕迹的细微经验渐渐汇集成的，也正是它们才构成了生命的全部内涵。

　　英国曼彻斯特市有位医生想在他的学生中找一名具有敏感观察力的人当助手。一次在临床带学生时，当众用指头沾一下糖尿病人的尿液，然后用舌头舔其"甜"味，接着要求所有的学生跟着做。大多数学生都愁眉苦脸地用同样的方法舔尿液，只有一个女学生发现自己的老师用来沾尿的是一个指头，舔的却是另一个指头，她也如此仿效。这位医生认为这个女学生具有敏感的观察力，就让她当了自己的助手。

　　1948年的一天，瑞士发明家乔治·德·曼斯塔尔带着他的狗去郊外打猎。乔治·德·曼斯塔尔一直想发明一种能轻易地扣住又能方便地脱开的尼龙扣，但是一直没有结果。当他和狗都从牛蒡草丛边擦过，狗毛和曼斯塔尔的毛料裤上都粘了许多刺果，这引起了乔治·德·曼斯塔尔的极大兴趣。

　　回到家里，曼斯塔尔立即用显微镜仔细观察粘在皮毛上的刺果。他发现刺果上有千百个细小的钩刺勾住了毛呢和狗毛。

　　这使他顿然发现：如果用刺果做扣件，真是再好不过了。受此启发，他发明了以一丛细小的钩子啮合另一丛细小圈环的新型扣件——凡尔克罗，这是一种能轻易地扣住的尼龙扣，又能方便地脱开，不锈，轻便，可以水洗。它的用途很广，包括服装、窗帘、椅套、医疗器材、飞机汽车制造业。宇航员们依靠它在失重状态下，可将食品袋扣在舱壁上；在靴底上装上凡尔克罗，使他们的靴子附在飞船舱里的地板上。

　　伊索寓言里记载了这样一个故事：狐狸因为注意到别人没有注意到的细节而保住了性命。

　　有一头狮子，年纪已经很大了，凭借武力抢夺食物已力不从心，于是，心生一计，希望使用智谋来获取更多的食物……

狮子钻进一个山洞里，躺在地上装病，放出风去，说动物国王生病了，动物们都要来探视。等其他动物来探视的时候，他就可以得到食物了。就这样，不少的动物都成了狮子的战利品。

狐狸来了，远远地站在洞外问："大王，您的身体现在好些了吗？"

狮子回答说："很不好！你怎么不进洞里来看看我呢？"

狐狸说道："我本来是要进洞去看看大王的，可是我发现只有进去的脚印，没有一个出来的脚印，所以我就只好远远地问候大王了！"

日本著名企业家永守重信利用人们进餐的细小动作鉴别人才，准确率高达95％以上。他认为在人吃饭的时候，最能反映一个人的性格，再高贵的人，在吃饭时，也会显露出他的人品来。如他用吃饭的机会分辨聚会的经理是第一代经理还是第二代经理。作为一般的区分方法，是因为创业性经理都经历了相当的劳苦，上的菜多是一点儿不剩都吃光了，而且吃得也快。总的说，吃饭时会刀叉乱碰，喝汤时会吱吱作响，不太讲究宴席上的礼节。可是到了第二代经理，就爱挑剔，剩菜也多，总是先挑爱吃的动手。

有的时候，细小的地方可以带来严重的后果。

一家书店的记账员因为书店的账目不清，就连续三个星期夜以继日地查账，但最后还是没有发现错在哪里。账面上明明有900元的亏空，却怎么也查不出来。他一遍又一遍地核对每一笔交易的收入和支出情况，一遍又一遍地把账目核对后再加起来，直到最后快要把他逼疯了，但还是查不出到底错在哪里。

最后，书店的经理单独把他叫去的时候，他此时已经是心力交瘁、几乎崩溃了。经理和他两个人重新翻开了账本，从头到尾又核对了一遍，但是900元账目的亏空还是查不出所以然来。

于是，他们就把当班的书店营业负责人叫了进来，然后大家再次核对这900元的账目。这一次，没费多大的工夫，他们就查出问题所在来了。

"看，是这儿，这里应该是 1000 元！"那个营业人员说，"但是，怎么就把它记成了 1900 元呢?"

经过仔细地检查才发现，账本上粘住了苍蝇的一条腿，正好在 1000元数额上第一个"0"的右下角，于是 1000 就变成 1900 了。

从细节处识人，可以了解一个人的胸怀和志向，如通过歌声来听人心。

要说适宜场合的话

说话必须要讲究场合，不注意这一点，说一些不适宜场合气氛的话，往往与初衷适得其反。

古时的唐伯虎能诗善画，也能做对联。有一次，一位官商请唐伯虎为其写一副对联。唐伯虎知道这位官商是个胸无点墨、见钱眼开的人，就提笔为他写了一副：

生意如春风
财源似流水

商人一看，面有不悦之色，认为"春风""流水"没有把发财的意思表达出来，要求唐伯虎另写一张，并提出要求，要有财源广进的意思，文字差一点儿倒不要紧。唐伯虎稍加思索，于是提笔重写一副：

门前生意，好似夏夜蚊虫，输进输出
柜里铜钱，好像冬天虱子，越捉越多

这回商人满意了，眉开眼笑，叩谢而去。

商人只是附庸风雅，所以他在乎的只是"专利"。因此，后一副对联虽有捉弄的嫌疑，却让商人满意。

秦朝末年陈胜在山东起义。使者将这件事报告朝廷，秦二世召集博士儒生们问道："从楚地征调的守边士兵攻打蕲县进入陈地，你们对这件事有什么看法？"三十多位博士儒生上前说："这是臣民图谋叛乱，叛乱就是对皇帝的反叛，反叛之罪不可赦免。希望陛下马上出兵攻打他们。"秦二世听了这话，气得变了脸色。叔孙通快步上前说："皇上，诸生说的都错了。现在天下一统，毁掉了郡县的城堡，销毁了兵器，天下不再有战争。况且上有英明的君王，下有完备的法令，人人奉公守职，四面八方都来归附，哪还有敢反叛的人呢？陈胜这批人，只不过是偷鸡摸狗的盗贼罢了，何足挂齿？郡守、郡尉正在捉拿他们归案，哪里值得忧虑！"秦二世听了高兴地说："好！好！"他让儒生们都发表意见。儒生们有的说是反叛，有的说是盗贼。讨论结束，秦二世命令御史按察儒生，凡是说反叛的儒生一律交官府治罪，由于这不是他们该说的话。凡是说盗贼的都不予追究。因为叔孙通说话符合皇上的心意，就赐给他丝绸二十匹、衣服一套，并任命他为博士。

汉高祖二年，叔孙通归附了汉朝。

当叔孙通投降汉王的时候，随从他的儒生、弟子有一百多人，但叔孙通没有向朝廷推荐过任何人，却专门推荐从前群盗中的壮士。弟子们私下都埋怨他说："我们服事先生几年，有幸随他投奔了汉王，如今他不推荐我们，反倒全力推荐巨猾之徒，这是为什么呢？"叔孙通对弟子们说："汉王正冒着箭林石雨争夺天下，各位儒生能够带兵打仗吗？所以，我现在只推荐能斩将拔旗的勇士。各位暂且耐心等待时机，我绝不会忘记你们的。"汉王任命叔孙通为博士，号称稷嗣君。

汉王五年（前202年），诸侯们在定陶共同尊奉汉王为皇帝。汉高祖废除秦朝苛细的礼仪和法规，一切力求从简。

他手下的大臣大多数没有读过多少书，不少的人还是他小时候的朋友，都不大讲究礼貌仪规。而且，这些人都有战功，认为天下是他们打出来的，居功自傲，放纵言行。汉高祖逐渐意识到，应该制定一套朝廷礼仪来规范文臣武将，以便树立起皇帝的权威，治理好天下。叔孙通对儒家礼仪制度非常熟悉，起先，他知道刘邦不好儒学，不敢进谏。这时，他观察出皇上有建立礼制的想法，便向皇上说："那些读书人，打天下时难以有用武之地，治理天下是少不了他们的。陛下想制定朝制礼仪来约束臣民的言行，真是高明之举。鲁地是礼仪之邦，我请求到那里征招一批熟悉礼仪的儒生，和我的弟子们共同起草朝廷礼仪，使文武百官有章可循。"汉高祖说："制定礼仪好是好，只怕难以推行。"

于是，叔孙通奉命到鲁国征召儒生三十多人。晋国有两位儒生不肯应召，说："您服事的君主将近十位了，都是靠当面阿谀奉承而得到亲近和富贵。现在天下刚刚平定，死人还没有埋葬，伤员还没有康复，您又要制定礼乐。礼乐的产生，积德百年，然后才能兴起。我们不愿意做您所做的事，您所做的事不合古道，我们不去，您走吧，不要玷污了我们的名声！"叔孙通笑着说："你们真是鄙陋迂腐的书呆子，不知道依照时势的变化办事。"

由此可见，在不同的场合，不同的局势下，要顺应时势才能成功。

透过心灵门户识心意

人们常说，眼睛是心灵的窗户。要读一个人，首先就要读他的眼睛。因为眼睛是最不会说谎的器官。

爱默生说："人的眼睛和舌头所说的话一样多，不需要字典，却能从眼睛的语言中了解整个世界。"所以，通过观察一个人丰富的眼睛语言，在某种程度上也可以对他有一个大致的了解和认识。

在《孟子·离娄上》篇中有一段用眼睛判断人心善恶的论述："存乎人者，莫良于眸子。眸子不能掩其恶：胸中正，则眸子瞭；胸中不正，则眸子眊焉。"

汉朝末年，王莽在朝为官，在他未篡位之前，一直给人的印象是勤劳肯干、节俭自律。但是新升任司空的彭宣看到王莽之后，悄悄对大儿子说："王莽神清而朗，气很足，但是眼神中带有邪狭的味道，专权后可能要坏事。我又不肯附庸他，这官不做也罢。"于是上书，称自己"昏乱遗忘，乞骸骨归乡里"。

后来，王莽果然篡权，建立"大新"，成为乱臣贼子。

一般来说，心虚的人，往往不敢直视别人的眼睛，本能地躲闪他人的注视。

三国时，有一次曹操派刺客去见刘备，刺客见到刘备之后，并没有当时下手，并且与刘备讨论削弱魏国的策略，他的分析，极合刘备的意思。

不久之后，诸葛亮进来，刺客很心虚，便托辞上厕所。

刘备对诸葛亮说："刚才得到一位奇士，可以帮助我们攻打曹操的势力。"

诸葛亮却慢慢地叹道："此人见我一到，神情良惧，视线低而时时露出忤逆之意，奸邪之形完全泄漏出来，他一定是个刺客。"

于是，刘备连忙派人追出去，刺客已经跳墙逃去了。

心理学家珍·登布列在《推销员如何了解顾客的心理》一文中说道：

"假如一个顾客眼睛向下看，而脸转向旁边，表示你被拒绝了；如果他的嘴是放松的，没有机械式的笑容，下颚向前，他可能会考虑你的提议；假如他注视你的眼睛几秒钟，嘴角乃至鼻子的部位带着浅浅的笑意，笑意轻松，而且看起来很热心，这个买卖大概就有戏了。"

一个人的视线可以通过不同的角度来了解。第一，对方是否在看着自己，这是一个关键。第二，对方的视线如何活动，或者是视线刚接触立刻就挪开，他的心理状态是有所不同的。第三，视线的方向，即对方是正视还是斜视观察自己的。第四，视线的集中程度，即是否在专心致志地看自己。第五，视线的位置，通过对方视线的方位移动，来考察他的内心动向。

有识之士是知人有所思、知人有所为的，他们知道处世的最难之处，莫过于识人；而且为人处世中的识人，自古就是为难之事。人是不容易被人所了解与认识的，当人们去了解和认识一个人时，就更是一件很不容易的事。了解一个人，就必须了解他的表面与实质，而这些又不是轻而易举就可以解决的问题。从辨别一个人的言行真伪起，到一个人的思想境界是否高尚，中间无不渗透着人的精力与智慧。而轻浮地对待人际关系，就不能真正做到认识人。

人际关系作为个人成功的要素之一，要求人们之间需要沟通与理解，而在自己与别人之间，又不可避免地存在着心理隔阂这堵墙，要拆除"心墙"，就必须了解对方，否则，沟通与理解都是枉费心机。

有时，眼睛似乎也会说话，一个人的心理活动，经常会反映到他的眼睛里，心之所想，透过眼睛就能看出其中的大概，这是每个人都很难隐瞒的事实。

隋朝末年，战事频繁，魏征隐居于梁、宋之间。李密早年投身行伍，后因战败，只身逃到了雁门，换名换姓，扮成一教书先生，与魏先生认识且常来往。一次，魏先生半开玩笑地同他说："我观察先生面色沮丧，目光涣散，心神不定，言语支吾，现在朝廷正在抓捕山东的叛乱分子，难道先生就是其中的要人吗？"李密惊慌起身，抓住魏先生的手说："您既已知道我的底细，还望先生救我。"魏先生说："我看先生没有帝王气象，也不具将帅的谋略，仅一乱世英雄而已。"接着魏先生详细地向他分析了历代帝王将帅及乱世英雄成败得失的原因，最后，魏先生说："我夜观天象，汾河晋地一带有帝王将出，如您能前去辅佐，则前途不可限量。"话音未落，李密拂袖而起，傲慢地说："腐儒之辈，不屑与图大事。"不久,李密又借故西逃,沿途招兵买马,驻营作战,最后还是一败涂地,投降了唐王朝。后又闹叛乱,终被全部消灭。

李密涣散的目光已经泄露他的底气不足,败局已定,所以魏先生通过对他的观察看出他气数已尽。

通过眼睛,可以很容易看出对方的内心世界,在现实生活中,与人交往也是如此,学会看懂对方眼神中传递出的信息可以让你准确地判断出对方的心理及他是怎样的人。

在谈话的时候,如果有一方眼光不断地转移到别处,这说明他对所谈的话题并不感兴趣,另一方意识到这种情况以后,应该想办法改善这种局面。

当一个人看另一个人时,用眼光从上到下或是从下到上不住地打量时,表示了他对对方的轻蔑和审视。而且这个人有自我优越感,有些清高自傲,喜欢支配差遣人。

当一个人对另一个人产生了好感,他没有用语言表达出来的时候,多会用一种带有幸福、欣慰、欣赏等感情交织在一起的眼光不住地打量对方。

关键时刻见人心

正所谓"疾风知劲草",人往往在关键时刻才能知道谁是真正对自己好的人。赵喜是东汉南阳郡宛(今河南南阳)人。更始失败,赵喜被赤眉军围困,十分危急。他爬上屋顶逃走,与好朋友韩仲伯等数十人,带领着一帮小孩及年老体弱者,爬山越险,一直逃出武关(在今陕西商县东)。韩仲伯的妻子年轻貌美,韩仲伯怕有人强暴妻子而连累自己,就想将妻子遗弃在途中。赵喜极力劝诫他不要这样做,可是,韩仲伯还是丢下妻子,自己逃命去了。赵喜就用泥土涂抹在韩仲伯妻子的脸上，遮盖她的美貌，并让她坐在小车上，自己推着她走。路上每次遇到强盗，或者有人想强暴她，赵喜就谎称这女人得了重病。因此，幸免于难。赵喜带着众妇女弱小到了丹水县后，见更始帝的亲属都赤身露体，满身污垢，饥饿困顿得不能再前进了。赵喜悲感交集，就把所带的衣帛资粮全部给了他们，并把他们送归乡里。

建武二十六年，光武帝召集内戚宴会，夫人们纷纷称赞赵喜笃义多恩。她们告诉皇上："当年遭赤眉之祸逃离长安，全靠赵喜救助才得以活下来。"光武帝十分赞许赵喜讲义气。后来，光武帝征召赵喜入京为太仆。光武帝夸奖赵喜说："你不但为英难所保荐，连妇女也怀念你的恩德呢。"对赵喜厚加赏赐。

具有救人于危难之间的品质的人，会受到别人的甚至是敌人的尊重。

晋代有一个人叫荀巨伯，有一次去探望朋友，正逢朋友卧病在床，这时恰好敌军攻破城池，烧杀掳掠，百姓纷纷携妻带子，四散逃难。朋友劝荀巨伯："我病得很重，走不动，活不了几天了，你自己赶快逃命去吧！"

荀巨伯却不肯走，他说："你把我看成什么人了，我远道赶来，就是为了来看你。现在，敌军进城，你又病着，我怎么能扔下朋友不管呢？"说着便转身给朋友熬药去了。

朋友百般苦求，叫他快走，荀巨伯却端药倒水安慰说："你就安心养病吧，不要管我，天塌下来我替你顶着！"

这时"砰"的一声，门被踢开了，几个凶神恶煞般的士兵冲进来，冲着他喝道："你是什么人？如此大胆，全城人都跑光了，你为什么不跑？"

荀巨伯指着躺在床上的朋友说："我的朋友病得很重，我不能丢下他独自逃命。"并正义凛然地说："请你们别惊吓了我的朋友，有事找我好了。即使要我替朋友而死，我也绝不皱眉头！"

敌军一听愣了，听着荀巨伯的慷慨言语，看看荀巨伯的无畏态度，很是感动，说："想不到这里的人如此高尚，怎么好意思侵害他们呢？走吧！"说着，敌军撤走了。

患难见真情，荀巨伯在危难的时候没有弃友人而去，他的诚心让敌人感动，救了友人和自己的性命。

骆统，三国时期吴国会稽（今江苏苏州）乌伤人，他的父亲为袁术所害，母亲改嫁做了华歆的小老婆。骆统8岁那年，跟随着一位亲戚从母亲那里回老家会稽，母亲为他送行。骆统拜辞了母亲，头也不回地走了。母亲哭得很伤心。车夫对骆统说："老夫人还在那里伤心落泪呢，你回去劝慰一下吧。"骆统说："我就是为了不增加母亲的痛苦和思念才不回头劝慰的。"骆统对母亲很孝顺，性格慈悲，乐善好施。有一年闹饥荒，粮食歉收，乡邻及远方的亲友们缺吃少穿，生活非常困难。骆统很想救济他们，但是家中又没有那么多的粮食。因此，终日悲伤，不思饮食。他的姐姐仁爱有德行，因为丈夫刚去世，暂时回娘家居住。她见弟弟天天满脸戚色，饭量日减，便问他有什么为难之事。骆统说："乡邻亲友们都没有粮食吃，我哪里忍心独自吃饭呢！"姐姐说："原来是因为这件事，你为什么不早告诉我，而自己折磨到这等地步呢？"她就把自己家中的粮食拿出来送给骆统，又把这事告诉了母亲，母亲很是称赞姐弟俩的义行。骆统把粮食全部分送给乡邻，帮助他们度荒自救。乡邻们很是感激，骆统也因此美名传遍乡里。

人的一生不可能一帆风顺，难免会碰到失利受挫或面临困境的情况，这时候最需要的就是别人的帮助，这种雪中送炭般的帮助会让原本无助的人记忆一生。

人们总是可以敏感地觉察到自己的苦处，却对别人的痛处缺乏了解。他们不了解别人的需要，更不会花工夫去了解；有的甚至知道了也佯装不知，大概是没有切身之苦、切肤之痛吧。

虽然很少有人能做到"人饥己饥，人溺己溺"的境界，但我们至少可以随时体察一下别人的需要，时刻关心朋友，帮助他们脱离困境，当朋友身患重病时，你应该多去探望，多谈谈朋友关心的感兴趣的话题；当朋友遭到挫折而沮丧时，你应该给予鼓励："这次失败了没关系，下次再来。"当朋友愁眉苦脸，郁郁寡欢时，你应该亲切地询问他们。这些适时的安慰会像阳光一样温暖受伤者的心田，给他们以希望。

识人难，识小人更难

识人难，《六韬·选将》举了这样的 15 种例子：有的外似贤而不肖；有的外似善良，而实是强盗；有的外貌恭敬，而内实傲慢；有的外似谦谨，而内不至诚；有的外似精明，而内无才能；有的外似忠厚，而内不老实；有的外好计谋，而内乏果断；有的外似果敢，而内实是蠢材；有的外似实恳，而内不可信；有的外似懵懂，而为人忠诚；有的言行过激，而做事有功效；有的外似勇敢，而内实胆怯；有的外表严肃，而平易近人；有的外貌严厉，而内实温和；有的外似软弱、其貌不扬，而内实能干、没有完不成的事。人就是这样往往表里不一。因此观察一个人，不能只看其表面，要透过其表面现象透视其内心世界，这就是说要从表到里，看其是否表里如一，才能知其人面，亦知其内心。

而识别小人更为重要，有时，可能会因为得罪了小人而丧命。

战国时期，齐国大夫夷射，在接受国王的宴饮后，酒醉饭饱而出。此时担任王宫守门的小吏刖跪请求说："给我一点儿酒喝吧。"夷射斥责刖跪说："一个下贱的守门人也想饮用国王的美酒吗？滚开。"夷射走远后，刖跪在门前将碗里的水泼在接水槽中，类似小便的样子。

天明以后，齐王出来对刖跪斥责说："昨天晚上，是谁在此处小便呀？"刖跪回答说："夷射，在这地方站立过。"齐王大怒，因此诛杀了夷射。

客观判断真伪，识别小人，对于领导者来说，尤为重要。

唐高祖因为皇甫无逸是隋朝旧臣，十分地尊重和礼待他，任命他为刑部尚书，封为滑国公，历任陕东道行台民部尚书。第二年，升迁为御史大夫。当时，益州地界刚归附，刑法不够健全，官吏不法横行，贪赃枉法现象比较普遍。朝廷派皇甫无逸持节巡察，对官吏按规定该罢免的罢免，该升迁的升迁。皇甫无逸宣扬朝廷的法规恩惠，法令严肃，蜀地民众很是信赖他。有个叫皇甫希仁的官吏，见皇甫无逸专制一地，名声日高，很是嫉妒，就上书谗毁他，说："我的父亲在洛阳。无逸因为他母亲的缘故，曾暗地里派我与王世充交往。"唐高祖认识到这是谗言，斥责皇甫希仁说："无逸被王世充所逼迫，离开他的母亲归附于我。现在我对他的委任高于众人；他在益州为官清廉，名声又很好。这就引起一些小人心中不平衡，想诋毁他。实际上，这是离间君臣关系，惑乱我的视听。"于是，斩皇甫希仁于顺天门，派遣给事中李公昌前往益州慰问安抚皇甫无逸。不多日子，又有人告发皇甫无逸暗中与萧铣交往。皇甫无逸当时与益州行台仆射窦璡不和。于是，皇甫无逸上奏表自我辩解，并列举窦璡的罪状。唐高祖看了奏表后说："无逸当官执法无所回避，这必是邪恶之徒嫉妒正直官吏，勾结起来诬陷他。"因此，命令刘世龙、温彦博前往调查处理此事。经调查，并无证据。因此，诬告者被诛杀，窦璡被罢黜。皇甫无逸在益州完成巡察使命返回朝廷，唐高祖安慰他说："爱卿在益州立身方正，为官清廉，我很了解。有人多次诬告你，这都是因为你方正清廉引起邪恶之徒的嫉妒所致啊！"

在日常生活中，谁都不愿意和小人打交道，可是不管你愿意或不愿意，又总不可避免地要与小人打交道。与这样的人打交道时，务必多留几个心眼。但即使你比他强大，也最好不要与其发生正面冲突。仇视小人和与小人做正面斗争，足以显示出你的正义，但这不是保身之道。在实际生活中，小人无处不在，所以在与人交往中要能慧眼识小人，不要让小人阻碍了自己的前程。

防人之心不可无

俗话说："害人之心不可有，防人之心不可无。"在为人处世中，尤其要有防人之心。

人与人相处，最忌"交浅言深"。这种情形如果发生在办公室，所造成的负面影响不容忽视。

人际交往是一门艺术，并且它可能比其他一些技术还要复杂。它要求精心策划、具体实施及随时评价才会保持有效。

当你刚加入一个新的团体，或当你刚进入一家公司，无论这是你的第一份工作，或者是由别家公司跳槽而来的，初始你很可能是他人探索甚或怀疑的对象，甚至可能是原来觊觎此职位的人憎恨的对象。但你要牢记，时间能够治疗与证明一切。

最常见的情况是你刚来到一个新的工作环境，同事对你表示友善而欢迎的态度，大家一起外出午膳，有说有笑，无所不谈。但其中一名同事可能跟你最谈得来，乐意把公司的种种问题，及每一位同事的性格都说给你听。你本来对公司的人事一无所知，自然也很珍惜这样一位"知无不言，言无不尽"的同事，彼此显得相当投机，你开始视对方为知己，并将平时看到什么不顺眼、不服气的事情，也与这位同事倾吐，甚至批评其他同事不是之处，借以发泄心中的闷气。

彼此关系浅薄，你对他深谈，显出你没修养。如果话题是关于对方的，你不是他挚友，你就让人觉得"热心过分"，显出你的冒昧。

如果你的话是涉及他人的，对方的立场如何，你并不明白，对方的主张如何，你也不明白，你偏直言不讳，则往往招尤得咎。

所以逢人只说三分话，不是不可说，而是那些不必要说的话不要说。善于处世的人，说话恰到好处，这就是别人爱听的缘故，绝不是他不诚实，更不是狡猾。

生活中往往有两面三刀者，就是采取各种欺骗方法，迷惑对方，使其落入陷阱，达到自己的企图。唐玄宗时的宰相李林甫，他陷害人时并不是一脸凶相，咄咄逼人，而是吹捧。李林甫"口有蜜，腹有剑"。在当代，也不乏口蜜腹剑的阴谋家。

因此，我们在人际交往中，要心存警觉。

西汉孝成皇帝的班婕妤，在汉成帝刚即位时就被选入后宫。开始是少使，不久受到宠爱，升为婕妤，住在增成舍。在这里，她生了儿子，但几个月后就夭折了。有一次，汉成帝在后宫的庭园内游玩，想和班婕妤同乘一辆车。班婕妤推辞说："我曾观看古代的图画，看到贤明的君王身边都有名臣，三代末的君王身边才有宠姜。今天，陛下想与我同车，岂不是与末代君王的情形有些相似吗？"汉成帝对班婕妤的见解很是赞赏，便也不再勉强了。皇太后听说这件事，高兴地说："古代有贤惠的樊姬，今天有贤惠的班婕妤。"班婕妤爱读《诗》《窈窕》《德象》和《女师》这些告诫人们修身养性的书，每次朝见或上书言事，都谨遵古代流传下来的礼节。

汉成帝鸿嘉三年（前18年），赵飞燕诬告许皇后、班婕妤狐媚邀宠，向鬼神祝祷，诅咒后宫，辱骂皇上。许皇后因此被废黜。朝廷审问班婕妤，她回答说："我听说'死生有命，富贵在天'。我修身持正，还没能得到上天赐福，如果做妖术诅咒的邪事，就更不用想有好结果了，如果鬼神有灵应，不会听从我大逆不道的诅咒；如果鬼神没有灵应，诅咒又有什么用处呢？所以，我不曾诅咒。"汉成帝认为班婕妤回答得有道理，就赦免了她，并赐给她黄金百斤。

赵飞燕姐妹骄横妒忌，班婕妤恐怕时间长了会再次被陷害，便请求去长信宫侍奉皇太后，汉成帝准许了她的要求。

说到未雨绸缪，就不得不提到三国的诸葛亮，他的未卜先知，让刘备几次都遇难呈祥。

周瑜是东吴的一员大将，在曹操百万雄兵步步进逼之前，力排议降众议，稳住军心，坚守东吴于一隅。

这天，他听说刘备的甘夫人死了，十分高兴，便决计要一次阴谋手段，要孙权把妹妹嫁与刘备，等刘备来人娶，便将他囚禁起来，再以刘备为交换条件，派人去讨荆州，等到了荆州，就不愁对付不了刘备了。于是派吕范为媒，往荆州说合。谁知诸葛亮棋高一着，一听到消息便知是周瑜在耍阴谋，便将计就计，让刘备答应周瑜的美意，并派赵子龙保刘备去东吴招亲，临行时授予三个锦囊妙计。

刘备到东吴，孙权之母见刘备一表人才，倒真的应允将女儿许配给他，使周瑜和孙权弄假成真，再也不好公开囚禁刘备了。刘备遂劝通娘子乘去江边祭祖之机，逃离东吴。周瑜闻知，立即派兵追赶，却被娘子挡住。正当周瑜准备孤注一掷时，却见诸葛亮早在岸边的船上等候，且刘备已登上了船，船立即离岸往荆州而去，周瑜命令乱箭齐射，却为时已晚，船早已远去。

诸葛亮因对周瑜有所防范才让其"赔了夫人又折兵"。

三国时，武威姑臧（今甘肃武威）人贾诩，少年时就颇有智谋，有人称赞他有张良、陈平的智谋和才干。成年后，举孝廉做了郎官。后来，贾诩因病辞官西归，途经济道，被反叛的氐族人围困，他与同行的数十人都被执拿囚禁。危难时刻，贾诩没有乱方寸，他灵机一动，想出了一个"示假隐真，骗敌脱身"的计策。他煞有介事地对氐人说："我是段太尉大将军的外甥。你们如果不杀害我，我家必将给你们丰厚的赎金。"段太尉当时在朝廷任太尉，曾任镇边大将军，威震西土。所以，贾诩假借段太尉的旗号来吓唬氐人。实际上贾诩并不是段太尉的外甥。这一招果然有效，氐人不再加害贾诩了。双方达成协议，氐人就把贾诩送出边境。其他的人都被害死了。

那时，将军段煨屯兵华阴。贾诩曾做李催的宣义将军，因为与段煨是同乡，就离开李催投奔了段煨。贾诩投奔段煨不长时间，在段煨军中名声大震。段煨担心这样下去，贾诩会取他而代之。因而，产生了嫉妒和疑忌之心。但表面上，段煨对贾诩仍然是礼遇不减。贾诩知道段煨的心思后，心中越来越不安，只好暗中另找出路，想早日离开这个是非之地。魏国扬武将军张绣驻军南阳，贾诩暗中与张绣取得联系。有一天，张绣派人来迎接贾诩。启程时有人对贾诩说："段将军这样厚待先生，先生为什么要离他而去呢？"贾诩回答说："您只知其一，不知其二。段将军对人猜忌多疑，对我已经产生了疑忌之心。他对我虽好，却是靠不住的，时间长了，我必然要被他谋害。现在我离开，他一定很高兴。而且，他也希望我能为他结交新的盟友。我离去以后，段将军一定会善待我的妻子儿女。张绣身边正缺少出谋划策的人，也盼望我到他那里效力。这样，我的性命和家庭就都可以保全了，两全其美，何乐而不为之呢？"

贾诩来到南阳后，张绣待他如子孙，段煨也善待他的家人。

虽然我们强调待人要真诚，不要猜忌别人，要信任朋友，但同时人际交往中不可缺少防备之心，这样在突发变故的时候才能有所准备，应付自如。

识人要有远见

识人，首先要有远见，目光远大才会获得成功。因为今日落魄的人明日也许会一鸣惊人。

秦朝末年，单父人吕公和沛县县令很要好。吕公为了躲避仇人，随县令来到沛县客居。后来，就在沛县安家定居。

当时，县内的豪绅和官吏们听说县令家中来了贵客，纷纷前往祝贺。萧何任县衙主吏，负责收受贺礼。他对客人们说："送贺礼不满千钱的，请坐到堂下去。"刘邦这时担任亭长，一向瞧不起县衙中这些官吏。他送上一张名帖，假称"贺礼一万钱"，其实，他一个钱也没带。名帖送进去，吕公看了大吃一惊，急忙起身来到大门口迎接。吕公喜欢给人看相，一见刘邦的相貌，便十分敬重，他把刘邦领到堂上就坐。萧何暗中对吕公说："刘季一向喜欢说大话，很少说到做到。"刘邦因受到吕公的敬重，便想趁机戏侮诸位客人，就毫不谦让地坐到上座。酒宴进行到尽兴之时，吕公向刘邦使眼色，示意要他留下。刘邦喝光了酒，来到后屋，吕公对他说："我年轻时就喜欢给人看相。我给许多人看过相，从没见过像您这样的贵相，希望您自我珍重。我有个亲生女儿，愿意嫁给您为妻。"

酒宴结束以后，吕老太太生气地对吕公说："你以前常常想使女儿与众不同，要把她嫁给贵人。沛县县令和你要好，他要娶女儿为妻，你不答应。怎么竟糊里糊涂地许给刘季了呢？"吕公说："这不是你们女人所能明白的。"吕公终于把女儿嫁给了刘邦。吕公的女儿就是刘邦当了汉朝皇帝后的吕皇后，她生有一儿一女，就是孝惠皇帝和鲁元公主。

吕公不为刘邦当时的行为所影响，慧眼识人，才给女儿找到一个"天下第一"的丈夫。

同样会识人的还有一位鲍叔牙。春秋时期，鲍叔牙在南阳经商，认识了管仲。通过接触了解，他知道管仲虽然家道中落，境遇困顿，但志大才高，不是等闲之辈。他很看重管仲，于是两人就合在一起做起了买卖。管仲每逢赚了钱总想多分一点儿，鲍叔牙知道后也不以为意。有人对鲍叔牙说："你这么做不是吃亏了吗？"鲍叔牙因答："管仲家中生活困难，还有老母需要养活，是应该多拿些钱的。"有时候买卖赔了钱，鲍叔牙不但不抱怨管仲，还安慰他说："这是时机不利的缘故，请不要放在心上。"管仲听了，十分感动。

后来鲍叔牙和管仲都弃商从政，在公元前 686 年齐国发生内乱的时候，国君的兄弟们怕受迫害，纷纷带着谋士出奔他国。鲍叔牙作为公子小白的谋士，去了莒国；管仲作为公子纠的谋士，去了鲁国。两人都是尽心尽力地各为其主。公子纠和公子小白都是想争当齐国国君的。管仲为了使公子纠当上齐国的国君，便找到和公子纠交情很深的鲁庄公说："公子小白住在莒国。现在正带领人马日夜兼程地赶路，要抢先回到齐国，争夺国君的宝座。要是他先到齐国，那公子纠回去后就没有位置了。为了阻挡公子小白，请您让我带上一支军队，去半路把他截杀了吧。"鲁庄公慨然应允。话说管仲带领人马在即墨附近与公子小白相遇。因为这是一次争夺国君宝座的关键性战斗，所以两军对垒，都怒目相视，兵来将往，互不相让。在混战中，管仲一箭射中了公子小白的带钩。小白很机智地倒在战车中，佯装已被射死。

管仲很放心地回到鲁国，准备护送公子纠返回齐国。管仲率部刚走，公子小白就和鲍叔牙赶忙上路。回到齐国后立即登位，成为历史上有名的齐桓公。当管仲闻知此事，又带军队护送公子纠返鲁国，但被齐国的军队打败，管仲也成了阶下囚。这时，齐桓公论功行赏，准备任命鲍叔牙当齐国宰相，岂知鲍叔牙却偏偏提出："我虽然对您是忠心耿耿的，但只是一个庸臣，不会有大的作为。您要想把齐国治理好，就必须任用管仲来当宰相。"齐桓公开始还在犹豫，但在鲍叔牙的再三劝说下，终于不再计较一箭之仇。用当时崇尚的"洗三遍澡，洒三次香水"的大礼，去狱中迎接出管仲，并拜管仲为宰相，以鲍叔牙为副手，团结一心，治理齐国。从此，由管仲出谋划策，对内实行整顿改革，对外提出"尊王攘夷"，使齐国迅速由乱转治，由弱变强，齐桓公也成了春秋五霸中的第一个霸主。

虽然管仲的才能出众，齐桓公的霸业他功不可没，但鲍叔牙的识人和有远见更是受到人们的称赞。

识人要有远见，只看眼前的景象和一时的情况做出的判断并不完整和全面。人要有长远的眼光，在人际关系中，才能未雨绸缪，得到更多你想要的信息和帮助，走向成功。

第四章　博弈人生，智者的生存之道

博弈是什么

"博弈论"就是分析博弈行为和博弈决策的一门科学。2005年的诺贝尔经济学奖，为"博弈论"研究专家罗伯特·奥曼和托马斯·谢林所获得，1994年度和1996年度的诺贝尔经济学奖，也分别由纳什、泽尔滕、海萨尼、莫里斯和维克瑞等"博弈论"专家分享。如此众多的"博弈论"研究专家的频频获奖，凸显了"博弈论"在主流经济学中日益重要的地位。

"博弈论"原本是数学的一个分支，但由于它较好地解决了对竞争等问题的可操作性分析，成为经济学中激荡人心的一个研究领域。可以说，"博弈论"已经改变了经济学的传统轮廓线。其实我们身边充满了博弈，或者说，我们身边的许多行为、现象都可用博弈来概括。"博弈论"不仅属于经济学，也理应属于社会学、政治学、心理学、历史学等，这些学科也可以分享"博弈论"那旖旎的学术风光和精细的分析技巧。

它听起来高深莫测，其实它就是"游戏"的意思。更准确点说，是可以分出胜负的游戏。"博弈论"如果直译就是"游戏理论"，或不妨说，是通过"玩游戏"获得的关于人生竞争的知识。

游戏是什么？简单地说，游戏是人生的抽象。

面对复杂事物时，人们常落入"只见树木，不见森林"的陷阱，被细节压得喘不过气来，找不到重点。在游戏中，可以反映出一些现实世界的问题，并将干扰因素减至最低，是一种很适当的决策入门方法。

游戏是学习的好方法。击败了拿破仑的威灵顿公爵曾说过："滑铁卢之役的胜负是在伊顿中学操场上决定的。"平时勤于练习技巧和战术，在危急时才不至于慌了手脚，这个原则适用于大多数的比赛或游戏。

最妙的是，在游戏过程中，你不会损失任何东西，即使是输了也不会有什么损失。在"大富翁"的游戏中，你可以从一眨眼输掉几百万元的经验里，学会如何精明地买卖房地产，又不必付出任何代价。

从小我们就是从游戏里学习怎样生活，怎样与他人相处，怎样适应并利用这个世界上的种种规则，并在这个过程中确立自己的人格的。因此，不要小看游戏，它的确是人生的模型。

玩游戏需要用到许多不同类型的技巧，其中一种是基本技巧，比如打篮球不能缺少的投篮能力，在法律界工作不能缺少的案例积累能力，玩围棋的时候需要记住大量的"定式"（双方可以接受的变化，可称为围棋棋盘上的"均衡"）等。这些技巧一旦脱离了游戏，可能就没有多大用处了。但博弈论的策略思维则是另外一种技巧，它要求从你的基本技巧出发，考虑的是怎样将这些基本技巧最大限度地发挥出来。这是具有普遍意义的原则，可以应用于生活的方方面面。

人生无处不博弈

如果把博弈论推而广之，就不仅限于经济或政治领域，人们的工作和生活，甚至生命的演化，都可以看作是永不停息的博弈决策过程。

早上刚起床，就在洗澡与不洗澡而选择半天，洗澡吧肯定又迟到了，不洗澡吧比较受不了身上刚起床的味道，尤其套上一件洗得干净的衣服的时候，于是很多时候不是不想洗，而是在选择的时候，时间就过去好大一会儿了。

来到公司后，又在选择是坐电梯呢？还是走楼梯呢？坐电梯吧，不能从1楼爬到9楼来锻炼身体，爬楼梯吧从1楼爬到9楼后浑身热乎乎的，难受，爬得快了还出汗，爬得慢了既达不到锻炼效果又会迟到，于是在犹豫的时候电梯已经上满人了，你只能选择爬楼梯，或者连着来2班电梯就会好一点儿。

打开电脑后，又在选择是打开QQ呢？还是打开MSN呢？还是两个都不开？或者两个都开？一上午都在做选择，打开QQ吧，怕MSN人有事找不到你，打开MSN吧？怕QQ有人找你又看不到，可是都开了吧，又怕同时有好多人说话应付不过来，都不开吧，又觉得获取信息本来就少，这样似乎不妥，于是在做选择的时候一上午很快就过去了。

中午饭时间到了，又在选择是去食堂吃呢？还是去对面的饭店吃呢？还是订餐吃呢？去吃食堂吃吧，饭是比较难吃，但是非常便宜；去福丽特虽然略微好吃，但是花的钱好多；订餐吧，虽然不用去外面就在屋里吃掉，可是营养又不够，拿着不同的餐卡，好难选择啊，于是选择的时候时间又很快过去了，没办法只能选择去最近的地方吃了。

下午犯困时间到了，又在选择是泡咖啡呢？还是冲绿茶呢？泡咖啡吧，可以略微解决犯困，但是喝完之后杯子不好洗，还得带回家洗，冲茶喝吧，虽然清淡、下火、消毒对身体好，可是不够解困，喝了等于白喝。干脆不选了，买瓶矿泉水吧。可是买水的时候又要选择，是买体饮呢还是普通矿泉水呢？是顺便买瓶绿茶呢？还是买瓶可乐，要是买可乐是买百事还是买可口呢？

晚上下班了，又在选择是回家吃饭呢？还是在外面吃饭呢？在家吃饭吧虽然可以边吃边看电影，但吃完了还得洗碗；去外面吃饭吧，餐厅太吵，又怕不干净。吃爱吃的吧不能天天吃一个样；不吃爱吃的吧，还不如在家里吃。有个生活顾问应该会好一些，但是找生活顾问呢，是要找男顾问？还是女顾问呢？是找漂亮的还是丑的呢？漂亮的吧不踏实做事，但看着舒服；丑的吧可能踏实做事，但想起来就没胃口了。

人们每天从一早醒来就必须不断地做决定，我们日复一日决定早餐要吃什么，直到养成固定的饮食习惯；要不要到超市疯狂采购一番；要不要看场电影、散散步，甚至读一本书等这些都是小事情，还有更重大的：报考什么学校、选择什么专业、从事什么样的工作、怎样开展一项研究、如何打理生意、该与谁合作、做不做兼职、要不要辞掉工作、要不要竞争总裁的职位等，这只不过是人生中重大决策的几个例子。

在这些决策中，有些是完全由你一人做决定的（比如去不去散步），但是更多情况下，并不是你一个人在做决定——任何社会中，人都不可能是完全封闭的，不可能在一个毫无干扰的真空世界里做决定。相反，你的身边全是和你一样的决策者，他们的选择与你的选择相互作用。这种互动关系自然会对你的思维和行动产生重要的影响，而且别人的选择和决策直接影响着你的决策结果，这种相互影响有时甚至是觉察不到的。事实上，时至今日，我们已经很难摆脱这种相互影响了，因为我们都生活在一个联系紧密的社会中，是一张大网上的一个个结。

为了解释和理解博弈决策的相互影响，我们不妨看一看一个石匠的决策和一个拳击手的决策会有什么区别。当石匠考虑怎样开凿石头的时候，如果地质情况清楚，他不必担心石头可能会主动跳起来跟他过不去——他的"对象"原则上是被动的和中立的，不会对他表现策略对抗。然而，当一名拳击手打算攻击对方的时候，不仅他的每一招进攻都会招致抵抗，而且他还面临对方主动的出击。

在人与人的博弈中，你必须意识到，你的商业对手、未来伴侣乃至你的孩子都是聪明而有主见的人，是关心自己利益的活生生的人，而不是被动的和中立的角色，一方面，他们的目标常常与你的目标发生冲突；另一方面，他们当中包含潜在的合作因素。在你做决定的时候，必须将这些冲突考虑在内，同时注意充分发挥合作因素的作用。

为了自己，也为了与他人更好地合作，你需要学习一点儿博弈论的策略思维。正是因此，著名经济学家保罗·萨缪尔森说："要想在现代社会做一个有文化的人，你必须对博弈论有一个大致的了解。"

"囚徒困境"的故事

在博弈论的所有案例和模型中，"囚徒困境"无疑是最著名的，甚至可以说，不谈"囚徒困境"，我们就无法谈博弈论。

但是"囚徒困境"并不是诺伊曼的发明。1950年，数学家塔克在担任斯坦福大学客座教授期间，给一些心理学家做讲演时，用两个囚犯的故事，对当时专家们正研究的一类博弈论问题做了形象化的解释。从此以后，类似的博弈问题便有了一个专门的名称——"囚徒困境"。"囚徒困境"在经济学、伦理学、社会学、政治学、哲学乃至生物学等学科中，获得了极为广泛的应用。

由于应用广泛，"囚徒困境"的版本很多，并不断被完善和严密。现在被普遍使用的"囚徒困境"大致是这样的：

甲、乙两个人一起携枪准备作案，被警察发现抓了起来。警方怀疑，这两个人可能还犯有其他重罪，但没有证据。于是分别进行审讯，为了分化瓦解对方，警方告诉他们，如果主动坦白，可以减轻处罚；顽抗到底，一旦同伙招供，就要受到严惩。当然，如果两人都坦白，那么所谓"主动交代"也就不那么值钱了，在这种情况下，两人还是要受到严惩，只不过比一人顽抗到底要轻一些。在这种情形下，两个因犯都可以做出自己的选择：或者供出他的同伙，即与警察合作，从而背叛他的同伙；或者保持沉默，也就是与他的同伙合作，而不是与警察合作。这样就会出现以下几种情况（为了更清楚地说明问题，我们给每种情况设定具体刑期）：

如果两人都不坦白，警察会以非法携带枪支罪而将二人各判刑1年；如果其中一人招供而另一人不招，坦白者作为证人将不会被起诉，另一人将会被重判 15 年；如果两人都招供，则两人都会因罪名各判 10 年。

那么，这两个囚犯该怎么办呢？是选择互相合作还是互相背叛？从表面上看，他们应该互相合作，保持沉默，因为这样他们俩都能得到最好的结果：自由。但他们不得不仔细考虑对方可能采取什么选择。A 犯不是个傻子，他马上意识到，他根本无法相信他的同伙不会向警方提供对他不利的证据，然后带着一笔丰厚的奖赏出狱而去，让他独自坐牢。这种想法的诱惑力实在太大了。但他也意识到，他的同伙也不是傻子，也会这样来设想他。所以 A 犯的结论是，唯一理性的选择就是背叛同伙，把一切都告诉警方，因为如果他的同伙笨得只会保持沉默，那么他就会是那个带着奖赏出狱的幸运者了。而如果他的同伙也根据这个逻辑向警方交代了，那么，A 犯反正也得服刑，起码他不必在这之上再被罚款。所以其结果就是，这两个囚犯按照不顾一切的逻辑得到了最糟糕的报应：坐牢。

为什么聪明的囚犯，却无法得到最好的结果？两个人都招供，对两个人而言并不是集体最优的选择。无论对哪个人来说，两个人都不招供，要比两个人都招供好得多。

"囚徒困境"这个问题为我们探讨合作是怎样形成的，提供了极为形象的解说方式，产生不良结局的原因是因为囚犯两人都基于自私的角度开始考虑，这最终导致合作没有产生。

"囚徒困境"确实揭示了自私对合作的破坏作用，但是正如"有一利必有一弊"这句话，"囚徒困境"给我们带来的也并不全是坏消息。

当然，在现实世界里，信任与合作很少达到如此两难的境地。谈判、人际关系、强制性的合同和其他许多因素左右了当事人的决定。但囚徒的两难境地确实抓住了不信任和需要相互防范背叛这种真实的一面。

"囚徒困境"是一些非常普遍而有趣的情形的简单抽象化，可以说是理性的人类社会活动最形象的比喻。它准确地抓住了人性的不信任和需要相互防范这种真实的一面。从个体的角度来说，背叛是最好的选择，但双方背叛会导致不甚理想的结果。当你身处类似"囚徒困境"这样的同时行动的博弈中，你的最佳策略是什么？决定胜负的因素又是什么？双方的策略选择往往是有迹可遁的，并形成某种"定式"，即均衡。

是合作还是对抗

先看一个关于拍卖的游戏。

游戏中一张 1 美元纸币被当众拍卖，规则有两条：

同任何拍卖一样，钞票归价格最高者所有，新的报价必须高于上一次报价，直到规定时间内没有新的报价结束。

报出第二高价这也要付出他最后一次报价的款项，但什么都得不到。

这个游戏最后会演变成什么样子呢？如果是你，你会怎么做？

这个问题暂且不谈，让我们看看博弈专家们是怎么博弈的吧！他们会合作还是对抗？

在美国召开了一次"囚徒困境研讨会"，与会者都是博弈论的专家。会议的一个重要议题就是玩一个游戏。

他们拿出一个大信封，请在场的 43 位专家学者拿出不限量的钱装到这个信封里。规则是如果到最后这个信封里的钱超过 250 美元，大会的两位主持人将自己掏腰包，退还每人 10 美元。不过，如果最后信封内的钱不足 250 美元，就统统没收，大家拿不到一分钱。仔细想一想，如果你也在场，你会奉献多少钱呢？

让我们来简单地计算一下每个人应该要放入的数目：$250 \div 43 = 5.81$。如果为了防止一些小气鬼少付或不付，你也可以再多加一点。如果每人放进去 6 美元，应该就可以超过 250 美元了。等到最后退还 10 美元时，每人还可以净赚 4 美元呢。

无论怎样，这看来都是一个稳赚的买卖。

不过，这个游戏特别要求大家不准讨论，也不能偷看别人把多少钱放进信封里。

最后，等到大信封传回来的时候，两位主持人打开一数，里面的钱总共是 245.59 美元，比目标 250 美元就差那么一点点。

你有没有料到有这样的结果。其实这个结果一点儿都不意外，要说意外的话，反倒是信封里居然还有那么多钱。

不要忘了，参加游戏的都是博弈论专家，他们每个人都是熟知"囚徒困境"的。他们明白每一个参与者的优势策略都是"不合作"——一分钱也不放，而能得到的结果也是大家一分不得。所以一些人不往信封里放钱，只是遵循一个优势策略。相反，如果信封里的钱超过了 250 美元才怪，而且这些专家们也许会觉得更尴尬：他们用自己的行动，证明了自己借以安身立命的学说（博弈论）的破产。

但是毕竟信封里还有那么多钱，人并不总是像经济学假定的那样"理性"，而是各有偏好的。有些人仁爱宽厚，有些人顾及面子，有些人漫不经心，比如那个 0.59 美元的零头，就不大可能出自某些人的细心计算，更可能是某些人把口袋里的几个零钱随意处置造成的，还有些人尽管知道这个游戏最可能出现的结果，但还是希望试试"合作"是否会出现……

如果非要就这个游戏给这些专家下一个评语的话，恐怕我们得说：不那么处处算计的人还是很多的。这个事例说明了个人在做利益选择时，遵循的并不完全是赤裸裸的一次性原则，这很可能是由于我们的生活经验和受到的教育决定的。

再回到前面的拍卖博弈，有什么样的结论你应该有答案了，如果不信，你也可以试试。但无论如何，在一个困境中，作为个体如何做出对己有利的行为，充分利用智慧来取得共赢，这是个重要问题。

生活中的囚徒困境

"囚徒困境"可以在生活中、职场上被人们运用。

上司与员工之间的"囚徒困境"。企业为促使员工互相竞争，有时候会在员工之间刻意形成"囚徒困境"的局面，以刺激他们的表现。为了形成囚徒困境，上司可以宣布表现最优秀的员工会得到奖励，表现未达水准的员工则会被炒鱿鱼。假如员工接受了这场博弈，他们可能就会兢兢业业。

但是，如果一个企业是以相对的标准来评估个人的表现，情况会变成什么样子呢？

结果很可能是他们集体偷懒，因为每个人都偷懒时，大家的表现就会不相上下。当然，所有的员工都会失去成为明星的机会，但放弃这个机会来换取安逸的工作环境也许很值得。

此外，假如有员工真的想要背叛大家而长时间工作，其他员工就可能排挤他，以惩罚这个不偷懒的背叛者。因此，只要员工在一起工作，而且彼此之间形成了重复博弈，他们就可以享受安逸。

在重复博弈中，只要员工合作，而且能有效地找出并惩罚背叛者，相对标准所形成的"囚徒困境"自然就会瓦解。

假如员工集体偷懒，此时上司要怎么做才能激励员工？

他必须采取客观的绩效标准，并愿意把表现不佳的人统统开除。

一旦了解员工可能会以集体偷懒的方式刻意反抗，建立员工奖励制度的难度就会提高。假如串通的机会不存在，那么上司只要自问有没有建立诱因来鼓励个人尽最大的努力即可。

但要是你放任员工串通，那么你就得问问，对所有的员工来说，一起偷懒是不是比一起努力工作来得有利。假如你是根据小组成员的相对表现来建立奖励办法，可能你就会发现，集体偷懒是员工的最佳策略。

怎么利用"囚徒困境"使员工努力工作呢？

假设你公司开发出一种新产品，并请了 20 位业务员来推销，此时你要怎么决定每位业务员的工作量？由于这种产品过去从来没有卖过，所以你根本不知道能干又勤奋的业务员每个月到底该卖多少。

解决的办法是根据相对标准来评估每个业务员，也就是拿他们相互比较。然而，相对的绩效标准会使员工陷入囚徒困境。以两个员工之间的博弈为例，两个人都可以选择每月工作 20 天或 25 天。虽然老板无法判断这两个员工的工时，却可以看到销售成绩，一般来说每月工作 25 天的员工所卖的东西会比每月工作 20 天的员工多。

对公司来说，只要两个员工的工作时数一样，就会得到相同的评价。在这种情况下，两个员工若是要得到相同的中等评价，显然会选每月工作 20 天，而绝对不会选每月工作 25 天。不过，囚徒困境却迫使他们不得不延长工时。假如另一个人工作 20 天，你做 25 天，你就会得到优等的评价；要是他每月工作 25 天，但你只工作 20 天，那么往后你的饭碗可能就保不住了。所以对两个员工来说，工作 25 天都是优势策略。

虽然员工们都想要轻松度日、浑水摸鱼，但当以相对的评估标准衡量员工时，"囚徒困境"的产生让员工很难说服别人一起偷懒。从这个角度看，有时候管理者倒是可以利用"囚徒困境"，使员工更加卖力地工作。

掌握实现目标的主动权

多个目标中，如何确定哪个是最主要的目标，哪个是次要的，哪个是无关紧要的，这是一个十分复杂的问题。但只要确定了最主要的目标，就要相应地调整自己，让自己投入最主要的精力和时间去实现这个目标。

不过，这是一种理想的状态。实际上，并不是所有人都能不受任何影响，一直都坚持着为了自己的主要目标去奋斗。

有的时候，因为种种原因，最主要的目标无法实现了，这个时候，就面临一个重新选择的问题：到底是要坚持下去，用超乎常人的毅力和信念去继续追求原有的主要目标，还是先退让一步，重新去考虑在遇到困难的时候应该如何安排自己的这些目标，选择一个可以实现的目标成为最新的主要目标。

自己来做出选择，这也是一个博弈问题，就像一个人喜欢吃鸡蛋，也喜欢吃牛肉，但是在这两种食物不能同时吃的条件限制下，他就要决定哪一顿饭吃鸡蛋，哪一顿饭吃牛肉。

这种选择看起来十分简单，实际上却比较难操作，许多人在自己的主要目标无法实现的时候，都选择了沉沦、颓废甚至自杀，这就是一个无法重新做出选择的悲剧。对他们来说，失去了人生的主要目标，就如同丧家之犬一样，再也没有继续奋斗的勇气了。

是否那些不能实现人生主要目标的人，真的就成为无处容身甚至无法求生的丧家之犬了呢？就算是丧家之犬，他们能否摆脱困境，重新规划自己的人生？究竟应该如何做出选择，在保存自我和与恶人斗争的两个目标中如何顺利达成平衡。海瑞的经历，就是一个最为形象的写照。

海瑞当知县的时期，正是嘉靖的宠臣严嵩当权时期，严嵩权倾天下，孝子贤孙满地都是，海瑞的顶头上司浙江总督胡宗宪，是严嵩的同党，仗着他有后台，到处敲诈勒索，谁敢不顺他心，就让谁倒霉。

有一次，胡宗宪的儿子带了一大批随从经过淳安，住在县里的官驿里。在淳安县，海瑞立下一条规矩，不管大官贵戚，一律按普通客人招待。胡公子平时养尊处优惯了，看到驿吏送上来的饭菜，认为是有意怠慢他，气得掀了饭桌子，喝令随从把驿吏捆绑起来，倒吊在梁上。驿里的差役赶快报告海瑞。海瑞知道胡公子招摇过境，本来已经感到厌烦，现在竟吊打起驿吏来，就觉得非管不可了。

海瑞听完差役的报告，装作镇静地说："总督是个清廉的大臣。他早有吩咐，要各县招待过往官吏，不得铺张浪费。现在来的那个花花公子，排场阔绰，态度骄横，不会是胡大人的公子。一定是什么地方的坏人冒充公子，到本县来招摇撞骗的。"

说着，他立刻带了一大批差役赶到驿馆，把胡宗宪的儿子和他的随从统统抓了起来，带回县衙审讯。一开始，那个胡公子仗着父亲的官势，暴跳如雷，但海瑞一口咬定他是假冒公子，还说要把他重办，他才泄了气。海瑞又从他的行装里，搜出几千两银子，统统没收充公，还把他狠狠地教训一顿，撵出县境。等胡公子回到杭州向他父亲哭诉的时候，海瑞的报告也已经送到巡抚衙门，说有人冒充公子，非法吊打驿吏。胡宗宪明知道他儿子吃了大亏，但是海瑞信里没牵连到他，如果把这件事声张出去，反而失了自己的体面，就只好打落门牙往肚子里咽了。

在这件审讯上司"假公子"的事件中，海瑞掌握了博弈的主动权，由于"胡公子"把事情闹得太大，已经伤了知县老爷的面子，到了非处理不可的地步。

因此，在海瑞是处理还是睁只眼闭只眼的选择中，海知县只能是处理。好在他机智地把握了一个前提，就是一口咬定，上司是好人，所谓"龙生龙，凤生凤，老鼠的儿子会打洞"，此人招摇撞骗，绝非上司的公子。这实际上也是设计了一个两难选择让上司往火坑里跳：承认他是自己的儿子，损伤自己的威严；不承认他是自己的儿子，伤害了儿子的利益。

好在这位胡总督是一位丢车保帅的高手，两相权衡，反正海瑞已经该打的打了，该没收的没收了，儿子的利益已经受到损害，也就假戏真做，把真公子当假少爷给处理了。可以说，海青天把握了官场上文人"豹死留皮，人死留名"，即贪污归贪污，表面文章还得做的心理，在与上司的这场博弈中，选择了点到为止，双方都能接受的均衡点，因此，取得了斗争的胜利。

人的精神决定一切，天下治乱，只在皇帝一念之间。只要皇帝振作起来，按圣人之言去处理每一件事，那么天下很快就会变成传说中的大同盛世，百姓很快就会安居乐业，皇帝也自然成为尧舜那样的伟大帝王。而事实证明，不论任何社会，如果把希望寄托在一两个明君或一两个清官身上，这个社会是不正常的。在这种社会做清官肯定是失败的，因为他的博弈对象是体制，是他根本上无法改变的博弈规则，所以他成了输家。

海瑞一生与上级博弈，与皇帝博弈，最后提出的重典治吏，这无异于将自己放在了与全体同僚博弈的对立面。表面上看，同僚为之侧目，连皇帝也让他三分，对他无可奈何；但事实上，所谓"过犹不及"，他正直得过头了，反而树立了太多的敌人。

他被同僚群起而攻之，大部分时间他都处于无事可做的地步。皇帝都把他当作一面旗帜，当作一块遮盖吏治腐败、国事无法收拾的遮羞布。他的政治理想在那个体制不健全的社会只能寄希望于皇帝，正如他在给嘉靖上书的最后一段话所言："天下的治与不治，只在圣人之道德有没有得到贯彻。"

弱者的生存之道

人到老年时，柔软的舌头尚在，但坚硬的牙齿却脱落了，这是为什么？是因为柔软的东西比刚强的事物更有生命力啊！

商容疾据说是纣王时的大夫，因屡次直谏荒淫无道的纣王，结果遭到贬谪。后来纣王剖比干，囚箕子，逐微子，商容疾感到心寒，便躲进深山之中，避世隐居，不问世事。武王灭商后，天下大定。周室表彰商容闾里，想召他出山，商容疾婉言谢绝。他遗世独立，静心养性，修得一副道骨仙颜，虽然年岁已过数百，仍然精神矍铄，面色如童。到了春秋末年，老子降世，商容疾知道他不是平凡人物，便收他为弟子，传授他天地玄机，处事妙道，所以老子后来成为一代圣人。

却说有一次，商容疾得了重病，自知将不久于人世。老子匆匆赶来问候老师。他先询问了老师的病情，然后对老师说："先生的病确实很重了，有什么教导要嘱咐弟子的吗？"

商容疾说："乘车经过故乡的时候要下车，你知道这是为什么吗？"

老子说："过故乡而下车，大概是表示要不忘故乡吧？"

商容疾说："对了！那么，经过高大的古树的时候，要快速地走过，你知道这是为什么吗？"

老子说："经过高大的古树要快速地走过，这大概是说要尊敬德高望重的长者吧？"

商容疾说："是啊！"

然后张开嘴给老子看，说："我的舌头在吗？"

老子说："在。"

商容疾又说："我的牙齿还在吗？"

老子说："不在了。"

商容疾说："你知道这是什么道理吗？"

老子说："舌存而齿亡，这不是说刚强的东西已经消亡了，而柔弱的东西还存在吗？"

"说得好啊！天下的事理正是这样。你没看见那水吗？天下万物，没有什么比水更柔弱的了。然而积水为海，则广阔无际，深不可测，大至于无穷，远极于无涯。百川灌之，无所增加；风吹日晒，没有减少。上天则为雨露，下地则为润泽。万物没有它不能生长，百事离开它不能成功。奔流起来不可遏止，无形无状不可把握。剑刺不能伤害它，棒击无法打碎它。刀斩不会断，火烧不能燃。它锋利无比，可以磨灭金石；强健至极，可以承载舟船。深可渗进无形之域，高可翱翔于缥缈之间。涓涓细流回旋于川谷之中，滔滔巨浪翻腾于大荒之野。水为什么能够具有如此大的威力？因为它柔软润滑，所以能够出于无有，入于无间，攻坚克强，无可匹敌。弱而胜强，柔而克刚，世上没人不知，然而无人能行。你明白了吗？"

老子说："先生说得太好了！天下之至柔，驰骋天下之至坚，确实是万世不易的定理。人活着的时候，身体柔软脆弱，死后尸体就变得僵硬坚挺。草木活着的时候，又柔又软，一死就变得枯槁坚硬。所以刚强的东西是走向死亡的东西，柔弱的东西是生机勃勃的东西。

"军队太强大，容易被消灭；树木太坚硬，容易被吹折。两国相争，弱国胜；两仇争利，柔者得。皮革太坚固，容易破裂；牙齿比舌头硬，所以先消亡。坚强的东西能胜不如自己的东西，柔弱的东西则克超过自己的东西。所以强大的东西处于劣势，柔弱的东西居于上风。积弱可以为强，积柔则就为刚。欲刚必以柔守之，欲强必以弱保之。"

商容疾欣慰地笑了："你已经得大道了。天下道理都已经被你说尽了，我还有什么需要留给你的呢？"

以柔克刚，以弱胜强，是道家守柔主静的动静观，这里面包含着朴素的辩证法。商容疾对老子讲的"舌头与牙齿"的故事，还有"水"的能量，均在证明"柔"与"刚"的辩证关系。

从大宇宙的时空观念来看事物，我们会品味出道家人生态度的独特理念。宇宙间的一切生命本体，很难说有大、小、强、弱之分，任何事物都在变化中运行，没有绝对的胜者和败者。明白这个道理，有助于人们把握自己对待人生的态度。

我们都是幸存者

英国作家史密斯曾自嘲地写道："谁能说我不是个成功者？我不是在这辈子里，成功地避免了被人吃掉，并给自己弄到了足够的食物吗？"是的，每个活着的人都曾赢得了亿万精子参加的赛跑，都经历了无数潜在风险的考验，都在人生无常与世事险恶中安然幸存，这是多么了不起的成就！作为如此辉煌的胜利者，我们应该有信心和能力，找到某些方法，平衡各自的利益诉求，共同创造更美好的未来。其实，换一个角度看，我们每个人都可以说是一个"幸存者"，一个生活的胜利者。

如果我们把生活看作一个特定条件下的博弈模型，它会给我们很多启发；但是如果你不希望陷入"囚徒困境"，就不要把它看作人类生存状态的缩影。同时，我们也要认识到：其实是在这样一个博弈模型中，博弈论的用处也并非像我们想象的那么大，它对结果的预测，也并非总是十分准确。所以，如果我们在现实生活中运用博弈论，就应该明白它在这两方面（预测和运用）的作用都是有限的。

还有一点需要注意的是，世界不是一个"幸存者"的游戏。在每个博弈游戏中，胜利是排他的：一人胜利，意味着其他人失败，但在生活中，并不一定这样。

世界广阔，不局限于一个小圈子。在这个游戏中，你一旦失败就意味着永远出局；然而在现实中，从未经历过失败的人也许并不存在，我们应该懂得一个道理：失败并不是世界末日，相反，它未必不是获得成功必须经办的烦琐手续。事实上，那些游戏中的失败者，在现实生活的竞争中也许比那个"幸存者"做得更好。

世界复杂，"成功"不局限于一个标准。人的追求不同，对"成功"的理解也不同，有人追求金钱，有人追求某种卓越表现，有人追求生活的平衡，他们都有道理，不必强求一致。

我们对博弈论的关注，不应只是为了学会如何战胜别人，而是为了明了人生为什么如此，并从中汲取知识，致力于实现更合理，也更符合群体利益的合作方式，换言之，我们要追求的不仅是"术"——如何打败对手赢得胜利，更应该是"道"——寻求更好的合作关系，获得更多的成就和快乐。

善于对比，化被动为主动

在一个凸显自我价值的时代，运用博弈技巧借助各种力量"捧"火自己，是一种化被动为主动的人生学问。

战国时，齐王听信谗言，认为孟尝君的名望高过于自己，会威胁自己的统治地位，就罢免了孟尝君的职位。孟尝君的门客知道了这个消息，纷纷散去，只剩冯谖一个人。

冯谖对孟尝君说："请派我到魏国去，我一定有办法让你重新受到国君的重用，增加封地。"

孟尝君于是准备好礼物，派他去魏国。

冯谖对魏国梁惠王说："天下的游士驱车入魏，都想使魏国强盛，使齐国削弱；而驱车入齐的却都想使齐国强盛，使魏国削弱。这是因为魏、齐两国势不两立，谁能称雄谁就能拥有天下。"

梁惠王听了，就问："怎样才能使魏国称雄呢？"

冯谖反问道："大王知道齐国罢免孟尝君的事吗？"

梁惠王答："知道。"

冯谖说："辅佐齐国使之在天下举足轻重，都是孟尝君的功劳。现在齐王听信别人的诽谤，罢免孟尝君。孟尝君心中怨恨，一定会背叛齐国。如果他能投奔魏国，齐国的人心自然随之倒向魏国，齐国的国土就在您的掌握之中了，岂止是称雄而已？大王应该赶快派使者带着厚礼，去迎聘孟尝君，千万不要错失良机。否则，如果齐国醒悟过来，再次重用孟尝君，那么魏、齐两国谁能称雄天下，就未可预料了。"

梁惠王听了很高兴，当即派出 10 辆车，载着百镒黄金去齐国迎聘孟尝君。

冯谖辞别梁惠王，先行赶回齐国，游说齐王："天下的游士驱车入齐的，都想使齐国强盛，使魏国削弱；驱车入魏的，则想使魏国强盛，使齐国削弱。这是因为齐、魏两国势不两立，一旦魏国强盛，齐国就会因此削弱。现在我听说魏国派遣专使，带 10 辆车，载着黄金百镒来迎聘孟尝君。孟尝君不去魏国就罢了，一旦他去辅佐魏王，天下人都会去归附他。到那时魏国强盛，齐国削弱，齐国的临淄、即墨地区就危险了。大王何不在魏国使者到来之前，恢复孟尝君的职位，增加他的封邑，向他表示道歉呢？这样做，孟尝君一定会欣然接受。魏国再强大，又怎么能强请别国臣子去当丞相呢？"

齐王说："你说得很有道理。"他当即召见孟尝君，恢复原来的相国职位和封地，还增加 1000 户封邑。魏国使者恰好在这时来到齐国，听说此事，只好无功返回。

门客冯谖凭三寸不烂之舌，说服魏王派出 10 辆车，又载百镒黄金去迎聘刚刚被齐王解除相国权位的孟尝君，之后，冯谖又去面见齐王，报告魏王要重用孟尝君的事情，同时又劝说齐王恢复孟尝君的职务。这是一种策略，用现代的话说，冯谖必须先把已经下野的孟尝君在魏王那里再"炒"起来，给齐王施加压力，让齐王认识到孟尝君的价值，这样，齐王才能再度起用孟尝君。结局是冯谖的计谋成功了。

从上面的这则故事，应该悟出这样一个道理，适当地运用以小拨大的技巧，在人才竞争的社会里还是有必要的，如果"四斤拨千斤"用得得体，可收到事半功倍的效果。

让别人需要你胜于感激你

真正聪明的人宁愿让人们需要，而不是让人们感激。这同样是一种智慧而且是无形的智慧。有礼貌的需求心理比世俗的感谢更有价值，因为有所求，便能铭心不忘，而感谢之辞最终将在时间的流逝中淡漠。

1847 年，俾斯麦成为普鲁士国会议员，在国会中没有一个可信赖的朋友。让人意外的是，他与当时已经没有任何权势的国王腓特烈·威廉四世结盟，这与人们的猜测大相径庭。腓特烈·威廉四世虽然身为国王，但个性软弱，明哲保身，经常对国会里的自由派让步。这种缺乏骨气的人，正是俾斯麦在政治上所不屑的。

俾斯麦的选择的确让人费解，当其他议员攻击国王诸多愚昧的举措时，只有俾斯麦支持他。

1851 年，俾斯麦的付出终于得到了回报：腓特烈·威廉四世任命他为内阁大臣。他并没有满足，仍然不断努力，请求国王增强军队实力，以强硬的态度面对自由派。他鼓励国王保持自尊来统治国家，同时慢慢恢复王权，使君主专制再度成为普鲁士最强大的力量。国王也完全依照俾斯麦的意愿行事。

1861 年腓特烈逝世，他的弟弟威廉继承王位。然而，新国王很讨厌俾斯麦，并不想让他留在身边。威廉与腓特烈同样遭受到自由派的攻击，他们想吞噬他的权力。年轻的国王感觉无力承担国家的责任，开始考虑退位。这时候，俾斯麦再次出现了，他坚决支持新国王，鼓动他采取坚定而果断的行动对待反对者，采用高压手段将自由派赶尽杀绝。

尽管威廉讨厌俾斯麦，但是他明白自己更需要俾斯麦，因为只有俾斯麦的帮助，才能解决统治的危机。于是，他任命俾斯麦为宰相。虽然两个人在政策上有分歧，但并不影响国王对他的重用。每当俾斯麦威胁要辞去宰相之职时，国王从自身利益考虑，便会让步。俾斯麦聪明地攀上了权力的最高峰，他身为国王的左右手，不仅牢牢地掌握了自己的命运，同时也掌控着国家的权力。

依附强势是愚蠢的行为，因为强势已经很强大了，他们可能根本就不需要你；而与弱势结盟则更为明智，可以让别人需要你而依附于你，让自己成为他们的主宰力量。他们不敢离开你，否则将会给自己带来危机，他们的地位就会受到威胁，甚至崩溃。

谁说没本难求利

聪明的人能够知道一般人不知道的事物，能够断定常人无法断定的事情，所以用智慧能远避灾祸，成就事业。

楚国攻打韩国雍氏，韩国向西周求兵求粮。周王为此深感忧虑，与大臣苏代共商对策。苏代说："君王何必为这件事烦恼呢？臣不但可以使韩国不向西周求粮，而且可以为君王得到韩国的高都。"

周王听后大为高兴，说："您如果能做到，那么以后寡人的国家都将听从贤卿您的调遣和管理。"

苏代于是前往韩国拜见相国公仲侈，对他说道："难道您不了解楚国的计策吗？楚将昭应当初曾对楚王说：'韩国长年疲于兵祸，因而粮库空虚，毫无力量守住城池。我要乘韩国饥荒，率兵打败韩国的雍氏。不到 1 个月，我就可以攻下城池。'如今楚国包围雍氏已经 5 个月了，还不能攻克，这暴露了楚军处境的困窘，楚王已经准备放弃昭应的计策停止进攻了。现在您竟然向西周求兵求粮，这分明是告诉楚国韩国已经精疲力竭。如果昭应知道以后，一定劝说楚王增兵包围雍氏，届时雍氏必然被攻陷。"

见公仲侈不说话，苏代接着说："您为什么不把高都之地送给西周呢？"

公仲侈听后颇为愤怒，很生气地说："我停止向西周征兵征粮，这已经很对得起西周了，为什么还要送给西周高都呢？"

苏代说："假如您能把高都送给西周，那么西周会再次跟韩国修好。秦国知道以后，必然大为震怒，不仅会焚毁西周的符节，还会断绝使臣的来往。西周断了与其他国家的联盟，而单单和韩国好，这样一来，阁下就是在用一个破烂的高都，换取一个完整的西周，阁下为什么不愿意呢？"

公仲侈说："好吧。"

公仲侈果断决定不向西周征兵征粮，并把高都送给了西周。楚军当然没能攻下雍氏，只好怏怏离去。

审时度势，洞察事物表面现象背后的本质，才能认清事理，把握事物发展的规律和未来发展的方向，才能具有更强的预见性和判断力。

博弈人生，智者的人生

博弈人生，是智者的人生；而博彩人生，则是赌徒的人生。同为一个"博"字，则差在千里之外、天壤之间。

靠 10 元港币起家，如今已是亿万富豪的澳门"赌王"何鸿燊在总结他毕生奋斗的人生经验时，出人意料地说："不赌为赢。"

奇怪，赌王不赌，何以成为赢家？

想当初，赌王从香港抵达澳门时，身上仅有 10 元港币。但他并不是用这 10 元港币去赌彩撞大运，而是找了一家贸易公司落下脚跟。由于他吃苦耐劳，又善于动脑筋，很快就拉住了一批客户。股东看到他是个可用之才，便邀他入股成为合伙人。他慧眼识商机，把澳门的一些剩余物资如小汽船、发电机等运往内地，换取粮食运回港澳。当时正值兵荒马乱，港澳粮食奇缺，这一来一往，便获厚利。这种独具慧眼的易货贸易，为他以后发展打下了良好的基础。

赌王的真正机会，在 20 世纪 60 年代初，当时承包澳门赌业的一家公司合约期满，有关方面登报公开招商。何鸿燊看到了这个千载难逢的发展契机，于是他竭尽全力参与竞标，最后功夫不负有心人，终于以高于对手仅 8 万元的微弱优势和最小代价获澳门赌业专营权。

拿到了赌业专营权，他并未就此高枕无忧地坐收渔利，而是把赌业作为一项产业来经营。他为了广招客源，投资建立来往港澳的现代化船队，同时又投资兴建直升机场和澳门机场，吸引世界各地的游客。他提出把旅游与赌业结合，以赌业为龙头，带动全澳门的交通、酒店、饮食和旅游全面发展。他一改过去赌场由江湖人士把持的局面，在赌场各级管理人员中，重用懂现代企业管理的人才，使赌业由传统的带江湖色彩的行业逐渐向现代化的企业经营管理方式迈进。

　　不赌为赢，正是他不靠侥幸中彩而靠实干与抓住机遇起家，正是他不靠吃赌混日子而把赌业作为一项产业来发展，正是他不靠江湖义气维系赌业而引入现代管理从而让赌业发展跟上时代的步伐。这一切，都是他"不赌"的前提。

　　博弈，是全局在胸的行棋，环环相扣与步步紧逼，最终达到决胜的顶点；而博彩，则是系命运于股掌之中的押宝，成败于混沌懵懂之间。不赌为赢，需要一种大的气魄和更高的能力，而不是瞎撞与碰运气的侥幸。